FORSCHUNGEN ZUR
PÄDAGOGIK
UND ANTHROPOLOGIE

Herausgegeben von
Otto Friedrich Bollnow, Wilhelm Flitner
und Alfred Nitschke †

Band 2

HANS SCHEUERL

DIE EXEMPLARISCHE LEHRE

SINN UND GRENZEN EINES DIDAKTISCHEN PRINZIPS

3., unveränderte Auflage

MAX NIEMEYER VERLAG TÜBINGEN
1969

1. Auflage 1958
Unveränderter Nachdruck der 1. Auflage 1960
2. Auflage 1964

Druck: Fotokop W. Weihert Darmstadt
Einband von Heinr. Koch Tübingen

Inhaltsverzeichnis

DRITTER TEIL

DAS EXEMPLARISCHE UND DIE LEHRGEHALTE DER SCHULE

(dargestellt am Beispiel der Volksschuloberstufe)

Vorwort

Der Ruf nach dem „exemplarischen" Lehren und Lernen hat in den pädagogischen und schulpolitischen Auseinandersetzungen des letzten Jahrzehnts eine zusehends wachsende Bedeutung gewonnen. Die Gefahr eines allzu vordergründigen Wortgebrauchs wurde dabei nicht immer gemieden. Eine kritische Analyse dieser didaktischen Kategorie steht noch aus. Sie könnte von verschiedenen Ausgangspunkten her in Angriff genommen werden. So wäre das Hinabsteigen in die Geschichte der Bildung ein möglicher Weg, der vom platonischen παράδειγμα, den exempla vitae der antiken Tradition und den Predigtexempeln des Mittelalters aus über die Lehrweise unserer pädagogischen Klassiker bis in die Gegenwart herein die historische Kontinuität eines Lehrverfahrens aufzeigen könnte, das vom Beispiel aus die „fundamenta" und „rationes" (Comenius) der Wissenschaften und Künste zu erschließen versucht[1]. Ein zweiter möglicher Ansatz könnte in der Theorie des Lernens gesucht werden, einer Theorie, zu welcher vor allem die moderne Psychologie viele Bausteine geliefert hat, die allerdings noch nicht wirklich befriedigend koordiniert sind[2]. Die vorliegende Untersuchung wählt einen dritten Weg, auf dem dem Verfasser die wichtigsten Stationen des historischen Gangs wie die fundamentalen Einsichten der Lernpsychologie zwar bewußt sind, auf dem er sie aber nicht zu seinen Einteilungsprinzipien wählt. Er geht vielmehr von der gegenwärtigen Situation und Diskussion in unserem Schulwesen aus und versucht, die Argumente der aktuellen wissenschaftlichen und schulpolitisch-programmatischen Debatten hermeneutisch und strukturanalytisch zu klären. Dabei wird sich schnell zeigen, daß das „Exemplarische" nicht oder doch nur in abstracto isoliert betrachtet werden kann. Seine inhaltliche Bestimmung kann es allemal erst erfahren, wenn man die Theorie der Schule, des Schulzweigs und des Lehrgebiets mit im Auge behält, auf die das, was als jeweils „exemplarisch" zu gelten hat, bezogen ist. Da nicht alle Schultypen und Unterrichtsgebiete in einer einzigen Studie ausführlich behandelt werden können, wird die Betrach-

[1] Eine Geschichte der bedeutungsvollen Rolle, die die Exempla und Paradigmata seit jeher im europäischen Bildungswesen gespielt haben, ist noch nicht geschrieben. Wertvolle Materialien hat hierzu neuerdings Josef Derbolav (Das „Exemplarische" im Bildungsraum des Gymnasiums, Düsseldorf 1957) zusammengetragen.

[2] Eine Einführung in die hier noch der Lösung harrenden Probleme gibt Heinrich Roth: Pädagogische Psychologie des Lehrens und Lernens, Berlin – Hannover – Darmstadt 1957, besonders in Kapitel XI: Orientierendes und exemplarisches Lehren, 183–194.

tung in ihrem letzten, speziellen Teil selbst „exemplarisch" vorgehen müssen, indem sie sich auf den Problemkreis des Volksschulunterrichts und innerhalb seiner auf die Gebiete des Muttersprach- und des Sachunterrichts beschränkt. Bildungsgeschichte und Lernpsychologie haben dabei nur eine dienende Funktion.

Mit Bedacht ist im Titel der Untersuchung von der exemplarischen „Lehre" und nicht vom exemplarischen „Lehren" oder „Lernen" die Rede. Der Akzent der Betrachtung liegt nicht auf der Methode des Lehrens oder des Lernens, also auf jeweils zu aktualisierenden Vorgängen, sondern auf der Lehre selbst als einer inhaltlichen Struktur, die beim Akt des Lehrens und Lernens nicht nur schon vorausgesetzt, sondern zugleich auch der umfassendere Begriff ist, an dem Lehren wie Lernen nur als Seiten oder Aspekte erscheinen. In bewußter Umgrenzung konzentriert zudem der Begriff der Lehre im Rahmen des Schulunterrichts die Betrachtung auf das inhaltlich Lehrbare und Lernbare. Er klammert also die letzten erzieherischen Fragen etwa des religiösen, sittlichen oder ästhetischen Bereichs aus. Ohne Zweifel dürfte dem „Exemplarischen" auch auf diesen Gebieten eine entscheidende Rolle zufallen, die eigener Untersuchungen bedürftig wäre. Doch soll sich die vorliegende Studie auf Probleme des Unterrichts beschränken, angetrieben von dem beunruhigenden und drängenden Gedanken, wie inmitten der fragwürdig gewordenen Überlieferungen und des ebenso fragwürdigen Neubeginns unserer Dezennien das Bildungswesen effektiver gestaltet werden könne. Was dabei über die Volksschule zu sagen ist, wird sich in vielen Fällen cum grano salis auch auf andere Schulzweige und Lehrgangsstufen übertragen lassen. Denn das Auftauchen und die Ausbreitung des Rufs nach dem „Exemplarischen" zeigt eine allgemeinere Tendenz an und ist nicht ohne Zusammenhang mit der oft diagnostizierten geistigen Situation unserer Zeit zu verstehen.

Besonderen Dank schulde ich meinem verehrten Lehrer Wilhelm Flitner, von dem ich während jahrelanger Mitarbeit im Erziehungswissenschaftlichen Seminar der Universität Hamburg zahlreiche Anregungen empfing, die in meinen Gedankengang eingeflossen sind, ohne daß sie sich in jedem Einzelfall noch kenntlich machen ließen.

Hamburg, Frühjahr 1958 Hans Scheuerl

Einleitung

Die Situation

Ein vielbeklagtes Übel unseres Bildungswesens ist die ständig wachsende Fülle des Lehrstoffs. Unsere Schulen sind dabei in Gefahr, ihrem ursprünglichsten Sinne entfremdet zu werden: Stätten der Muße für geistiges Leben zu sein.

Aus zwei Richtungen kommt diese Gefahr: Einmal von außen, von wo das geschichtlich gewordene Lehrgefüge überhäuft wird mit den amorphen Mengen aktueller Tagesanforderungen, die sich unter der Parole der „Lebensnähe“ versammeln. Zum andern zeigt das traditionelle Lehrgefüge aber auch von innen heraus den Hang zu Wucherungen: Jeder Zweig möchte für sich – und sei es auf Kosten der andern – recht breitausladend und kräftig sein. In diesem Konkurrenzkampf der Fächer haben meist diejenigen Schuldisziplinen den vorteilhaftesten Stand, die sich von einer Universitätswissenschaft her zu begründen verstehen. Die Fachlehrer fühlen sich primär als Anwälte „ihrer“ Wissenschaften, und mancher von ihnen ist geneigt, seinen eigenen, durch lange fachliche Studien erworbenen Bildungsstand für das Maß der Allgemeinbildung überhaupt zu halten. Zehn oder vierzehn solcher Fachbildungen zusammen ergeben nach diesem Konzept die Allgemeinbildung eines Abiturienten. Der Schulabgänger mit der sogenannten „mittleren Reife“ steht vor demselben Dilemma im Miniaturmaßstab, und sogar das Volksschulwesen sieht sich trotz seiner wesentlich größeren didaktischen Freiheit analogen Problemen gegenüber. Auch hier ist es der positivistische Begriff von „Wissenschaftlichkeit“, der sich mit seinem gelegentlichen Widerpart, der „Lebensnähe“, in der Überproduktion von Stoffmassen oft gleichsinnig vereint.

Das Dilemma zwischen der großen Menge aktuell notwendigen Orientierungswissens und dem Zwang zu spezieller Fachkönnerschaft in heterogenen Disziplinen hat unser Bildungswesen seit einigen Menschenaltern in eine ausweglose Situation treiben lassen. Seit den Polemiken zwischen „Realismus“ und „Humanismus“, die im 19. Jahrhundert zu Gleichberechtigungskämpfen von Interessentengruppen und als deren Auswirkung in unserem Gymnasialwesen entweder zu Sezessionen oder zum „Utraquismus“ führten[1], sind die Klagen nicht abgerissen.

Für das zur Hochschulreife führende Bildungswesen hat man versucht, die Frage zu lösen, indem man die Schulen in parallele Typen aufteilte, die je einer Fächergruppe – also etwa den alten Sprachen, den modernen Sprachen oder den mathematisch-naturwissenschaftlichen Fächern – das bestimmte Übergewicht gaben[2]. Doch damit ist das Problem nicht gelöst, sondern nur auf ein anderes Gleis geschoben. Im Grunde wird es sogar verschärft: Auf diese Weise lassen sich zwar die Ambitionen vieler Fachverbände befriedigen; aber eine einheitliche Grundbildung, die für alle Hochschulstudien gleichermaßen den Zugang eröffnet, ist faktisch fallen gelassen. Die Spezialisierung ist schon auf die Schulstufe vorverlegt. Ein Vater, der heute sein elfjähriges Kind als Sextaner für die höhere Schule anmeldet, fühlt sich, noch bevor es überhaupt die ersten Schritte in einer Fremdsprache oder in der Algebra getan hat, schon zu der Überlegung gezwungen, ob es dereinst einmal Philologie oder Technologie studieren soll. Wo in früheren Jahrhunderten die „sieben freien Künste“ einen einheitlichen Sockel für alle späteren Studien und geistigen Ämter bildeten, werden jetzt schon im Jugendalter drei getrennte Fundamente gelegt. Eine Tendenz, jene drei Sockel noch weiter aufzugliedern, ist in den Bemühungen enthalten, noch weitere Schultypen zu schaffen, etwa ein Technisches Gymnasium oder eine Wirtschaftsoberschule[3]. Sollten Öffentlichkeit und Parlamente

---

[1] cf. Friedrich Paulsen: Geschichte des gelehrten Unterrichts auf den deutschen Schulen und Universitäten vom Ausgang des Mittelalters bis zur Gegenwart, 2 Bde., 3. Aufl., hg. v. Rud. Lehmann, Berlin u. Leipzig 1919 bis 1921, besonders Bd. 2, 445 ff. und 637 ff.

[2] So seit der preußischen Reform der Weimarer Zeit, wo noch als vierter Typus die sog. „Deutsche Oberschule“ mit Konzentration auf die sog. „deutschkundlichen“ Fächer hinzutrat; cf. Hans Richert: Die deutsche Bildungseinheit u. d. höh. Schule, Berlin 1920; Die Neuordnung d. preuß. höh. Schulwesens, Denkschrift d. Preuß. Min. 1924.

[3] Eine Gefahr der Zersplitterung unseres Bildungswesens ist mit dieser Tendenz freilich nur dann verknüpft, wenn mit den neuen Typen in Konkurrenz zum allgemeinbildenden höheren Schulwesen auf fachschulartig spezialisierten Wegen nicht Fachschulziele, sondern die volle Hochschulreife angestrebt wird (cf. Max Zollinger: Hochschulreife, Zürich und Leipzig 1939). Einen Bericht über den Stand der diesbezüglichen Versuche und Diskussionen gibt Rolf Berke: Die Wirtschaftsoberschulen der Bundesrepublik Deutschland, Stuttgart 1957. – Der Zersplitterung Einhalt zu gebieten und das legitime Anliegen gegen Zerrformen zu schützen bemüht sich Josef Derbolav: Wesen und Formen der Gymnasialbildung. Ein Beitrag zur Theorie der Wirtschaftsoberschule, Bonn 1957.

sich die Argumente zu eigen machen, die für solche immer weiteren Aufspaltungen sprechen – etwa das Gewicht von Technik und Wirtschaft in der modernen Welt, die Möglichkeit einer schon von Jugend auf technisch oder wirtschaftlich akzentuierten Geistigkeit –, so dürfte es nicht lange dauern, bis auch das Rechts- oder Gesundheitswesen mit nicht geringerem Anspruch sich auf ihre Bedeutung im Leben der Gegenwart berufen und je eigene Formen des Weges zur Hochschulreife fordern werden. Zugunsten von Interessenrichtungen wird so die Einheit der Bildung in eine Vielheit von Ausbildungswegen aufgelöst. Die Folge kann sein, daß es bald keine einheitliche Sprache mehr auf höherem Niveau gibt. Ein echter Zwiespalt: Unüberhörbar pocht die komplizierter gewordene moderne Welt an die Tür unserer Schulen. Unübersehbar ist die Gefahr der Zersplitterung, die sie mit sich bringt.

In den Volksschulen hat der Stoffüberdruck, der durch das beständige Eindringen neuer und aktueller Anforderungen entstehen mußte, sich ein anderes Auslaßventil verschafft: Hier sind es nicht Schultypen, die sich auseinanderleben, sondern einzelne Schulen und einzelne Lehrer. Das Klassenlehrersystem mit seiner zur Produktivität auffordernden und ermunternden methodischen Freiheit läßt es auch zu, daß jeder das treibt, was er gerade für wichtig hält. Dem steht aber keine communis opinio über das gegenüber, was in der Volksbildung heute wirklich für wichtig zu gelten hat. Amtliche Lehrpläne und Richtlinien können diesen Konsens nicht erzeugen. Sie geben zwar entweder Stofflisten oder Beispiele, verhindern aber nicht, daß innerhalb solcher Rahmen jeder die Akzente dorthin setzt, wo seine eigenen Interessen zufällig liegen, während er die anderen Lehraufgaben, wo sie ihm pro forma vorgeschrieben sind, auf dem Wege eines schnellen „Durchnehmens" entwertet oder, wo die Richtlinien weit genug auslegbar sind, auch ganz unter den Tisch fallen lassen kann. So gibt es Schulbezirke, Schulen und Klassen, die zwar im guten Fall ein erfreulich eigenes Gesicht haben, die aber schon mit dem Nachbarbezirk, der Nachbarschule oder sogar mit der Nachbarklasse im eigenen Haus kaum noch durch ein Übereinkommen über die Inhalte der gemeinsamen Volksbildungsaufgabe verbunden sind. Die methodische Freiheit, eine langwierig erkämpfte Errungenschaft, die nicht wieder preisgegeben werden sollte, weil sie die einzige Möglichkeit ist, Kinder wirklich in ihrer „Individuallage" (Pestalozzi) anzusprechen, besteht angesichts eines didaktischen Chaos. Was bleibt, ist die Flucht in das Lieblingsfach oder in Lieblingsthemen.

Auch aus den Berufsschulen hört man Klagen über eine ähnliche Situation. Und die Mittelschulen sind mit ihrem additiven Fachstundenplan kaum besser daran als die Gymnasien. Solange der Stoffdruck anhält und man sich ihm resigniert beugt oder ihm einfach ausweicht, statt sich ihm zu stellen und das Ungeheuer gleichsam „bei den Hörnern zu packen", wird sich ein Konsens über das, was in der Bildung für jedermann heute wichtig ist, nicht herstellen lassen.

Was diese Lage schwierig macht, ist der Umstand, daß sich einseitige Lösungsversuche zwar relativ leicht ad absurdum führen, aber nicht ebenso leicht durch stichhaltige Gegenvorschläge ersetzen lassen. Das naiv enzyklopädische Ideal des 17. und 18. Jahrhunderts reicht heute zur Begründung einer Einheit der Bildung nicht mehr aus. War es doch erst das Unbehagen am Mangel eines verpflichtenden gemeinsamen Weges, das seit einigen Generationen in die immer verfrühtere Spezialisierung getrieben hat. Gerade die entschlossensten Geister flohen die Grundlagendebatten, um dort anzupacken, wo es noch vermeintliche Sicherheit gab: in den „positiven" Fächern. Der Gegenschlag blieb nicht aus. „Die Antwort auf wachsende Komplikation ist nicht Zersplitterung, sondern Sammlung auf das Wesentliche"[1]. Aber was ist das Wesentliche? Eine Einheit der Bildung, ein allen gemeinsamer Zyklus, so hört man immer häufiger sagen, setzt eine allen gemeinsame „Mitte" voraus. Doch gerade an deren Vorhandensein und Möglichkeit bestehen seit langem ernstliche Zweifel.

Wenn aber beides keine Lösungen sind: weder die Flucht in die Spezialisierung, die unser Bildungswesen immer weiter aufsplittert, noch das allen gemeinsame, in einer Mitte zentrierte „geschlossene Weltbild", das nur durch gewaltsame Simplifikationen noch herstellbar wäre, – welche Möglichkeiten bleiben uns dann, der heterogenen Stoffmengen Herr zu werden, die von außen und innen wuchernd unsere geistige Welt zugleich mit Erstickung und mit Verarmung bedrohen?

Das Problem

Zunächst wäre zweierlei zu prüfen: erstens, ob dem heute in allen Berufssparten erforderlichen hohen Maße an Fachbildung wirklich am besten mit einer möglichst frühen Spezialisierung gedient ist; und zweitens, ob wirklich schon jede „Mitte" für uns verlorengegangen ist, oder ob sich nicht doch auch in unserer widerspruchsreichen geistigen Welt noch Kerngehalte finden lassen, die den Spezialisten aller Sparten und den Bekennern aller Weltanschauungen gemeinsam sind und auch bleiben müssen.

[1] Hans Zbinden: Schulnöte der Gegenwart, Zürich und Stuttgart 1955, 111 f.

Auf beide Fragen gibt es in der pädagogischen Diskussion der letzten Jahrzehnte Antworten, die bisher nicht widerlegt, aber in ihren schulpolitischen und didaktischen Konsequenzen auch noch kaum ausgewertet sind. Eine gewisse Verwahrlosung unseres bildungstheoretischen und didaktischen Denkens hat diese Antworten in der öffentlichen Diskussion untergehen lassen in einer Flut von sekundären Fach- und Methodenstreitigkeiten. Ich meine einmal Eduard Sprangers Unterscheidung zwischen „grundlegender Bildung", „Berufsbildung" und „Allgemeinbildung"[1], die Waffen liefern könnte sowohl gegen die Verlockungen einer zu früh angesetzten Spezialisierung und Pragmatisierung der Bildung wie gegen alle utopischen Versuchungen, auf der Schule schon „geschlossene Weltbilder" entwerfen zu wollen. Und ich meine zweitens Wilhelm Flitners noch nicht abgeschlossene Versuche, einen allen fachlichen und weltanschaulichen Aufspaltungen zum Trotz gemeinsamen, weil von ihnen bereits vorausgesetzten Kanon von Gehalten der grundlegenden Geistesbildung zu finden[2].

Beide Versuche gehen davon aus, daß es nicht Ziel der Schulbildung sein könne, eine „abgeschlossene Bildung" zu liefern; daß es vielmehr ihr eigentliches Ziel sei, die Schüler geistig zu öffnen, ihre Selbstbildungsfähigkeit zu wecken. Schulbildung hat es in dieser Sicht nicht auf hohe Endziele abzusehen, sondern Anfangspunkte zu setzen. Nicht auf Maximal-, sondern auf Minimalziele kommt es an. Es sollen Gründe gelegt werden, auf denen spezielle Berufsbildung und freie Selbstbildung aufbauen können. So gesehen verweist auch das Wort „Enzyklopädie" nicht auf den Umkreis des äußersten Wissenshorizontes, den die Menschheit jemals erreicht hat und noch ständig erweitert, sondern auf etwas viel Bescheideneres: auf einen überschaubaren Zyklus pädagogisch produktiver Gehalte. Es geht um einen inneren Kreis, der beisammen sein muß, bevor man in irgendeinem Sektor es wagt, sich an die Peripherie menschlichen Wissens und Könnens zu begeben. Dieser innere Kreis ist für die grundbildenden Schulen aller Typen (von der Volksschule bis zur Wissenschaftlichen Oberschule des altsprachlichen Zweigs, von der Wirtschaftsoberschule bis zum Musischen Gymnasium) das gemeinsame didaktische und pädagogische Problem. Er ist weder von der Peripherie des jeweils gerade Aktuellen noch von irgendeinem

---

[1] Eduard Spranger: Kultur und Erziehung, 2. Aufl., Leipzig 1923, 158 ff.

[2] Wilhelm Flitner: Grund- und Zeitfragen der Erziehung und Bildung, Stuttgart 1954, darin besonders die Aufsätze: Vom Schulhumanismus heute (48 ff.); Grundlegende Geistesbildung (75 ff.); Der Humanismus im mathematisch-naturwissenschaftlichen Gymnasium (102 ff.).

Fachsektor oder einer Addition von Fachsektoren aus faßbar, sondern nur von kernartigen Kraftzentren mit historischer Tiefe und Strahlungskraft aus.

Und diese Kraftzentren sind nicht beliebig. Ihre Zahl ist begrenzt. Es ist nicht völlig aussichtslos, wenigstens über eine ganze Reihe von ihnen einen Konsens herbeizuführen. Auch darüber, welche von ihnen schon im Kindesalter, welche in der Pubertät, welche erst in der Adoleszenz wirksam werden können, dürfte, wenn man das reiche Erfahrungsmaterial der Jugendpsychologen zu Rate zieht, eine Übereinstimmung erzielbar sein.

Schwieriger ist es, die Gesamtheit dieser Kerngehalte zu katalogisieren und als Zyklus zu kanonisieren. Denn es bestehen Spannungen und Widersprüche zwischen ihnen. Weltanschauliche, religiöse, philosophische und politische Gegensätze mischen sich in die Diskussion und lassen sie von innen heraus zu keinem Abschluß kommen. In den Bildungsvorgängen selber „geschieht Geschichte", wie Erich Weniger sagt; „durch sie hindurch suchen . . . die großen Mächte des Lebens Wirkung"[1]. Wir haben in Europa nicht eine, sondern viele Traditionen. Schon in den Fundamenten jeder für uns Heutige möglichen Bildung bestehen daher Antinomien: Gewisse existentielle Grunderfahrungen oder christliche Glaubenssätze müssen, wenn man sie ernst nimmt, wie Sprengstoff wirken auf andere, ebenfalls nicht gut preisgebbare Gehalte etwa der humanistischen Tradition. Das Prinzip des exakt naturwissenschaftlichen und das Prinzip des modernen historischen Denkens, die Verwurzelung in ehrwürdigen Überlieferungen und das Prinzip der „Aufklärung" sind weitere solche Grunderfahrungen, die in Spannung zueinander stehen und sich wechselseitig in Frage stellen. Und doch kann, wer am geistigen Leben teilnehmen will, auf keine von ihnen verzichten. Nach Theodor Litts Untersuchungen über „Das Bildungsideal der deutschen Klassik und die moderne Arbeitswelt" müssen wir uns mit dem Gedanken befreunden, daß „der Mensch das nicht auf Harmonie angelegte, sondern in Gegensätzen verfangene und gerade an Gegensätzen wachsende Wesen" sei, daß er „von sich selbst, seinem Wesen und seiner Bestimmung, gerade dann am meisten erführe, wenn er sich nicht im Wohlgefühl ungestörter Harmonie wiegt"[2].

Einträchtig kann die Mitte unserer Bildung also nicht sein. Aber

---

[1] Erich Weniger: Die Theorie der Bildungsinhalte und des Lehrplans. Didaktik als Bildungslehre, Teil I, Weinheim o. J., 4 f.

[2] Theodor Litt: Das Bildungsideal der deutschen Klassik und die moderne Arbeitswelt. Schriftenreihe der Bundeszentrale für Heimatdienst, Heft 15, Bonn 1955, 108 f.

das heißt nicht, daß wir überhaupt keine Mitte mehr hätten. Wollte man sich den Zustand unserer geistigen Welt, die statt eines singulären Zentrums einen spannungsgeladenen Kern widerstreitender und Dynamik erzeugender Gehalte birgt, an einem bildlichen Modell verdeutlichen, so könnte man sich dieses durchaus dem Atom-Modell der Physiker analog denken: a-tomar, d. h. unteilbar, und doch aus Elementarteilen zusammengesetzt, die nur deshalb nicht auseinanderbersten, weil sie – mit ungeheuren gegensätzlichen Energien geladen – ineinander verklammert sind.

Was sagt dieses Bild pädagogisch?

Man soll Gleichnisse nicht überdehnen. Aber wenn man sich unsere geistige Welt nicht mehr einfach am bewährten Modell der in sich ruhenden konzentrischen Kreise versinnbildlicht, sondern an einem Modell, dessen einander durchschneidende Sphären sich dynamisch über exzentrisch gelagerten Kernen aufbauen, so sagt man mit diesem Bilde zugleich, daß didaktisch die Konzentration auf Kerne grundsätzlichen Vorrang hat vor jedem ausfüllenden Abschreiten irgendwelcher Sektoren oder Peripherien. Es kommt nach diesem Bilde nicht auf quantitative Vollständigkeit an, sondern auf fortwirkende Paradigmata, nicht auf lückenlose Kontinuität, sondern auf Schwerpunkte, die ganze Gebiete konstituieren und repräsentieren.

Damit sind wesentliche Intentionen des sogenannten „didaktischen Materialismus“[1] aufgegeben. Man kann nicht mehr alles bis an den Horizont eines „geschlossenen Weltbildes“ heran materialiter „vermitteln“, „durchnehmen“, „behandeln“ wollen. Wo Kraftzentren Sphären erzeugen, fallen ganze systematische Kunstbauten fort. Das Wort „Lücke“ verliert in diesem Bilde an Argumentationskraft. An die Stelle hundertstufiger Wendeltreppen treten kühne „Einstiege“[2] irgendwo von der Seite oder von oben her. Es ergibt sich ein merkwürdig entstofflichtes, beinahe schwerelos anmutendes Bild, – zu schwerelos, um als Abbild eines möglichen Lehrgangs in der Schule ohne weiteres schon glaubhaft zu wirken.

Denn auch die entgegengesetzte These bleibt wahr, die seit jeher in Geltung ist, und die in jüngerer Zeit von Nicolai Hartmann noch einmal glücklich formuliert wurde: „... jede Stufe muß vom

---

[1] cf. Friedrich Wilhelm Dörpfeld: Der didaktische Materialismus. Gesammelte Schriften, Bd. II, 2, Gütersloh 1910.

[2] Martin Wagenschein: Das „exemplarische Lehren“ als ein Weg zur Erneuerung der Höheren Schule. Schriften zur Schulreform. H. 11, Hamburg 1954, S. 11. – Derselbe: Zum Begriff des Exemplarischen Lehrens, in: Z.f.Päd., II, 1956, 135 f.

Lernenden erstiegen werden. Er kann weder Stufen überspringen, noch die Stufenfolge umkehren, noch auch sich mit bloßem Hinnehmen über sie wegtäuschen"[1]. „Niveau will erarbeitet sein, und zwar von unten auf, ohne Lücke; jede Lücke auf einer Stufe ist Versagen des Verstehens auf allen höheren Stufen"[2].

Damit stehen wir vor zwei einander scheinbar ausschließenden Gleichnissen für den Lernvorgang, einem diskontinuierlichen mit „Einstiegen" und Sprüngen, und einem kontinuierlichen, in dem sich Schicht auf Schicht legt. Bild steht gegen Bild. Daß Paradigmata „ein für allemal" ganze Welten erschließen können, läßt sich von jedermann ebenso fundamental erfahren wie das schmerzliche Fortwirken von „Lücken". Wie sich „exemplarische Lehre" und „Mut zur Lücke" sowohl als allgemeine didaktische Prinzipien wie auch in den speziellen Unterrichtsgebieten zueinander und zum kontinuierlichen Lehrgang verhalten, ist eine noch offene Frage. Mit ihr sind wir mitten in einer modernen, beinahe schon modisch gewordenen Diskussion, die von zwei didaktisch recht verschiedenartigen Gebieten her in Gang gebracht wurde:

Hermann Heimpel, Ordinarius für mittlere und neuere Geschichte an der Göttinger Universität, und Martin Wagenschein, Physiklehrer und Fachleiter an einem Studienseminar in Darmstadt (seit 1956 Honorarprofessor in Tübingen), haben die entscheidenden Anstöße gegeben, – ein Historiker und ein Naturwissenschaftler, ein Hochschullehrer und ein Schulpraktiker, jeder aus seiner Sicht[3]. Doch haben die Diskussionen bald ahnen lassen, daß es sich hier um ein allgemeineres didaktisches Problem handelt, welches sowohl über die Fachgebiete hinausreicht, die Heimpel und Wagenschein vertreten, als auch über die Altersstufen, mit denen beide es lehrend zu tun haben.

Eine grundsätzliche Klärung tut not. Sie könnte praktische Bedeutung für die Schulorganisation und Lehrplangestaltung gewinnen. Das kommt zum Ausdruck in den sogenannten „Tübinger Beschlüssen", einer Reihe von Resolutionen, die ein Kreis von Schulpädagogen und

---

[1] Nicolai Hartmann: Das Problem des geistigen Seins, Berlin und Leipzig 1933, S. 191 f. – cf. hierzu auch Karl-H. Schwager: Wesen und Formen des Lehrgangs im Schulunterricht. Dissertation, Hamburg 1956 (Mschschr.).

[2] N. Hartmann, l. c., 340.

[3] cf. Hermann Heimpel: Selbstkritik der Universität, in: Deutsche Universitäts-Zeitung (DUZ), VI, Nr. 20 vom 26. 10. 1951, S. 5-7. – Martin Wagenschein: Zur Selbstkritik der Höheren Schule, in: Die Sammlung, VII, 1952, S. 142-152.

Hochschullehrern im Beisein von Vertretern der Schulverwaltung auf der Konferenz „Universität und Schule“ im Herbst 1951 gefaßt hat[1]. Dort heißt es unter anderem: „Die Durchdringung des Wesentlichen der Unterrichtsgegenstände hat den unbedingten Vorrang vor jeder Ausweitung des stofflichen Bereichs.“ „Ursprüngliche Phänomene der geistigen Welt können am Beispiel eines einzelnen, vom Schüler wirklich erfaßten Gegenstandes sichtbar werden ...“. Es wird eine „freiere Gestaltung des Lehrplans zum Zweck der Vertiefung in das Wesentliche“ gefordert[2].

Auswirkungen dieser Resolutionen sind in den pädagogischen Gesprächen der letzten Jahre überall in steigendem Maß zu verspüren. Die Rede vom „Exemplarischen“ wird in der pädagogischen Zeitschriftenliteratur bereits auf alle möglichen Schulstufen und Unterrichtsgebiete bezogen und hat auch in den Sprachgebrauch amtlicher Richtlinien und Lehrpläne bereits Eingang gefunden[3]. Das Prinzip der exemplarischen Lehre scheint sich auf einem Siegeszug zu befinden[4].

Doch man täusche sich nicht! Die Tübinger Resolutionen waren primär ein Schulpolitikum[5]. Gleichsam mit einem Sprunge nahmen sie die Antwort auf pädagogische und didaktische Fragen vorweg, die als solche noch nicht wirklich geklärt sind. Die Formulierungen in Präambeln von Lehrplänen sind programmatischer Natur. Und die Präzisionsversuche, Einschränkungen und Bedenken, die seither in Zeitschriftenaufsätzen oder auf Tagungen geäußert wurden, sind Hin-

---

[1] Am Zustandekommen dieser Resolutionen haben sowohl Eduard Spranger und Wilhelm Flitner als auch Hermann Heimpel und Martin Wagenschein als Konferenzteilnehmer mitgewirkt; cf. W. Flitner: Grund- und Zeitfragen der Erziehung und Bildung, Stuttgart 1954, 125 ff.

[2] Erste Resolution; cf. Flitner, l. c., 128.

[3] cf. Amtsblatt des Hessischen Ministers für Erziehung und Volksbildung, Wiesbaden 56, S. 106. – Die Volksschule in Nordrhein-Westfalen, Richtlinien des Kultusministeriums Düsseldorf, Ratingen 1955, 12 f. – Arthur Berg: Aus der Geschichte des Stoffplans, in: Lebendige Schule, XI, 1956, H. 3, 139 ff. – Karl Pabelick: Exemplarisches Lernen, in: Pädagogische Rundschau, X, Ratingen 1956, H. 9, 385 ff. – Franz Domhof: Der Unterricht in der Volksschule als exemplarischer Unterricht, in: Päd. Rundschau, X, 1956, H. 12, 540 ff.

[4] Ob faktisch oder nur als Modewort, wäre eine eigene Untersuchung wert.

[5] cf. Leonhard Froese: Ein Jahrzehnt deutscher schulpolitischer Entwicklung, in: Die Pädagogische Provinz, Frankfurt a. M. 1956, H. 1, S. 6. – W. Flitner: Die Schulfrage in Westdeutschland, in: Z. f. Päd., I, 1955, H. 3, S. 144.

weise, die sich auf Detailfragen beziehen. Sie sind noch nicht im Zusammenhang durchdacht worden[1].

Wie weit die Übertragbarkeit beispielhafter Erfahrungen reicht, *was* das „Wesentliche der Unterrichtsgegenstände" sei, und *wo* die „ursprünglichen Phänomene der geistigen Welt" liegen, sind Fragen, an deren Beantwortung im Zusammenhang mit dem „Exemplarischen" noch kaum ernsthaft gegangen worden ist.

Die Methode

Fragen der vorstehenden Art können nicht ohne geistige Vorentscheidungen bearbeitet werden: Wer über das „Wesen" einer Sache nachdenken will, nimmt damit schon einen philosophischen Standort ein. Wer „ursprüngliche Phänomene" unserer geistigen Welt zu identifizieren versucht, kann dies nicht ohne eine vorausgesetzte Deutung unserer geistig-historischen Herkunft tun.

So unvermeidlich Entschiedenheit in der philosophisch-methodischen Ausgangsposition gefordert ist, so frei muß sich anderseits der Gedankengang von jeder pragmatischen Bindung halten. Es handelt sich „um Fragen, die ins reine gebracht sein wollen, *bevor* man an die Aufstellung eines Lehrplans gehen kann"[2], Fragen, deren „Material weit hinter die Praxis zurückreicht"[3], und die daher auch nicht von der Praxis allein her zu klären sind. Zwar meint Martin Wagenschein, das exemplarische Verfahren sei ein „hoffnungsvolles Schiff", dessen „Bauplan nur auf dem Meere der pädagogischen Praxis geklärt

---

[1] cf. Das Problem der höheren Schule, hektogr. Bericht des Hessischen Lehrerfortbildungswerks Kassel über eine Tagung in der „Reinhardswaldschule" vom 8. bis 13. Juni 1953. – W. Flitner: Der Kampf gegen die Stoffülle – Exemplarisches Lernen, Verdichtung und Auswahl, in: Die Sammlung, X, 1955, Heft 11, 556 ff. – Bericht über die Britisch-Deutsche Pädagogenkonferenz in Königswinter am 15. 3. 1955 in: Bildung und Erziehung, VIII, Heft 8/9, 1955, 537 ff. – Eine erst nach Fertigstellung meines Manuskripts veröffentlichte Untersuchung von Josef Derbolav (Das „Exemplarische" im Bildungsraum des Gymnasiums, Düsseldorf 1957), deren Ansätze und Ergebnisse das Folgende in vieler Hinsicht glücklich ergänzen, konnte im Gang meiner Betrachtungen nicht mehr in extenso berücksichtigt werden. Auf ein paralleles Studium dieser Schrift neben dem Folgenden sei nachdrücklich hingewiesen.

[2] Friedrich Wilhelm Dörpfeld: Grundlinien einer Theorie des Lehrplans, Gesammelte Schriften, Bd. II, 1, S. V.

[3] Erich Weniger: Die Theorie der Bildungsinhalte, l. c., 12.

werden" könne[1]. Aber – abgesehen von der merkwürdigen Katachrese, die in diesem Vergleich liegt: welche Vieldeutigkeit steckt allein in dem Wort „Praxis", wo es auf die Praxis geistigen Lebens und seiner Erweckung ankommt!

Es gilt, *geistigen Grunderfahrungen* nachzuspüren, die sich im Studierzimmer oder im Freundesgespräch so gut wie im Klassenraum, die sich am runden Tisch eines Seminars oder auf einsamen Spaziergängen so gut wie auf einer pädagogischen Konferenz machen lassen. Es gilt, *Wesenseinsichten* zu gewinnen in das, was das „Paradigmatische" oder das „Exemplarische" eigentlich sei, wobei die Quantität der empirischen Fälle nichts wiegt gegenüber der Evidenz eines geistigen Zusammenhangs. Und es bedarf für dieses Errahrbare und Einsehbare, wenn wir uns verständigen wollen, der *Begriffe*. Also muß das "Paradigmatische" oder „Exemplarische" als didaktischer Grundbegriff aufgeklärt werden. Als solcher hat es eine formal-allgemeine und eine inhaltlich-historische Seite, die beide der Analyse bedürfen:

Die *formal-allgemeinen* Probleme beginnen bereits bei der Terminologie: Ganz offensichtlich handelt es sich bei der Rede vom paradigmatischen oder exemplarischen Lehren und Lernen zunächst um einen Kampfruf, unter dem sich in breiter und bunter Front alles versammelt, was sich von der Stoffülle bedroht fühlt. Die Aussicht, eine ohnehin bloß vermeintliche Lückenlosigkeit preisgeben zu können zugunsten einer um so gründlicheren Vertiefung in das „Wesentliche" beispielhafter Gegenstände, kann verschiedengeartete pädagogische Motivationsreihen wachrufen. Man muß auf der Hut sein, ob dabei nicht gleiche Termini für verschiedene Inhalte in Anspruch genommen werden. Die Vieldeutigkeit beginnt, sobald man fragt: Was ist wesentlich? Auf welche Weise ist es beispielhaft? Wofür ist es ein Beispiel? Die terminologische Frage leitet hier unmittelbar in eine logische und phänomenologische hinüber:

Beispiele können zu dem, was sie vergegenwärtigen, formal in verschiedenen Beziehungen stehen: Der einzelne Gegenstand kann „Exemplar" einer Gattung, „Fall" einer Regel, „Typus" einer Gruppe individueller Möglichkeiten sein; er kann als „Modell" oder „Muster" objektive Gesetzlichkeiten, Programme oder Normen repräsentieren oder als „Gleichnis" letzte Werte und Haltungen dartun; er kann als Übungsfeld für Kräfte, Einstellungen und Methoden Gegenstand sogenannter „Formalbildung" sein oder als Demonstrationsobjekt dazu

[1] M. Wagenschein: Zum Begriff des Exemplarischen Lehrens, in: Z. f. Päd., II, 1956, H. 3, S. 129.

dienen, daß an ihm inhaltliche „Kategorien“ entwickelt werden. Jedesmal ist sein Verhältnis zu dem, was er darstellt, ein spezifisches. Die schlagwortartige Rede vom „Exemplarischen“ wirft vielerlei in einen Topf. Schon am Ursprungspunkt ist es fragwürdig, ob auf so verschiedenartigen Lehrgebieten, wie etwa Physik und Geschichte es sind, mit gleichen Worten auch Gleiches gemeint ist.

Nicht anders verhält es sich, wo es um die Entscheidung für konkrete paradigmatische *Inhalte* geht, deren Beispielhaftigkeit nicht abstrakt, sondern nur mit Bezug auf die historische Situation, für die sie beispielhaft sein sollen, gesehen werden kann: Welches sind die „ursprünglichen Phänomene“ unserer geistigen Welt? Der Begriff des Ursprungs hat mehrere Sinndimensionen: zumindest eine zeitliche und eine prinzipielle. Bisweilen steht das „Elementare“ nicht am Beginn, sondern erst am Ende einer Entwicklung[1], und oft offenbart die „klassische“ Hochform die Ursprünge reiner als die genetische Frühform[2]. Damit ist eine *Wertfrage* gestellt, um die man bei keinem Bestimmungsversuch des Exemplarischen herumkommt: Welches sind die Ursprungs- und Hochpunkte unserer geistigen Welt? Und wo liegen sie für die verschiedenen Bereiche unseres geistigen Lebens? In jedem „Kultursystem“[3], in jeder der „geistigen Grundrichtungen“[4] stellt sich die Frage nach dem Exemplarischen auf eigene Weise. Auch für die traditionellen Unterrichtsfächer wird sie deshalb nicht pauschal zu beantworten sein.

Solche Fragen lassen sich überhaupt nicht durch wissenschaftliche Abhandlungen oder durch Resolutionen endgültig klären. An ihnen arbeiten Generationen. Es sind Entscheidungsfragen im historischen Fluß. Die Wissenschaft kann hier nur versuchen, durch Reinigung und Zusammenschau der Argumente ihren Beitrag zur Sauberkeit der Diskussion und möglichenfalls zur Erreichung eines Konsensus zu bieten. Es liegt im Wesen solcher historisch befrachteten Wertfragen, daß sie allein von der Geschichte selber, in der die Wissenschaft nur ein Mitspieler ist, gelöst (oder auch ungelöst ad acta gelegt) werden können.

---

[1] cf. E. Spranger: Die Fruchtbarkeit des Elementaren, in: Päd. Perspektiven, Heidelberg 1952, 87 und 91. – M. Wagenschein: Zum Begriff des Exemplarischen Lehrens, in: Z. f. Päd. II, 1956, 140.

[2] cf. Wolfgang Döring: Zur päd. Problematik des Begriffs des Klassischen. Göttinger Studien z. Päd., hg. von H. Nohl, 24. Heft, Langensalza 1934.

[3] Wilhelm Dilthey, Ges. Schr., VII, Leipzig u. Berlin 1927, passim.

[4] Herman Nohl: Die päd. Bewegung in Deutschland und ihre Theorie, Frankfurt a. M. 1949, 207 ff. u.a.O.

Hierin unterscheiden sie sich von den zuvor angesprochenen strukturanalytischen Fragen, die – wenigstens idealiter – grundsätzlicher Beantwortung fähig sind.

Beide Arten von Fragen sind nun aber, wo vom „Exemplarischen" die Rede ist, ständig vermischt. Soll das Wort vom paradigmatischen Lehren und Lernen zu begrifflicher Klarheit erhoben und als Waffe für den Kampf gegen die Stoffülle geschärft werden, so müssen also einerseits all die noch ungeschiedenen Formen und Inhalte, die es umfaßt, strukturanalytisch entwirrt, präzisiert und auf ihre Tauglichkeit und Reichweite in den verschiedenen grundlegenden Geistesgebieten untersucht werden. Andererseits sind diese Geistesgebiete selbst daraufhin zu prüfen, was von ihnen für das Ziel der Bildung – speziell einer grundlegend-allgemeinen Schulbildung – das „Wesentliche" ist.

So wird es nach einem ersten Teil, der einen Bericht über den Stand der Diskussion gibt, im zweiten Teil vorwiegend um logisch-strukturelle Analysen gehen, während im dritten Teil eine teils hermeneutische, teils konstruktiv-programmatische Aufgabe hinzutritt. Daß eine so weitgesteckte Untersuchung nur Grundrisse zeichnen kann und auf Ergänzung und Korrektur durch die eigenständige Weiterarbeit der Fachvertreter angewiesen bleibt, versteht sich von selbst.

ERSTER TEIL

Die Ziele exemplarischen Lehrens und Lernens

(Diskussionsbericht)

Wer den didaktischen Diskussionen des letzten Jahrzehnts nachgeht, in denen sich der Ruf nach „exemplarischer Lehre" zusehends ausgebreitet hat, wird finden, daß hier – wie so oft bei wirkkräftigen Parolen – vieles, was gleichzeitig not tut, in *einem* Programmwort zusammengeballt wurde. Die Ballung hat erst die Stoßkraft ermöglicht. Sie enthält einer Lawine gleich die Tendenz, weitere ähnliche Anliegen mit in ihre Bahn zu ziehen. Es ensteht ein Sog: Je mehr aktuelle Nöte sich Rettung von dem neuen Prinzip erhoffen, desto unbestimmter seine begrifflichen Grenzen. Je unschärfer anderseits die Grenzen, desto größer wiederum die Anziehungskraft auf weitere vage benachbarte Strömungen ähnlichen Wollens, – ein Zirkel, der zu einem wachsenden Strudel anschwillt. Anziehungskraft und begriffliche Klarheit erscheinen einander umgekehrt proportional.

Dem Handelnden in Schule, Verwaltung und Politik genügt es, ein Programm zu besitzen, das ihm Mut und Schwung gibt, mit den Nöten des Tages fertig zu werden. Man kann in der Pädagogik die Stoßkraft solcher Programme selbst da kaum überschätzen, wo sie für jedermann sichtbar utopisch und einseitig werden. Und doch wird auch der Handelnde eines Tages davon betroffen sein, wenn die begrifflichen Grenzen seines Programms nicht geklärt sind. Wird der Sog seiner Parole uferlos, so entsteht babylonische Sprachenverwirrung: Die Begriffe überdehnen sich und erschlaffen; sie besagen so viel, daß sie nichts mehr besagen, und verlieren damit schließlich auch ihre programmatische Kraft. Man kann diesen historischen Prozeß studieren am Schicksal von Parolen wie „Gesamtunterricht", „Arbeitsschule", „Erlebnisprinzip" und manchem anderen reformpädagogischen Kampfruf, der zuerst eine „kopernikanische Wende" versprach und dann durch Überspannung unbrauchbar wurde. Niemand kann sagen, ob einst auch das „Exemplarische" von diesem Schicksal ereilt werden wird. Aber auch wenn dies geschehen sollte, – auf das *Wort* kommt es nicht an!

Wir haben zu fragen: Worin besteht der *Sache* nach das Besondere des exemplarischen Bildungsprinzips? Worin besteht jenes Eigene, das über alles Zerreden erhaben ist, so wie die zentralen Anliegen etwa Berthold Ottos oder Georg Kerschensteiners über alle spätere Abnutzung ihrer Vokabeln erhaben geblieben sind? Gibt es dieses Eigene beim Exemplarischen überhaupt? Oder läßt sich vielleicht alles, was hier verlangt wird, ohne Rest in Forderungen auflösen, die längst unter anderen Namen bekannt sind, so daß neu schließlich nur das Wort bliebe[1]?

Offenbar ist Altes und Neues in einem undurchsichtigen Knäuel miteinander verstrickt. Am besten geht man auf die Anfänge der Diskussionen zurück, dorthin, wo die Fäden noch offen und einzeln zutage liegen:

Hermann Heimpel

Das „paradigmatische Lehren und Lernen"

Der Historiker Hermann Heimpel hat im Jahre 1949 im Anhang zu Erich Wenigers Buch „Neue Wege im Geschichtsunterricht"[2] in einem als Beispiel gebotenen Exposé über die Geschichte des Mittelalters demonstriert, wie er sich das Prinzip des „paradigmatischen Lehrens und Lernens" vorstellt. Zwar gebraucht er diesen didaktischen Terminus erst zwei Jahre später in seinem Aufsatz zur „Selbstkritik der Universität"[3], der in deutlichem Zusammenhang mit der bereits erwähnten Tübinger Konferenz[4] steht. Der Sache nach ist das paradigmatische Verfahren aber schon in den Beispielen von 1949 in voller Entfaltung vorhanden. Worin besteht es?

---

[1] cf. Franz Domhof (Der Unterricht in der Volksschule als exemplarischer Unterricht, in: Päd. Rundschau, X, 1956, H. 12, S. 545): „In dem Begriff ‚Exemplarischer Unterricht' sind Inhalte beschlossen, die der Volksschuldidaktik und -pädagogik seit langem, sicher aber seit den Bestrebungen der ‚Arbeitsschule' nicht völlig unbekannt sind ... Neu ist das Wort ..."

[2] Frankfurt a. M. 1949, 81–89.

[3] In: Deutsche Universitäts-Zeitung, VI, Nr. 20 v. 26. 10. 1951, S. 6 (wieder abgedruckt in: H. Heimpel: Kapitulation vor der Geschichte? Göttingen 1956, H. 7).

[4] Siehe oben, S. 8 f.

Die unendliche Fülle der Geschehnisse, Schicksale und Beziehungen, die wir zusammenfassend „Das Mittelalter" nennen, wird von Heimpel auf „zwölf Schritte" reduziert, deren jeder durch eine historische Gestalt repräsentiert wird. Der Strom der Ereignisse wird also nicht in Längs- oder Querschnitten zu fassen versucht, sondern durch Spiegelung in wenigen Brennpunkten, in denen typische Züge dieses Geschehens sich verdichten. Die von Heimpel genannten Gestalten[1] sind über das ganze Mittelalter zeitlich und räumlich locker verstreut; ihre Auswahl geschieht mit großer Freiheit und ist auf kein ein für allemal festlegbares Schema zu bringen. Diese oder jene Figur aus der Reihe könnte auch durch eine andere ersetzt werden, während anderseits aber auch unvertauschbare Namen darunter sind. Ebenso locker ist die thematische Anordnung: Sozial-strukturelle, rechtliche, künstlerische, religiöse Probleme treten gesondert oder ineinander verschränkt hier mehr, dort weniger akzentuiert in den Vordergrund der politischen Betrachtung. Die Optik wechselt, ohne daß dafür bewußt ein System vorgezeichnet wäre. Auch die chronologische Anordnung ist nur grob. Zwar folgt die Reihe im Großen dem Lauf der Jahrhunderte. Aber von jeder einzelnen paradigmatischen Figur her können die thematischen Zusammenhänge nach vorwärts und rückwärts wie nach allen Seiten aufgerollt werden.

In jeder Hinsicht ist die Anordnung also sehr locker. Der Pedant, der sie mit seinem gewohnten Leitfaden in Einklang zu bringen versucht, wird nur widerstrebend geneigt sein, sie überhaupt als Ordnung anzuerkennen. Dafür schmiegt sich jedes Paradigma für sich seinem historischen Thema um so bruchloser an, und das ganze Schwergewicht der Verantwortung liegt in der Auswahl. Die Unvollständigkeit, die auf dies oder jenes getrost verzichtet, erspart der Anordnung manche andere Einseitigkeit, wie sie sonst unvermeidlich mit jedem Leitfadenschema verbunden zu sein pflegt. Anderseits läßt die thematisch breite und unsystematische Streuung der Paradigmata doch auch dem Optimismus Raum, daß die „Lücken" nicht allzu groß sein können[2]. Und wenn wirklich einmal hier eine Gestalt, dort ein Problemkreis ganz übergangen sein sollten, so mag ihnen der Lernende in seinem künftigen Bildungsgang später selber begegnen – oder auch nicht! Was tut es? Die

---

[1] Es sind: Theoderich, Gregor I., Mohammed, Karl d. Gr., Heinrich III., Thomas Becket, Innozenz III., Dschingis Khan, Philipp d. Schöne, Karl IV., Jeanne d'Arc und Nikolaus von Kues.

[2] Auch Otto d. Gr., Franziskus, Barbarossa oder Friedrich II. „kommen" selbstverständlich irgendwo „vor", sobald man in jene zwölf Gestalten und ihre Welt nur gründlich genug eindringt.

historische Physiognomie dieses einmaligen, unverwechselbaren europäischen Mittelalters wird sich deshalb für ihn kaum entscheidend mehr ändern. Auf diese Physiognomie aber kommt es vordringlich an. Sie liefert die Gesichtspunkte für Auswahl und Ordnung: Das Mittelalter soll als „echte Welt" mit ihren eigenen Denk- und Verhaltensformen sichtbar werden, der das moderne Europa unersetzbare „Dauergaben" verdankt[1].

Das Spezifische des paradigmatischen Vorgehens besteht hier darin, daß eine einmalige „Welt" in einmaligen „Gestalten", daß also Individuelles in Individuellem gespiegelt wird.

Dies ist freilich nicht der einzige Weg paradigmatischen Vorgehens. Heimpel selbst hat später, als er im Rahmen seiner Vorschläge zur Hochschulreform den „Grundbegriff des paradigmatischen Lehrens und Lernens" zu formulieren unternahm, den Akzent unmerklich verschoben, indem er im Hinblick auf das wissenschaftliche Studium sagte: „Es kommt, um ein Beispiel aus der Geschichtswissenschaft zu wählen, nicht darauf an, alle Epochen und Gebiete gleichzeitig zu studieren, sondern, im Rahmen eines allgemeinen Überblicks, an einzelnen Stellen eine echte Begegnung mit der geschichtlichen Welt zu haben und diese Begegnung als Erfahrung auf andere Gebiete anzuwenden." „Es ist letzten Endes, selbstverständlich immer bei Bewahrung des Gesamtzusammenhanges, gleichgültig, ob die Begegnung mit der geschichtlichen Welt bei Augustus, Heinrich IV., Adolf von Nassau, Friedrich dem Großen oder in einer Dorfgeschichte gelingt"[2]. Hier ist es nicht mehr ein Individuelles als historischer Gegenstand, worauf die paradigmatische Darstellung zielt, sondern das Verfahren wird bestimmt durch die „Überzeugung, daß im Einzelnen das Allgemeine enthalten und auffindbar sei"[3]. Das jeweilige Paradigma repräsentiert hier keinen konkreten historischen Inhalt mehr, sondern eine Kategorie von Inhalten überhaupt. Es repräsentiert eine Fragehaltung als solche. Das einzelne Historikum wird zum formalbildenden Übungsstück für das „historische Denken" schlechthin und seine Methode.

Bei diesem Vorgehen wird eine Voraussetzung gemacht, die man leicht übersehen kann, weil sie bei Heimpel nur in Nebensätzen am Rande anklingt: Die gewünschte „Begegnung mit der geschichtlichen Welt" gelingt nur „im Rahmen eines allgemeinen Überblicks" und „selbstverständlich immer bei Bewahrung des Gesamtzusammenhanges". Paradigma und Überblick sind also zirkelhaft ineinander ver-

[1] Heimpel, l. c. (1949), 84 f.
[2] Heimpel, l. c. (DUZ, VI, 1951, Nr. 20), S. 6 und 1956, S. 47.
[3] Heimpel, l. c. (Sperrung von mir).

klammert. Diese Voraussetzung kann nicht schon auf allen Schulstufen gemacht werden. Heimpels Forderung richtet sich an die Bearbeitung der Historie auf der Hochschulstufe, an Jünger und Adepten der Forschung, von wo sie dann allerdings auch auf die Oberstufe der höheren Schule zurückgewirkt hat. Das Problem einer grundlegenden Bildung, die dazu die Voraussetzungen allererst schafft, ist nicht Heimpels Thema.

Hans Ebeling

Das Prinzip der „Inselbildung"

Das geschilderte Programm unterscheidet sich wesentlich von einer Weise exemplarischen Lehrens, die gelegentlich damit vermengt wird: von dem Verfahren der sogenannten „Inselbildung", das in der historischen Propädeutik der Volksschule seinen Ursprungsort hat und von dort her auf die unteren Jahrgänge der höheren Schule einzuwirken beginnt.

Hans Ebeling, Geschichtsdidaktiker und -methodiker in der niedersächsischen Lehrerbildung und Verfasser mehrerer Volksschul-Geschichtsbücher, geht von der psychologischen Voraussetzung aus, daß man mit dem „Volksschulkind nicht den ganzen geschichtlichen Ablauf überblicken" könne[1]. Vollständigkeit sei ohnehin illusorisch, weil psychische Unreife der Schüler und Zeitknappheit den Lehrer nicht nur dazu zwingen, „Lücken" zu lassen, sondern ihn in einem ehrlichen Unterricht sowieso nicht weiter als bis zu „Inseln" kommen lassen, zwischen denen orientierungshalber dann bestenfalls noch „vereinzelte Trittsteine"[2] liegen. Ebelings Forderung ist daher „die Wendung von der Extensität des Einprägens einer bloßen chronologischen Überschau zur Intensität des exemplarischen Lernens an Inseln, die man aus dem Strome des geschichtlichen Lebens beispielhaft herausgriff, um an ihnen die wirklichen Bildungswerte historischer Begegnung wirksam werden zu lassen"[3]. Mit „man" sind hier selbstverständlich die Lehrer oder Lehrbuchverfasser gemeint, nicht etwa die Schüler, die selber, da sie den Zusammenhang noch nicht sehen, weder etwas „herausgreifen" noch „Lücken" haben können. Setzt die „Lücke" – ebenso wie das

[1] Hans Ebeling: Der Geschichtsunterricht in der Volksschule, in: Geschichte in Wissenschaft und Unterricht, Jg. II, 1951, 352.

[2] Derselbe: Methodik des Geschichtsunterrichts, Hannover 1955, 38 ff.

[3] Derselbe: Das Geschichtsbuch, in: Westermanns Päd. Beiträge, VIII, 1956, 336.

„Paradigma“ im Heimpelschen Sinn und gleichsam als dessen Kehrseite – immer schon ein Kontinuum voraus, so wird im Bilde der „Insel“ auf den Zusammenhang als solchen von vornherein verzichtet. Er ist nicht das Thema dieses Unterrichts[1]. Wir befinden uns noch auf einer propädeutischen Vorstufe der Geschichte. Es wird ein Vorrat an „Bildern“ gehortet, die möglichst kindertümlich sein sollen und jedes für sich als eigene Geschichte oder Zustandsschilderung inselhaft, also relativ isoliert dastehen. Es kommt zunächst allein auf die Erlebnisintensität jedes einzelnen Bildes an. Jede „Insel“ soll für sich möglichst viel von der Fülle und Buntheit des Lebens enthalten, „als Gleichnis, als Beispiel, als Sinnbild des Menschentums ...“[2]

Gegenüber Heimpels Programm bestehen hier zwei wesentliche Unterschiede: Erstens bleibt der einmalige epische Gesamtzusammenhang der Geschichte, der dort schon vorausgesetzt war, hier einer späteren Schulstufe oder einer anderen Schulrichtung vorbehalten. Zweitens liegen auch die allgemeinen Einsichten, die an den Paradigmen gewonnen werden sollen, beide Male in verschiedenen Richtungen: Bestand für Heimpel das am Beispiel zu erfahrende Allgemeine in der spezifisch historischen Geisteseinstellung und ihren Kategorien (erfahren, was Geschichte sei!), so wollen Ebelings „Inseln“ exemplarische Sinnbilder für „Menschentum“ überhaupt sein. Sie wollen also Grunderfahrungen vermitteln, die einerseits weit über die spezifisch historische Geisteseinstellung hinausreichen, deren Ansprüchen aber anderseits nicht voll entsprechen. Heimpels paradigmatische Gestalten sind ohne Ausnahme quellenmäßig belegte und für den Gang der weiteren Geschichte bedeutsam gewordene Individualitäten; bei Ebeling findet man daneben auch frei erfundene Figuren in historischem Kostüm[3].

---

[1] Daß „Inseln“ wie „Trittsteine“ in Ebelings eigenen Geschichtsbüchern dann doch in einen leitfadenartigen Gesamtzusammenhang eingebettet sind, kann als Kompromiß oder auch als Symptom dafür gedeutet werden, daß Ebelings didaktisches Wollen in praxi breiter ist als sein ausgesprochenes Inselbildungsprogramm. Aber auch wo sich „der Wunsch nach Einordnung der ... erarbeiteten Inseln in eine Übersicht“ regt, geht es nur um „ein wenn auch grobes und weitmaschiges chronologisches Gerüst des historischen Gesamtablaufs, das schwerpunktmäßig und exemplarisch mit sehr lebendigen und konkreten geschichtlichen Begegnungen gefüllt ist“ (l. c., 1956, 339).

[2] Derselbe: Methodik, l. c. (1955), 38 ff.

[3] Ebeling führt hier auf eigene Weise eine didaktische Tradition fort, die etwa in A. Scheiblhuber (Erleben durch phantasiemäßige Darstellung, Leipzig 1913; Kindlicher Geschichtsunterricht, Nürnberg 1928) und im Bremischen Lehrerverein (Geschichtsunterricht im neuen Geiste, Langensalza 1924) ihre repräsentativen Vertreter gefunden hat.

Auf eine genauere Analyse oder auf eine Kritik des einen oder des anderen Programms kommt es hier noch nicht an. Das Verhältnis des Exemplarischen zur Geschichte wird noch in einem eigenen Kapitel thematisch werden[1]. Fürs erste gilt es nur, die Verschiedenartigkeit der Ziele zu sehen, die sich hinter sehr ähnlichen Formulierungen verbergen. Diese Abweichungen lassen sich nicht aus der Verschiedenartigkeit der Schul- und Altersstufen allein erklären, sondern deuten auch auf Unterschiede in den Auffassungen von der Sache selbst hin, die jeweils paradigmatisch repräsentiert werden soll.

Martin Wagenschein

Das „exemplarische Lehren"

Mehrdeutig und vielschichtig ist auch das Programm Martin Wagenscheins, der vom Physikunterricht her die pädagogische Debatte über das Prinzip des „exemplarischen Lehrens" erst eigentlich in Gang gebracht hat. Ihm ging es zunächst darum, die überfüllten und oft geisttötenden „Stoffpläne" des Schulunterrichts durch beweglichere „Funktionspläne" zu ersetzen[2]. Unter Funktionszielen sind dabei fundamentale Erfahrungen und Einsichten zu verstehen, die unter Verzicht auf Vollständigkeit an jeweils verschiedenen, beispielhaft herausgreifbaren Gegenständen „exemplarisch" gewonnen werden können: für die Physik etwa die Erfahrung, was ein Experiment ist, wie man aus ihm die mathematische Funktion gewinnt, oder wie sich ein Teilgebiet der Physik in einem anderen auflösen läßt (z. B. Wärme in Mechanik). Wagenschein sagt: „Wenn wir diese Ziele erreichen, so ist das ‚Stoffwissen' ein selbstverständliches Nebenergebnis." „Auf Stoffpläne wird man dann verzichten können. An irgendeinem ausgewählten Stoff werden die typischen Verfahrensweisen und Erfahrungen des Faches exemplarisch, also übertragbar, einmal für andere Male gewonnen"[3].

Zweierlei Ziele sind hier in eins genommen: Erfahren, was ein Experiment ist, kann man in verschiedenen Bereichen der Physik; die Einsicht hingegen, wie sich das Teilgebiet der Wärmelehre in das der Mechanik auflösen läßt, ist auf andere Teilgebiete der Physik unüber-

---

[1] Siehe unten, S. 153 ff.

[2] Martin Wagenschein: Zur Selbstkritik der Höheren Schule in: Die Sammlung, VII, 1952, 150. – Derselbe: Das ‚exemplarische Lehren' als ein Weg zur Erneuerung der Höheren Schule, Schriften zur Schulreform, Heft 11, Hamburg 1954, 18 ff.

[3] ib., (1954), 29 f.

tragbar. Typische Verfahrensweisen stehen in Wagenscheins Programm einmaligen Struktureinsichten gegenüber. Der Verfasser spricht von „exemplarischen Methoden“ und von „exemplarischen Stoffen“[1]. Dabei verbirgt sich hinter dem Wort „exemplarisch“ offenbar beide Male Verschiedenes: Das eine Mal ist das Problem einer methodischen Formalbildung angeschnitten, das andere Mal die Frage der kategorialen Bildung. Es ist klar, daß beide Fragenkreise unlösbar ineinander verschlungen sind, – hat doch schon die seit Humboldts Zeiten nicht abgerissene Debatte über das Problem der formalen Bildung[2] gezeigt, daß in der Bildung alle formalen Qualitäten kategorial gebunden sind. „Der Verstand der Grammatik bleibt in der Grammatik, der Verstand der Mathematik bleibt in der Mathematik“, wie schon Herbart es formuliert hat[3]. Bei Wagenschein wird nun aber deutlich, daß einerseits diese kategoriale Differenzierung des jeweiligen „Verstandes“ auch innerhalb der Fächer weitergeht, daß also etwa der Verstand der Mechanik nicht der der Elektrodynamik ist, während andererseits die physikalische Fragestellung sich insgesamt doch als relativ einheitlich erweist, sobald man sie von anderen Fragestellungen – etwa der historischen – abhebt. Physik ist kein Stoffgebiet, sondern ein „Aspekt“ der Natur[4]. Zwei Ziele gilt es deshalb zugleich zu erreichen, wenn Wagenscheins Funktionsprogramm erfüllt werden soll: Eine Reihe übertragbarer Verfahren, die an vertauschbaren Stoffen beispielhaft für das physikalische Sehen schlechthin zu erarbeiten und einzuüben sind, und ein Kanon unvertauschbarer Struktureinsichten in das „physikalische Grundgefüge“[5]. Deckt sich das erste Ziel im Wesentlichen mit manchen vieldiskutierten und nun schon lange bewährten Forderungen der „Arbeitsschule“[6], so ist der didaktischen Be-

[1] Derselbe: Das Exemplarische in seiner Bedeutung für die Überwindung der Stoffülle, in: Bildung und Erziehung, VIII, 1955, 523 ff. und in: Forschung und Schule, 6 Vorträge der Tübinger Hochschulwoche, Ludwigsburg 1956.

[2] cf. Erich Lehmensick: Die Theorie der formalen Bildung. Göttinger Studien zur Pädagogik, hg. von Herman Nohl, Göttingen 1926.

[3] Herbart: Allgemeine Pädagogik (1806). Päd. Schr., hg. v. O. Willmann, (2) 1880, II, 465.

[4] Wagenschein: Natur physikalisch gesehen, Frankfurt a. M. 1953. – Derselbe: Zum Begriff des Exemplarischen Lehrens in: Z. f. Päd., II, 1956, 143.

[5] Wagenschein: Natur physikalisch gesehen, l. c., 17–24.

[6] cf. Georg Kerschensteiner: Wesen und Wert des naturwissenschaftlichen Unterrichts, (3) Leipzig 1928. – Derselbe: Begriff der Arbeitsschule, Neuaufl. München 1955. – Otto Scheibner: Arbeitsschule in Idee und Gestalt (3. Aufl. von: Zwanzig Jahre Arbeitsschule), Heidelberg 1951.

sinnung mit dem zweiten Ziel ein neues, noch offenes Problem aufgegeben: Das kategoriale „Grundgefüge" wie die Möglichkeit seiner Spiegelung in „exemplarischen" Stoffen ist für alle Fächer wie für den Aufbau der geistigen Welt überhaupt im Zusammenhang zu durchdenken.

Doch damit nicht genug. In Wagenscheins Programm sind noch weitere Ziele angesprochen. Ein ganzes Bündel didaktischer und methodischer Forderungen!

Zunächst: „Exemplarisches Lehren" schreitet nicht stufenweise voran, sondern vollzieht sich sprunghaft. Es unterscheidet sich hierin sowohl vom „systematischen Lehrgang" als auch vom „Errichten von Plattformen", einem Verfahren, das auf „Verdichtungen innerhalb des Kontinuums", auf „Nester der Gründlichkeit" abzielt, dabei aber noch Stufencharakter behält[1]. Das wahrhaft Exemplarische „ist nicht Stufe, es ist Spiegel des Ganzen"; „es leitet nicht fort, sondern es strahlt an" und „erregt das Fernere, doch Verwandte, durch Resonanz"[2]. Das Ganze wird im Einzelnen anwesend gedacht wie der Makrokosmos im Mikrokosmos. Damit ist eine geistige Tradition beschworen, die in Fröbel ihren pädagogischen Klassiker hat, und die in unserem Jahrhundert wieder aufgelebt ist in dem vielfältigen Rufe nach „Ganzheit".

Wenn nun jeder Teil die Grundgesetze des Ganzen zu spiegeln vermag, dann kann man auch ohne stufenweise bereitgestellte Vorkenntnisse den „Einstieg" überall da wagen, wo es herausfordernde, das Interesse und die Spontaneität aktivierende Fragen gibt. Die gedankliche Arbeit dringt dann vom beliebigen „Einstieg" aus sowohl zu den Elementen hinunter als auch weiter zu komplizierten Fragen hinauf: „Wir häufen nicht mehr auf Vorrat, sondern suchen, was wir brauchen, wir verfahren also wie in der Forschung"[3]. Deutlich steht hier Rousseau und die noch lebendige Reform-Tradition, die durch ihn angefacht wurde, dahinter: Gelegenheiten ergreifen und Situationen schaffen, die einen spontanen Wissensdrang wecken. Dieser Wissensdrang strebt dann von selbst (oder er wird unauffällig gelenkt) zu den Grunderfahrungen und Quellpunkten des geistigen Lebens, wo die Begriffe in ihrer Urform noch einmal neu und lebendig entstehen. Die Wissenschaft wird in ihrer Genesis noch einmal nachvollzogen.

Aber es geht noch um mehr: „Die Spiegelung muß nicht nur das Ganze des Faches, . . . sie muß auch das Ganze des Lernenden (nicht nur z. B. seine Intelligenz) erhellen"[4]. Es kommt auf die Ergriffenheit des ganzen Menschen an. Es geht um die „typischen Erschütterungen" des

[1] Wagenschein, Z. f. Päd., II, 1956, 130 ff.
[2] ib., 133 f. [3] ib., 135 f. [4] ib., 135.

jeweiligen Faches, um das Exemplarische als eine „Begegnungsweise" und ein „Widerfahren"[1]. Hier klingen Motive der „Erlebnispädagogik" und der existentiellen Erweckung mit an[2]. Wagenschein stellt sich die Frage, ob sein Lehrprinzip nicht vielleicht ein „Durchbruch des Prinzips der Selbsttätigkeit und des Arbeitsunterrichts zu tieferen, fast existentiellen Schichten" sei[3].

Soweit es um solch einen „Durchbruch" geht, soweit das Anliegen also in Kategorien wie „Begegnung", „Erschütterung", „Ergriffensein" ausdrückbar ist, richtet sich Wagenscheins Appell an die Person jedes Lehrenden. Die Wissenschaft ist nur betroffen, soweit ihre Vertreter selber auch Lehrende sind. Die pädagogische Forschung kann nicht viel dazu sagen. – Soweit es Wagenschein zugleich aber immer auch um den Blick „auf das Fundamentale des fachlichen Sehens und Absehens"[4] geht, sind Fragen angeschnitten, die genauer wissenschaftlicher Besinnung dringend bedürftig sind. Man muß beide Ziele zusammen sehen.

Nun sind auch Wagenscheins vielschichtige Forderungen freilich nicht ohne Voraussetzungen erfüllbar. Zunächst hatte ihr Verfechter nur ein begrenztes didaktisches Gebiet im Auge: den Physikunterricht auf der Oberstufe der höheren Schule, – genauer gesagt: den Physikunterricht für diejenigen Schüler, die keinem mathematisch-naturwissenschaftlichen Zweig angehören, sondern in zeitlich knappem Stundenprogramm neben ihren sprachlich-historischen Studien einen Blick auf das „Wesentliche" der Mathematik und Physik gewinnen sollten[5]. Später wurde der Anspruch auch auf andere Fächer, Schulstufen und -zweige ausgedehnt. Doch immer blieb dabei die Kenntnis gewisser Grundphänomene vorausgesetzt, ein Kanon von Erscheinungen, mit denen der Schüler aus dem Umgang schon vertraut sein muß. Für die Abschlußjahre der höheren Schule so gut wie für die der Volksschule ist „ein solcher Kanon die Voraussetzung für exemplarische Tiefbohrungen, die hineinführen in diese zuvor gelegte Grundlandschaft"[6].

Wagenscheins Weg läuft hier demjenigen Heimpels parallel.

---

[1] ib., 137 und l. c. (1955), 523.

[2] cf. Waltraut Neubert: Das Erlebnis in der Pädagogik. Göttinger Studien z. Pädagogik, hg. v. H. Nohl, Göttingen 1932. – O. F. Bollnow: Begegnung und Bildung, in: Z. f. Päd., I, 1955, 10 ff.

[3] Wagenschein, l. c. (1956), 151.

[4] ib., 151.

[5] Wagenschein, l. c. (1955), 521. – cf. Hess. Beitr. z. Schulreform. II, 3, Heft 9, Wiesbaden 1950, 19 ff.

[6] Wagenschein, l. c. (1956), 138.

Aber auch „bei der Gewinnung dieses grundlegenden Kanons gibt es schon den Einstieg und sogar Exemplarisches"[1]. Wagenscheins Lehrverfahren ist also nicht auf die Endstufen der jeweiligen Lehrgänge festzulegen. Es kann auch einführende und propädeutische Funktionen übernehmen, hierin den Ebelingschen „Inseln" durchaus analog. Es läßt sich überhaupt nicht stufenmäßig festlegen, weil es per se die Negation jeder Stufenfolge sein will. Zudem entzieht es sich allen Festlegungen vermöge seiner vielschillernd fluktuierenden Begrifflichkeit. Es ist als Gesamtprogramm nicht ein einziger gerader Weg, sondern ein ganzes Wegenetz mit Windungen und Gabelungen, mit Ausblicken auf vielerlei Landschaften, phantasievoll, produktiv, anregend, aber manchmal auch verwirrend.

Weitere Diskussionsbeiträge

In den Aussprachen, die durch Wagenscheins Forderungen angefacht wurden, sind gelegentlich Mißverständnisse aufgetreten, weil man die Heterogonie seiner Zielsetzungen nicht durchschaute. Die leicht zur Euphorie neigende Ausdrucksweise Wagenscheins hat sowohl bei denen, die sich mitreißen lassen, als auch bei denen, die reserviert und skeptisch bleiben, den Hang verstärkt, das ganze exemplarische Verfahren nach der Seite des jeweils geringsten Widerstands zu interpretieren. Die einen pflegen zu sagen: Formalbildung? Arbeitsunterricht? Selbsttätigkeit? Das haben wir doch sowieso schon immer getrieben! Und was die „Erschütterungen" und „Erweckungen" betrifft, so wird sich wohl selten jemand finden, der einem schriftstellernden und Vorträge haltenden Kollegen das Recht zugesteht, ihm zu sagen, sein Tun sei „unecht". So kann man sich zum „Exemplarischen" als Lehrprinzip getrost bekennen, ohne sein Lehrgewissen allzusehr zu beunruhigen: ein neues Schlagwort, und alles bleibt beim alten. – Die entgegengesetzte Reaktion lautet: Was soll dieses Schlagwort? Ist es nicht bloß geeignet, Verwirrung zu stiften und den einzigen Halt, den der Lehrer noch hat, den Stufengang des Lehrplans, an dem Generationen gearbeitet haben, wieder einmal zu untergraben? Erschütterungen stellen sich ein oder nicht. Man kann, ja man sollte sie nicht kultivieren. Eine Berufung auf sie als auf ein neues Lehrverfahren kann nur Utopie oder Banalität sein. – Beide Reaktionen, die durchaus landläufig sind, bagatellisieren das exemplarische Lehrprinzip, noch bevor sie die sachliche Kernfrage daran als offene Frage empfunden haben.

[1] ib., 139.

Eine wissenschaftliche Debatte, die sich um diese Kernfrage bemüht, ist noch kaum in Gang gekommen. Die wenigen improvisierten Diskussionsbeiträge, die in Tagungsprotokollen festgehalten sind[1], konzentrieren sich auf die Feststellung, daß dem Exemplarischen in den Naturwissenschaften vermutlich eine andere Rolle und Reichweite zukomme als auf geisteswissenschaftlichen Gebieten: Gehe es das eine Mal um die Erschließung allgemeiner Gesetze am beispielhaften Einzelexemplar, so das andere Mal gerade um Einmaligkeit und Selbstwert des individuellen historischen Ereignisses oder Werkes selbst, das durch kein anderes vertretbar sei. Dieser einleuchtende Gedanke ist freilich nur ein erster tastender Schritt. Daß das viel strapazierte Gegensatzpaar von Natur- und Geisteswissenschaften kein endgültiger Rahmen zur Fassung des exemplarischen Lehrprinzips sein kann, zeigte bereits Heimpels Exposé eines paradigmatischen Kurses über die einmalige Welt der mittelalterlichen Geschichte. Auch ist bemerkenswerterweise gerade der Geschichtsunterricht dasjenige Schulfach, für welches das Problem der exemplarischen Lehre bislang am vielseitigsten diskutiert worden ist[2].

In einem neueren Aufsatz hat nun Wilhelm Flitner[3] die didaktischen Kategorien der „Verdichtung" und „Auswahl", die bei der Darstellung geschichtlicher Zusammenhänge und im Literaturunterricht relevant werden, *neben* das Prinzip des „Exemplarischen" gestellt, womit er diesem eine sehr enge, allein auf das Exemplar-Gattungs-Verhältnis zugeschnittene Interpretation gegeben hat. Auch bei Otto Friedrich Bollnow finden sich Hinweise, die in eine ähnliche Richtung zielen[4]. Sowohl Heimpel wie Wagenschein hatten dagegen, wie wir sahen, ihr Anliegen sehr viel weiter ausgelegt: Die „Verdichtung" der vielfältigen Fakten einer Epoche in einer „Auswahl" repräsentativer Gestalten zur Physiognomie einer einheitlich-

---

[1] Das Problem der höheren Schule, hektogr. Bericht des Hessischen Lehrerfortbildungswerks in Kassel über eine Tagung in der „Reinhardswaldschule" vom 8. bis 13. 6. 1953 – Bericht über die Britisch-Deutsche Pädagogen-Konferenz in Königswinter am 15. 3. 1955, in: Bildung und Erziehung, VIII, 1955, 537 ff.

[2] cf. Geschichte in Wissenschaft und Unterricht. Zeitschrift des Verbandes der Geschichtslehrer Deutschlands, hg. v. K. D. Erdmann u. F. Messerschmid: I (1950), 173; II (1951), 668; III (1952), 169, 657, 722; VI (1955) 423, 627, 682; VII (1956) 99, 223 u. a. O. – Konrad Barthel: Über Exemplarisches Lernen im Geschichtsunterricht, in: Die Sammlung, XI, 1956, 38 ff.

[3] Wilhelm Flitner: Der Kampf gegen die Stoffülle: Exemplarisches Lernen, Verdichtung und Auswahl, in: Die Sammlung, X, 1955, 556 ff.

[4] cf. Bildung und Erziehung, VIII, 1955, 538. – Z. f. Päd., I, 1955, 22.

einmaligen „Welt“ gehörte für Heimpel zum Wesenskern des paradigmatischen Lehrens und Lernens selbst. Auch für Wagenschein war der Kanon der Hauptphänomene, die das Grundgefüge des Faches repräsentieren, von Anbeginn unlösbarer Bestandteil seines Funktionsplans. Die Kategorien der „Verdichtung“ und „Auswahl“, die nach Flitner das exemplarische Lehrprinzip erst ergänzen müssen, gehörten auch für ihn wesentlich in den Begriff mit herein.

Man muß solche terminologischen Abweichungen sehen. Die Repräsentation einer Gattung in ihren Exemplaren, an die man üblicherweise bei naturwissenschaftlichen Klassifikationen denkt, ist offensichtlich nur ein Teilbereich paradigmatischer Repräsentation, der nicht einmal auf naturwissenschaftlichem Boden selbst alles das zu umgreifen vermag, was mit dem Programm der exemplarischen Lehre gemeint ist. Zur Heterogonie der Einsatzpunkte und Ziele des „Exemplarischen“ gesellen sich damit auch noch erhebliche Schwankungen des Begriffsumfangs. Es ist alles in der Diskussion noch im Flusse[1]. Wir werden uns bemühen müssen, einen gemeinsamen Nenner zu finden, ohne die sachlichen Disjunktionen, die möglicherweise bestehen, zu verschleiern.

---

[1] Die beiden neuesten Untersuchungen zu unserem Thema (Josef Derbolav: Das „Exemplarische“ im Bildungsraum des Gymnasiums, Düsseldorf 1957. – Heinrich Roth: Pädagogische Psychologie des Lehrens und Lernens, Berlin – Hannover – Darmstadt 1957, darin das Kapitel „Orientierendes und exemplarisches Lehren“, 183–194), die erst erschienen, als die vorliegende Arbeit im Manuskript bereits abgeschlossen war, sind in dem obigen Referat über den Stand der Diskussion noch nicht berücksichtigt.

ZWEITER TEIL

Zur Klärung der Begriffe

Der didaktische Ort des Exemplarischen

Spricht man von exemplarischen Einsichten oder Erfahrungen, so befindet man sich allemal in pädagogischen Zusammenhängen. Es geht um Bildung oder Selbstbildung von Personen, um Verstehen- und Können-Lernen, Einsehen und Werte-Erfassen. Die Erlebnisse oder Erkenntnisse, denen man die exemplarische Qualität zuspricht, sind Schritte oder Sprünge auf dem Weg der Erweiterung einer geistigen Welt. Nur in diesem Zusammenhang ist die Rede von „Exemplarischem" überhaupt sinnvoll. Der Person wird etwas ihr bis dato Unbekanntes erschlossen. Dabei braucht es sich keineswegs um bewußte oder gar beabsichtigte Belehrung oder Unterweisung zu handeln. Auch wo mir ein längst vergessener Vers unvermutet zum Gleichnis wird für die Deutung einer gegenwärtigen Situation, erfahre ich eine Erweiterung oder Vertiefung meiner geistigen Welt.

Exemplarisch sind irgendwelche Dinge oder Ereignisse also nicht „an sich", sondern innerhalb bestimmter Zusammenhänge. Das Exemplarische ist ein Relationsbegriff. Es drückt eine Beziehung aus: Es steht zwischen einem Etwas, das es repräsentiert, und jemandem, für den es dies tut. Es schlägt eine Brücke.

Wenn hier von einem Brückenschlage die Rede ist, so gilt es zwei Seiten zu betrachten: den individuellen Bildungsgang der jeweiligen Person und den objektiven Sachgehalt der jeweiligen Lehre. Jede dieser beiden Seiten steht relativ eigenständig in sich, muß zwar faktisch im Bildungsprozeß mit der anderen verbunden, kann aber begrifflich nicht in sie aufgelöst werden.

Bildungsgang und Lehrgang

In der Geschichte der Pädagogik gibt es wiederholte Versuche, den „natürlichen" Bildungsgang des Subjekts zum Modell für den Aufbau objektiver Lehrgänge zu nehmen[1]. Die Erweiterung unserer Bildung wird dabei als ein Wachstumsvorgang verstanden, dessen „Natur" man nur auf die Schliche zu kommen braucht, um auch der „natürlichen" Lehrmethode habhaft zu werden. Im Extremfall, der freilich nur als Utopie denkbar ist, löst sich der Lehrgang dann ganz in den Bildungsgang auf und überläßt dessen „Natur" die alleinige Führung: Alle Lehre wird zur bloßen Beantwortung von Fragen, die der „natürliche" Bildungsdrang des Lernenden stellt; an die Stelle des eigenständigen Lehrgangs tritt ein Gelegenheitsunterricht, der auf den Glauben an eine prästabilierte Harmonie baut, die zwischen der Natur des bildungshungrigen Subjekts und der Natur der Sachbereiche besteht. Wo sich Zweifel an dieser Harmonie einstellen, zugleich auf die Eigenstruktur sachlicher Bereiche als Lehrziel aber nicht verzichtet werden kann, greift man zu behutsamer Lenkung: Die korrigierende Ordnung, die den Bildungsgang wieder auf das rechte Geleise des Lehrgangs bringt, steckt dann in der Anordnung der ergriffenen „Gelegenheiten" selber[2]. Hier wird deutlich, daß der Lehrgang ein eigener geordneter Zusammenhang ist, den man hinter dem Gang des spontanen Bildungsdrangs zwar verstecken, in ihn hinein aber nicht gänzlich auflösen kann.

Die Verwischung der Grenzen ist nur möglich, solange man die Unangemessenheit naturalistischer Vorstellungen in Fragen der Bildung[3] nicht durchschaut. Das Gesetz der Natur reicht hier gerade so weit wie das biopsychische „Lebenswerkzeug" des Menschen. Das Entscheidende jedes Bildungsgangs aber ist individuell und geschichtlich: Mein Bildungsgang ist ein Teil meines biographischen Schicksals, einmalig, unwiderrufbar und unumkehrbar. Freilich ist auch „natürliches" Wachstum mit darin, aber doch nur als eine von vielen Stimmen.

Auf der anderen Seite stehen die Lehren, mit denen mein Bildungsgang mich in Berührung bringt; etwa die Mathematik oder die Lehre Jesu, eine Sprach- oder Handwerkslehre; aber auch die Regeln des

---

[1] cf. Karl-H. Schwager: Wesen und Formen des Lehrgangs im Schulunterricht. Dissertation, Hamburg 1956 (Mschschr.).

[2] cf. ib., 50 ff.

[3] cf. Gerhard Joppich: Die Theorie des pädagogischen Naturalismus, in: Z. f. Päd., II, 1956, 154 ff.

Schachspiels oder der Wohnkultur gehören hierher, formulierte Systeme so gut wie unausgesprochene Konventionen, die mir von Älteren stillschweigend beigebracht werden. Sie alle treten wesenhaft mit dem Anspruch auf überindividuelle und zeitlose Geltung auf, – dies sogar dann, wenn sie sich selber geschichtlich bedingt wissen: Sie alle intendieren, solange sie ernst gemeint sind, das Wahre und Rechte, ein Sein oder Sollen. Sie sind also ebenso wenig allein mit der Kategorie des „Natürlichen" wie mit der des „Geschichtlichen" faßbar.

Natürliches Wachstum, Geschichtlichkeit und zeitlose Geltung liegen auf dreierlei verschiedenen Ebenen. Auf jeder von ihnen muß im Bildungsprozeß die andere anerkannt und bestehen gelassen werden, auf jeder muß man die anderen beiden im Blick behalten, weil keine sich in die andere auflösen läßt. Bildung ist immer auf gegenständlich gültige Gehalte hin orientiert, so zufällig und schicksalhaft ihr geschichtlicher Werdegang, so naturhaft spontan ihre subjektiven Impulse auch sein mögen. Lehre anderseits ist als Repräsentant eines gültigen Sachgehalts immer auf lernende Subjekte bezogen, die auch bei nahezu homogener Natur doch jedes für sich ihre eigene Geschichte haben.

Eine vollkommene Anschmiegung des Lehrgangs an den Bildungsgang wäre nur im Falle der Einzelbelehrung denkbar, auch hier aber nur unter der utopischen Voraussetzung, daß nicht nur „Natur" und „Geschichte", sondern auch alle Interessen des sich Bildenden völlig bekannt seien. Selbst unter dieser Voraussetzung wäre es jedoch eine Anschmiegung, eine ideale Zuordnung, nicht aber eine Auflösung des aller Bildung gegenüber selbständigen Anliegens der Lehre.

Bildungsgänge sind immer in irgendwelchen Hinsichten reicher, in anderen ärmer als die Gesamtheit der Lehren und Lehrgänge, die sie durchlaufen. Bildungs- und Lehrgang decken sich nicht. Wir müssen das Exemplarische aus der je eigenen Perspektive beider Seiten betrachten.

Das Exemplarische im Bildungsgang

Exemplarisch nennen wir im Bildungsgang solche Ereignisse, die unsere geistige Welt sprunghaft erweitern: Ein Licht geht auf, ein Fenster wird aufgestoßen.

Max Scheler[1] hat diesen sprunghaften Kontakt, der sich zwischen der Person und einem ihr neuen Wesensbereich ereignen kann, glücklich beschrieben – ihn leider jedoch mit dem Begriff „Ideierung"

[1] Max Scheler: Die Stellung des Menschen im Kosmos, München 1947, 46 f.

nicht ebenso glücklich benannt: „Ein großartiges Beispiel für solch einen ideierenden Akt gibt die bekannte Bekehrungsgeschichte Buddhas: Der Prinz sieht *einen* Armen, *einen* Kranken, *einen* Toten, nachdem er im Palaste des Vaters jahrelang allen negativen Eindrücken ferngehalten ward; er erfaßt aber jene drei zufälligen ‚jetzt-hier-so-seienden' Tatsachen sofort als bloße Beispiele für eine an ihnen erfaßbare essentielle Weltbeschaffenheit." „Ideieren heißt also, unabhängig von der Größe und Zahl der Beobachtungen, die wir machen, ... die essentiellen Beschaffenheiten und Aufbauformen der Welt an je *einem* Beispiel der betreffenden Wesensregion miterfassen. Das Wissen aber, das wir so gewinnen, gilt, obschon an einem Beispiel gewonnen, in unendlicher Allgemeinheit von allen möglichen Dingen, die dieses Wesens sind ..."

Damit dieser erstaunliche Akt zustande kommen kann, der dem Lebensweg des Prinzen momentan eine schicksalhafte Wendung gibt, muß offenbar auf beiden Seiten eine Entsprechung bestehen: Im geistigen Leben muß eine Schwelle erreicht, im Gegenüber eine Potenz vorhanden sein, damit der „zündende Funke" herüberspringen und dem zufällig Begegnenden seinen exemplarischen Rang verleihen kann. Wäre der Arme nicht Verkörperung der Armut selbst, wäre der Kranke nicht Bild von Krankheit schlechthin, so hätten sie auch für den Prinzen nicht exemplarisch werden können. Wäre ihnen anderseits der Prinz nicht gerade an dieser Schwelle seines geistigen Lebens begegnet, – er wäre wohl achtlos an ihnen vorübergegangen.

Die epochemachenden Begegnungen, die hier als exemplarisch beschrieben werden, dürfen freilich nicht so interpretiert werden, als seien der Arme oder der Tote bloße Gattungsexemplare, die dem Prinzen Allgemeinbegriffe illustrieren. Sie überwältigen ihn vielmehr gerade in ihrer unvertauschbaren Einmaligkeit, indem sie ihm hier und jetzt zurufen: „Du mußt dein Leben ändern!" Ihr exemplarischer Charakter beruht wesenhaft auf dieser ihrer Einmaligkeit im Bildungsgang der Person. Sie sind also *zugleich* beispielhaft und einmalig, – eine paradox klingende Feststellung, wenn man sich vor Augen hält, was Otto Friedrich Bollnow im Hinblick auf das Verhältnis zwischen den Kategorien des „Exemplarischen" und der „Begegnung" zu bedenken gegeben hat: „Das Begegnende begegnet als es selber in seiner Besonderheit, und nicht als Beispiel eines größeren Zusammenhangs"[1]. Hier aber begegnet nun etwas als es selber und zugleich als Beispiel. Wie läßt diese Paradoxie sich lösen?

[1] Otto Friedrich Bollnow: Begegnung und Bildung, in: Z. f. Päd., I, 1955, 22.

Zunächst ist festzustellen, daß es für die Person in der exemplarischen Erfahrung nicht primär um Begrifflichkeit geht, sondern um einen für ihren Bildungsgang neuen, intensiven Kontakt mit dem Wesen der Dinge (dies gilt sogar da, wo Begriffsbildungen als solche exemplarisch zur Evidenz gebracht werden). Der Terminus „Wesen" ist freilich philosophisch nicht unvorbelastet. Die Zahl der Zeitgenossen, die ihm – vom Positivismus her inspiriert – skeptisch gegenüberstehen, ist nicht gering. Doch wer den Erscheinungen dieser Welt kein „Wesen" zugesteht, wer die Unterscheidung zwischen „Tatsache" und „Wesen" nicht mitvollzieht, entleert damit eo ipso auch den Begriff des Exemplarischen seines spezifischen Inhalts und macht ihn zum bloßen Namen für eine Banalität. Geht man hingegen – etwa in der phänomenologischen Sprechweise Edmund Husserls[1] – davon aus, daß „jedem individuellen Gegenstand ein Wesensbestand zugehört als *sein* Wesen"[2], daß also „jedes individuelle Vorkommnis sein Wesen hat, das in eidetischer Reinheit faßbar ist ...", so kann man auch zugeben, daß ein Ereignis ganz „als es selber" doch zugleich exemplarisch sein kann: „Wir vollziehen ... exemplarisch irgendwelche singulären Bewußtseinserlebnisse ... Auf solchem exemplarischen Grunde ... erfassen und fixieren wir in adäquater Ideation die reinen Wesen, die uns interessieren. Die singulären Fakta, die Faktizität der natürlichen Welt überhaupt entschwindet dabei ..."[3] Die scheinbare Paradoxie des Zugleich von einmaligem Begegnungscharakter und über sich hinausweisender Beispielhaftigkeit löst sich hier also dadurch, daß das zufällig begegnende singuläre Faktum doppelbödig ist: es kann mir als dieses bloße Faktum durchscheinend und damit exemplarisch werden für sein eigenes, eigentliches Wesen. Und erst in dieser Diaphanie trifft es mich ganz „als es selber".

Sodann läßt sich jene Paradoxie noch durch eine andere Überlegung lösen: Von außen gesehen und rein theoretisch betrachtet hätte dem Prinzen statt dieses Armen auch ein anderer begegnen können. Die bloße Faktizität wäre austauschbar, sofern nur der andere Arme ebenso gut das Wesen der Armut verkörpert hätte. Für den Prinzen selbst wäre dieser Gedanke jedoch eine müßige Spekulation: In *seiner* Lebensgeschichte war es *dieser* Arme, der Epoche gemacht hat! Was ahistorisch betrachtet ein zufälliges und beliebig vertauschbares Begebnis sein mag,

[1] Man könnte hier auch Gedanken aus der thomistischen Tradition zitieren.

[2] Edmund Husserl: Ideen z. e. reinen Phänomenologie und phänomenologischen Philosophie. Jahrb. f. Philos. u. phänomenol. Forschung, Bd. I, Teil I, Halle 1922, § 7, S. 16; cf. auch § 3, S. 11 f.

[3] ib., § 34, S. 60.

kann doch im Zusammenhang einer Lebensgeschichte epochemachend und damit als es selber zugleich exemplarisch und einmalig sein[1]. Aus dem betroffenen Bildungsgang ist es als das vielleicht erste, jedenfalls entscheidende Faktum dieser Wesensart nicht mehr auszulöschen, so belanglos und vertauschbar es in anderem Zusammenhange auch sein mag. Das aber gilt für die Anstöße zu hohen Wandlungen, Bekehrungen und Erleuchtungen nicht anders als für die bescheidenen, jeweils ersten Schritte in jedem Bildungsbereich: für die erste Oper, die erste Reise, die erste Liebe ...

Gehört es zum Wesen exemplarischer Erfahrungen, daß man sie vorwegnehmend einmal für andere Male, oft „ein für allemal" macht, daß die geistige Welt sich also sprunghaft erweitert, so läßt sich aus solchen Ereignissen auch die Problematik des sogenannten „fruchtbaren Moments", wie sie Friedrich Copei dargelegt hat[2], nicht eliminieren. Wo man sich auf das Wesen des Exemplarischen besinnt, muß das Bewußtsein von jenem *καιρός* zumindest als Grenzbewußtsein wach bleiben. Was dieser fruchtbare Augenblick im Bildungsgeschehen in seinem Kern eigentlich sei, hat freilich auch Copei nicht fassen können. Es läßt sich wohl wesensmäßig nicht positiv fassen. Die Stadien seiner Vor- und Nachbereitung – unerläßliche Bedingungen, wo er eintritt, – sind bestimmbar, nicht aber sein Eintreten selbst. Hier bleiben wir allemal angewiesen auf Wörter wie „Zufall", „Einfall", „Inspiration", „Durchbruch", „Aufleuchten", „Evidenz"[3]. Letztlich ist dieser *καιρός* als lebensgeschichtliche Realität wohl nur existentiell erfahr-

---

[1] Bollnows Bedenken sind hiermit freilich noch nicht zerstreut. Es erscheint fragwürdig, ob er die Begegnung mit dem Bettler in Schelers Beispiel überhaupt als „Begegnung" im strengen, nämlich existentiellen Sinn anerkennen würde. Geht es darin doch gar nicht um die Person des Bettlers, sondern um die Erschließung „essentieller" Weltbereiche, also um Inhalte, während es nach Bollnow in der eigentlichen, nämlich existentiellen Begegnung „nicht um die Inhalte, sondern um den Prozeß der Entscheidung als solchen" gehen müßte. Alle exemplarischen Erfahrungen gehörten für Bollnow somit vermutlich auf die Ebene der „Selbstentfaltung des Geistes", die noch nicht im letzten und tiefsten Sinn existentiell ist. Auch das Epoche-Machen im Bildungsgang braucht noch nicht gleichbedeutend zu sein mit der inhaltlich gar nicht näher beschreibbaren „Wendung zur Eigentlichkeit der Existenz". Doch da in unserem Zusammenhang vor allem die erste der beiden Ebenen interessiert, mag eine genauere Unterscheidung hier auf sich beruhen.– cf. O. F. Bollnow: Vom Wesen geschichtlicher Begegnung. Ein Diskussionsbeitrag, in: Z. f. Päd., II, 1956, 242–248.

[2] cf. Friedrich Copei: Der fruchtbare Moment im Bildungsprozeß, (2) Heidelberg 1950.

[3] cf. Copei, ib., 37 ff.

bar[1]. Man kann auf ihn hinweisen, ihn nicht definieren. Man kann ihn nicht „machen", bestenfalls „provozieren"[2].

Behält man diese unaufhebbare Bedingung, die für die großen Aufbrüche so gut wie für die schlichtesten Schritte im Bildungsgang gilt, bei der Wendung zu den exemplarischen Objekten im Sinn, so schiebt man einen Riegel vor jede allzu optimistische Methodengläubigkeit, die sich zuguterletzt auch des exemplarischen Verfahrens bemächtigen und von ihm didaktische Wunder erhoffen könnte. In der Geschichtlichkeit und Individualität jedes Bildungsgangs liegt nicht nur der Ermöglichungsgrund exemplarischer Erfahrungen, sondern zugleich auch die Grenze für ihre Vorausplanbarkeit.

Das Exemplarische im Lehrgang

Nicht nur das Unwägbare „fruchtbarer" Einfälle und „schöpferischer" Situationen gehört zu den Bedingungen des Exemplarischen. Die Gegenstände sprechen in bezug auf ihre exemplarische Wirksamkeit auch selber ein entscheidendes Wort. Nicht jeder Gegenstand, nicht jedes Geschehen enthält die gleiche paradigmatische Kraft. Es läßt sich nicht alles beliebig durch alles vertreten.

Richtete sich unser Augenmerk aus der Perspektive des Bildungsgangs primär auf „Erfahrungen", „Erlebnisse", „Begegnungen", in denen dem Subjekt neue Räume erschlossen wurden, bewegten wir uns also vornehmlich in geschichtlich-biographischen oder in existentiellen Kategorien, so müssen wir nun aus der Perspektive des Lehrgangs heraus auf das Gegenständliche sehen, das in solchen Ereignissen den Vermittler zwischen der betroffenen Person und dem zu erschließenden Wesensbereich spielt: auf das exemplarische Repräsentationsverhältnis als solches, seinen Ort, seine Möglichkeiten und Formen.

---

1 Auch hier müßte und könnte wohl noch genauer unterschieden werden zwischen bildungsmäßig und existentiell „fruchtbaren" Momenten. Während die ersten historisch-biographisch lokalisierbar und inhaltlich erfüllt sind, wären die zweiten je punktuell. Doch betrifft auch diese Unterscheidung nicht unmittelbar den Gang unserer Untersuchung; cf. S. 32, Anm. 1.

2 Karl Jaspers: Von den Grenzen pädagogischen Planens, in: Basler Schulblatt, Nr. 4, 13. Jg., Basel 8. Juli 1952, S. 72-77. – O. F. Bollnow: Das veränderte Bild des Menschen und sein Einfluß auf das pädagogische Denken, in: Z. f. Päd., I, 1955, 10 ff. und 18 ff. – Waltraut Neubert: Das Erlebnis in der Pädagogik. Göttinger Studien zur Pädagogik, hg. v. Herman Nohl, 3. Heft, Göttingen 1932, 29 und 53 f.

Das Eintreten oder Ausbleiben „fruchtbarer Momente" bleibt zwar entscheidend dafür, ob ein Gegenstand dem individuellen Subjekt eine exemplarische Erfahrung vermittelt. Aber *welche* Gegenstände überhaupt Paradigmata sein können und *was* sie erschließen, kann nur eine strukturanalytische Untersuchung derjenigen Relationen ermitteln, in denen die exemplarischen Gegenstände selbst zu den von ihnen repräsentierten Bereichen stehen.

Wer einen Lehrgang aufbaut, – sei es ad hoc für diesen Schüler und diese Gruppe, sei es grundsätzlich für jedermann, – wird deshalb vor allen methodischen Überlegungen über die Begünstigung „fruchtbarer Momente" danach fragen müssen, welche Paradigmen oder Exempel den gegenständlichen Gehalt seiner Lehre am besten spiegeln. Doch welche Fülle verschiedenartiger Bedeutungsmöglichkeiten liegt bereits in diesem „am besten"! Es kann soviel heißen wie „am elementarsten" oder „am reichsten", „am meisten anschaulich" oder „auf die knappste begriffliche Formel zu bringen", möglicherweise noch vielerlei anderes. Die Kriterien dafür liegen in Aufgabe, Inhalt, Art und Stufe des jeweiligen Lehrgangs. Vergegenwärtigen wir uns nur einige Möglichkeiten:

Der Gegenstand der Lehre sei ein logisch gestuftes System, dessen Aufbau von einfachsten Elementen bis hinauf zu allgemeinsten Sätzen durchschaut werden soll, – eine Lehre, die sich in dieser Weise freilich nur an Lernende wenden kann, die des begrifflichen Denkens schon mächtig sind, also etwa an Primaner, Studenten, erwachsene Besucher eines Spezialkurses. Der „Gang durch die Lehre"[1] wird hier bei den Grundbegriffen beginnen und Exempel, die die „Elemente" möglichst rein und für allemal unverwechselbar deutlich machen, nur zur Illustration heranziehen. Er wird dann entlang des Systems zu immer „komplexeren" Zusammenhängen vorangehen und dabei solche Beispiele wählen, die das wechselseitige Sichdurchdringen der Elemente am besten exemplifizieren. Schließlich wird er sich nach solchen Stoffen umsehen, die reich genug sind, das Zusammenspiel des ganzen Systems zu spiegeln. Der Lehrgang setzt seine Schritte hier so, daß sie „synthetisch" das Lehrsystem aufbauen.

Gilt es dagegen, das begriffliche Denken erst anzubahnen, das bei der Erfassung systematischer Zusammenhänge bereits vorausgesetzt werden muß, so dürfte der entsprechende Lehrgang angesichts des gleichen Systems kaum bei den Elementen beginnen. Denn diese sind

---

[1] Karl-H. Schwager: Wesen und Formen des Lehrgangs im Schulunterricht. Dissertation, Hamburg 1956 (Mschschr.), S. 19.

ja selber erst nachträgliche Abstraktionen aus einer Fülle schon überblickten Materials. Er wird vielmehr „analytisch“ vorgehen, etwa in dem Sinne, wie es Wagenschein in verschiedenen seiner Äußerungen vorschwebt: Er wird den „Einstieg“ bei solchen Beispielen wählen, die das Ganze am reichsten und vielseitigsten zu spiegeln versprechen, um von dort aus dann „ganzheitlich-analytisch“ zu den Elementen hinunterzusteigen[1]. Und man wird dabei das Exemplarische danach aussuchen, ob es einerseits möglichst anschaulich und ohne Vorkenntnisse verstehbar, anderseits zugleich im System möglichst eindeutig lokalisierbar und ohne viele Spezial-Exkurse analysierbar ist.

Schon angesichts des gleichen Systems können die Auswahlgesichtspunkte für das, was als exemplarisch zu gelten hat, also wechseln, je nachdem auf welcher Lehrgangsstufe und von welcher Seite her man das System angreift.

Nun geht es aber in Lehre und Bildung und insbesondere im Schulunterricht nicht nur um logisch gestufte Systeme: Geschichte, Sprachen, Literatur, Sach-, Welt- und Menschenkunde im weitesten Sinn sind von begrifflichen Systemen her immer nur nachträglich aufschließbar. Das systematische Denken baut sie nicht auf, sondern kann nur aus rückblickender Distanz ihre Fülle durchdringen. Gleiches gilt für alle handwerklich-technischen, musischen oder mitmenschlich-pflegerischen Künste. Wo Lehrgänge veranstaltet werden, die in diese Gebiete einführen sollen, müssen sie die inhaltliche Fülle allererst aufbauen, die dann hinterher möglichenfalls auch systematischer Analyse zugänglich ist. Die Anfangspunkte und Wege solcher Lehrgänge, die zur Fülle führen, sind mannigfach und können wiederum je nach Art des Lehrgegenstands wechseln:

Da gibt es den „genetischen“ Lehrgang, der auf die Anfänge und Ursprünge des Gegebenen als eines Gewordenen zurückgeht, um es entlang seines Werdegangs noch einmal neu aufzubauen[2]. Da gibt es das Lehrprinzip der „konzentrischen Kreise“, das sich an die wachsende Fassungskraft des Durchschnitts der Schüler hält und dem Leben jeweils das entnimmt, was der Entwicklungsstufe gerade möglichst unmittelbar faßbar ist, um so das Interesse zum Schwungrad des Lehrgangs zu machen[3]. So schreitet es vom Nahen zum Fernen, ähnlich wie es die „heimatkundliche“ Lehrgangsform der Grundschule tut[4]. Pro-

---

[1] cf. ib., 128. [2] cf. ib., 173 ff. [3] cf. ib., 179 ff.

[4] cf. ib., 186 ff. – Eduard Spranger: Der Bildungswert der Heimatkunde, in: Hdb. d. Heimaterziehung, hg. v. W. Schoenichen, Berlin 1924; neu erschienen bei Reclam, Heft 7562, Stuttgart 1949.

blematisch ist nur, was dabei als „nah", was als „fern" zu betrachten sei: Odysseus oder die Indianer können den Schülern „näher" sein als die Berufswelt ihrer eigenen Väter. Vergangenes und Fernes kann exemplarisch für Hiesiges und Heutiges sein. In anderen Fällen wieder erschließt erst das Eintauchen in aktuelle Probleme das Verständnis vergangener Epochen. Um das dem jeweiligen Lehrgegenstand angemessene Exemplarische zu finden, bedarf es also weiterer Kriterien.

Schwager hat in seiner Dissertation gezeigt, daß sich in nahezu allen Lehrgangsformen die Sprangersche oder, wenn man so will, auch schon die Pestalozzische Frage nach dem „Elementaren" verbirgt[1]: Immer gilt es, im Lehrgang das jeweils „Elementarere" vor das Kompliziertere zu stellen und zum Muster für das Verständnis schwerer durchschaubarer Zusammenhänge zu machen. Damit ergibt sich von selbst eine Stufenfolge, deren idealer Anfangspunkt das „wahrhaft Elementare" (Spranger) des jeweiligen Lehrgebiets ist, das zu suchen der didaktischen Forschung zur Aufgabe gestellt ist. Dieses „wahrhaft Elementare" ist jedoch nicht das abstrakte „Element" eines Systems, sondern selber eine einfache, notfalls vereinfachte Ganzheit. Es entsteht, indem man das Ganze der Lehre rückläufig vereinfacht, „elementarisiert", ohne es in seine Bestandteile aufzulösen[2]. Es ist also gerade das Gegenteil von einem bloßen Element, weshalb Wilhelm Flitner, um jeder Verwechslungsmöglichkeit aus dem Wege zu gehen, vorgeschlagen hat, es besser als das „Fundamentale" zu bezeichnen[3]. Es ist eine zugleich in sich ruhende und propädeutisch über sich hinausweisende Ganzheit: In der Sprachlehre etwa ein Gefüge von einfachen Sätzen, die als solche in ihrer Einfachheit doch komplett, sinnvoll und schön sind; in der Politik eine archaische Herrschaftsform oder das Bild der attischen Polis; in der Literatur jene „einfachen Formen", die nach André Jolles[4] den hohen Kunstformen zugrunde liegen. Entsprechendes müßte nach Spranger für alle möglichen Lebens- und Lehrbereiche zu finden sein – von der freiesten Geistesbetätigung bis hinüber zum zweckgebundensten Handwerk. Man denke an Pestalozzis Suche nach den „elementaren Aus-

---

[1] Schwager, l. c., 202 f. – cf. E. Spranger: Die Fruchtbarkeit des Elementaren, erw. Fassung in: Universitas, VIII, Stuttgart 1953, H. 1, 1-7. – Derselbe: Pestalozzis Denkformen, Stuttgart 1947, 55.

[2] cf. Schwager, l. c., 201.

[3] Wilhelm Flitner: Theorie des pädagogischen Wegs und der Methode, 1. Aufl., Weinheim o. J., 40 ff.

[4] André Jolles: Einfache Formen, Halle a. d. S. 1930.

gangspunkten" aller Unterweisung und an die Mühe, die er sich mit seinem „ABC der Anschauung" gemacht hat[1], wobei er allerdings „Elemente" und Fundamentalganzheiten noch nicht immer eindeutig unterschieden hat[2].

Die exemplarische Aussagekraft dieses „Elementaren" oder „Fundamentalen" wird um so größer sein, je einprägsamer seine gestalthafte Grundform, sein „Grundschema" (Spranger) einerseits, je umfassender und variabler zugleich aber anderseits auch sein Reichtum an verborgenen Analogien ist. Denn es soll das „Modell"[3] abgeben für eine möglichst vielseitige Fülle von Stoffen, die selber den Lehrgang nicht überlasten dürfen. Es hat also eine doppelte Funktion: Es weist einerseits auf das „Wesentliche" hin, das in ihm selber steckt (ein Gesetz, einen Ursprung, eine Grundform) und legt damit ein Fundament für weitere Lehrschritte. Zugleich aber entlastet es den Lehrgang quantitativ von allen seitwärts gelegenen bloßen weiteren Materialien, die auf dem gleichen oder einem analogen „Wesentlichen" beruhen. Diese anderen Stoffe, die mit denen des Lehrgangs verwandt aber nicht in ihre Reihe einbezogen sind, werden – mit Wagenscheins Worten gesagt – nur „angestrahlt"; das Exemplarische „leitet" den Lehrgang nicht zu ihnen „fort"[4]. Der Lehrgang ist vielmehr von ihrem Stoffdruck befreit und kann sich nun ganz seinen eigenen weiterführenden Schritten widmen.

Daß das Exemplarische den Lehrgang entlastet, heißt nun allerdings nicht, daß es auch den Bildungsgang entlaste. Im Gegenteil: Wer am „King Lear" das Wesen des Dramas erfassen gelernt hat, ist damit für die bildenden Begegnungen mit anderen Dramen keineswegs ein für allemal entschädigt; er ist vielmehr nun erst in den Stand gesetzt, sich selber außerhalb des Lehrgangs andere Dramen aus ihrem je eigenen Wesenskern neu zu erschließen. Das exemplarische Lehrprinzip ändert also nichts an der Tatsache, daß Reichtum und Fülle im Raume des geistigen Lebens Qualitätsmaßstäbe sind und auch bleiben. Es besagt nur, daß man die Fülle dessen, was den Reichtum der Bildung ausmacht, weder eigenen Lehrgängen überantworten muß noch kann.

So bleibt auch die Schule als Institution, in der vielerlei Lehrgänge planvoll gebündelt sind, dialektisch auf die gegenwärtige wie künftige

---

[1] Pestalozzi, Sämtliche Werke (Krit. Ausg.) hg. v. A. Buchenau, E. Spranger, H. Stettbacher, Berlin u. Leipzig 1927, Bd. 13.

[2] cf. W. Flitner: Theorie des pädagogischen Wegs, l. c., 40.

[3] cf. W. Flitner: Allgemeine Pädagogik, 2. Aufl., Stuttgart 1950, 118.

[4] cf. Wagenschein, l. c. (Z. f. Päd., II, 1956) 135 f.

freie Selbstbildung ihrer Schüler angewiesen, und zwar um so stärker, je mehr sie ihre eigene Kraft auf exemplarische Intensität konzentriert. Wo eine solche Ergänzung ihrer Lehrgänge – aus heute wohlbekannten Gründen – versagt, wird man sie von der Schule aus als eigenes Anliegen neu kultivieren müssen. Denn alles „Exemplarische" hängt in der Luft, wo sich aus Enge des Horizonts keine Analogien einstellen. Wo nichts ist, kann auch nichts „angestrahlt" oder durch „Resonanz" zur Mitschwingung gebracht werden[1]. Das „Wesentliche" ist als solches nicht isolierbar. Es erscheint erst als „wesentlich", wenn die Fülle mitgesehen oder doch mitgeahnt wird, deren „Wesen" es exemplarisch verkörpert.

Damit kommen wir zu einem weiteren Gesichtspunkt: Wenn „Wesen" und „Fülle" dialektisch aufeinander bezogen sind und eines ohne das andere – kantisch gesprochen – „leer" oder „blind" bleibt, dann baut das eine auch nicht stufenhaft auf dem anderen auf, sondern beides ist zirkelhaft ineinander verklammert[2]. Die exemplarische Erfassung des „Elementaren" kann dann ebensogut Ziel wie Ausgangspunkt des Lehrgangs sein[3], das „Wesentliche" kann zugleich „fruchtbar" und „Frucht" sein[4]. Damit erweist sich das Exemplarische aber jedem festlegbaren Stufengang gegenüber als merkwürdig ortlos, ungebunden und frei. Es „strahlt", wohin es will, in alle Richtungen, vom Lehrgang aus gesehen „vorwärts", „seitwärts" wie „rückwärts" und durchaus nicht nur auf die „Stufe", die nächstens erklommen werden soll[5]. Es ruht strahlend in sich und lädt ein zum Schweifen und Verweilen unter den Dingen, die es beleuchtet.

Der Lehrgang hingegen schreitet linear fort. Will er seine Ziele erreichen, so muß er planvoll vorangehen[6]. Zwischen der Richtung seines Strebens und den umherschweifenden Ausblicken, die das Exemplarische

---

[1] cf. Wagenschein, l. c. (Z. f. Päd., II, 1956) 133 f.

[2] cf. auch Heinrich Roths Gegenüberstellung von „orientierendem" und „exemplarischem" Lehren in seiner Pädagogischen Psychologie des Lehrens und Lernens, Berlin-Hannover-Darmstadt 1957, 183 ff.

[3] cf. Eduard Spranger: Die Fruchtbarkeit des Elementaren, in: Pädagogische Perspektiven, Heidelberg 1952, 87 und 91. – Wagenschein, l. c. (Z. f. Päd., II, 1956) 140.

[4] cf. Schwager, l. c., 213.

[5] Hier sei erinnert an Wagenscheins Ablehnung aller Stufenschemata im Zusammenhang mit dem Exemplarischen (s. o., 22), an die Lockerheit, mit der Heimpel seine Paradigmata anordnete (s. o., 16), und an die gewisse Beliebigkeit, die auch bei Ebeling der Auswahl der „Inseln" im Hinblick auf den Gesamtzusammenhang anhaftete (s. o., 18 f.).

[6] cf. Schwager, l. c., 152 ff.

gewährt, kann also Spannung herrschen. Didaktisch kann diese Spannung zwischen „Anstrahlen" und „Fortleiten" nur bewältigt werden, wenn man sie nicht durch alternative Entscheidungen zu vereinseitigen und aufzuheben strebt, sondern wenn man berücksichtigt, daß beides in verschiedene Dimensionen zielt und sich damit nicht ausschließt, sondern ergänzt:

Die inhaltliche Fülle irgendeines Lehrbereichs kann materialiter durch keinen noch so windungsreichen Lehrgang vollständig ausgeschritten werden. „Lückenlosigkeit" ist hier gar kein sinnvolles Ziel. Soll überhaupt ein „roter Faden" erkennbar sein, so muß die Lehre um ihrer eigenen Klarheit und Fruchtbarkeit willen darauf verzichten, alles „berühren" oder gar „behandeln" zu wollen. Je mehr exemplarische Strahlungspunkte der Lehrgang aber durchläuft, desto weniger Windungen braucht er zu machen, und desto reicher wird seine Resonanz bei denjenigen Lernenden sein, die sich außerhalb des gegenwärtigen Lehrgangs eine gewisse Fülle erworben haben. In dieser Fülle abseits des Lehrgangs werden freilich auch leere Räume, die ohne Resonanz bleiben, unvermeidlich sein, weil jeder Bildungsgang wesenhaft historisch-individuell beschränkt ist[1]. Hier darf, ja hier muß es „Lücken" geben. Aber die Rede vom „Mut zur Lücke" ist gefährlich und irreführend, sobald man sie auf die Lehrgänge und -gegenstände selbst überträgt: Keine Lehre kann Lücken dulden. Ein System, dem Glieder fehlen, taugt nicht als System. Eine Geschichte, die ihren epischen Zusammenhang nicht von Anfang bis Ende durchführt, ist keine Geschichte.

Exemplarische Stoffe ersetzen den Zusammenhang nicht, sondern setzen ihn voraus. Ihr Sinn ist es, den Zusammenhang der Lehre bei aktueller Stoffentlastung potentiell reicher zu machen.

Formen und Prinzipien der exemplarischen Repräsentation

Wenn die didaktische Funktion des Exemplarischen darin besteht, abwesende Gegenstände zu repräsentieren, so kann solche Repräsentation ausdrücklich oder stillschweigend geschehen. Der Lehrgang kann

[1] cf. die Antinomie zwischen dem Prinzip der „Individualität" und den Prinzipien der „Universalität" und „Totalität" der Bildung bei Wilhelm von Humboldt. – Eduard Spranger: Wilhelm von Humboldt und die Humanitätsidee, Berlin 1909.

auf das potentiell Mitbehandelte hinweisen und einen Teil seiner Zeit und Kraft eigens diesem „Anstrahlen“ widmen. Er kann aber auch vorüber- und weitergehen im Vertrauen darauf, daß die Strahlungskraft wahrhaft exemplarischer Gegenstände nicht versiegt, sondern noch nach Jahren im freien Bildungsgang „fruchtbare Momente“ herbeiführen kann. Die erste Art des Vorgehens würde dem Lehrgang überall da, wo gewisse „Plattformen“ erreicht sind, Abstecher in aktuelle Nebengebiete gestatten, wie etwa ein moderner Lehrgang in der Chemie immer wieder einmal Abstecher in die Technik der Pharmazie oder der Kunststoffherstellung vornimmt. Er muß sich nur bewußt bleiben, daß es Abstecher sind. Den zweiten Weg pflegt seit alters her das humanistische Gymnasium zu gehen, wenn es sich mit den alten Sprachen und ihren klassischen Texten beschäftigt: Es legt damit unausgesprochen einen Grund für das historische und politische wie für das literarische und philosophische Verständnis der Gegenwart, ohne die unsichtbaren Verbindungslinien und Parallelen immer ausdrücklich nachzuziehen.

Während also im einen Falle die Übertragung und Anwendung eigens mitgeübt wird, versteht sie sich im andern Fall bei dem Niveau und der Fülle der erschlossenen Formen und Gehalte, sofern das Ziel des Lehrgangs erreicht wird, von selbst. Es ist klar, daß Notwendigkeit oder Entbehrlichkeit der „Ausblicke“ innerhalb des Lehrgangs von den Inhalten und Strukturen abhängt, um die es geht. Wo immer aber auch die Übertragung eigens in die Lehre selbst mit hereingenommen wird, kann dies nur am herausgegriffenen Beispiel geschehen. Jeder positive Sinn exemplarischer Repräsentation wäre wieder aufgehoben, wollte man die Zeit und Kraft, die man mit ihrer Hilfe für den Lehrgang gewonnen hat, in einem allzu ausführlichen „Anstrahlen“ wieder verschwenden. Zum Wesen der Repräsentation gehört es ja gerade, daß das Repräsentierte selber nicht aktuell da zu sein braucht, weil es potentiell doch immer mit da ist, sobald der Repräsentant es vertritt.

Freilich gibt es für jede Stellvertretung Grenzen der Echtheit. Die Prüfung, ob eine Repräsentation legitim ist, kann je nach der Form des Repräsentationsverhältnisses verschieden schwierig sein: So ist es nicht dasselbe, ob das Repräsentierte eine Gegebenheit ist, die statt ihres Repräsentanten ebensogut auch selber hätte präsent sein können (wie die Belegschaft eines Betriebs an Stelle der Abordnung ihres gewählten Betriebsrats), oder ob es wesenhaft nicht anders als *in* Repräsentationen zu vergegenwärtigen ist (wie das Reich in der Krone). Repräsentation ist ein mehrsinniger und vielschichtiger Begriff. Sie kann sachlich, praktisch und geheimnislos sein wie ein allseitig kontrollierbares Rechenexempel; und sie kann Formen annehmen, die tief und voll mystischer Weihe sind, ins Unendliche offen und rational unauslotbar. Es kann im geistigen Leben um die Repräsentation eines Fachwissens von klarer Begrenzung gehen, sein System, seinen neuesten Stand, seine Methode. Es kann aber auch im Beispiel die Einheit aller Fächer der Idee nach repräsentiert sein. Es kann um ein Ding, einen einzelnen Gegenstand gehen, aber auch um ein Verfahren schlechthin, eine Art zu wissen, eine geistige Haltung und ein geistiges Niveau. Letztlich ist sogar eine Repräsentation von „Welt überhaupt" im Beispiel denkbar. Die „Befindlichkeit" unseres Daseins, unseres „In-der-Welt-Seins" (Heidegger[1]) kann im kleinsten Ereignis paradigmatisch aufleuchten.

So kann es auch in Lehre und Bildung um verschiedene Arten und Formen des Repräsentierens gehen. Das eine Mal handelt es sich vielleicht um ein bewußt aus einem überschaubaren Bereich stellvertretend hervorgehobenes Lehr-, Erläuterungs- oder Übungsbeispiel, das nur Mittel zum Zweck, mehr oder weniger willkürlich austauschbar und aus rein praktischen Erwägungen hervorgehoben ist. Es kann aber auch um einen Gegenstand gehen, in den man sich ganz um seiner selbst willen versenkt, vergessend oder nicht einmal ahnend, daß man zugleich eine unbekannte Vielfalt verwandter Gegenstände in ihrem Wesen mit anschaut, während man geduldig doch nur in ihn hineinlauscht und sich seinen Wesensgehalt zu vergegenwärtigen sucht. Dementsprechend werden auch „Anstrahlen" und „Resonanz", von denen bisher in Anlehnung an Wagenscheins Formulierung bildhaft die Rede war, jedesmal etwas anderes bedeuten. Wir dürfen uns mit so allgemeinen Bildern nicht mehr begnügen und müssen für die Möglichkeiten des exemplarischen Repräsentationsverhältnisses nach differenzierteren Bezeichnungen suchen.

Da bietet sich in der neueren pädagogischen Diskussion eine ganze Reihe gängiger Vokabeln an: Statt „exemplarisch" sagt man gern auch „beispielhaft", „typisch", „mustergültig"; an die Stelle von „Paradigmen", „Exemplaren" und „Exempeln" können auch „Idealtypen", „reine Fälle", „Modelle", „Gleichnisse" oder „Analogien" treten[2]. Fast alle diese Wendungen lassen sich in der bisherigen Diskussion nahezu beliebig miteinander vertauschen, ohne daß sich am Sinn des Gesagten allzuviel ändert. Solche Vertauschbarkeit von Vokabeln ist für den

---

[1] cf. Martin Heidegger, Sein und Zeit, 1927.

[2] cf. Wagenschein, l. c. (Bildung u. Erziehung, VIII, 1955), 523.

Stand begrifflicher Klarheit kein gutes Zeugnis. Die Streuung der Begriffe, die alle nur ungefähr in die gleiche Richtung weisen, deutet auf einen noch diffus ungegliederten Komplex[1].

Die aufgezählten Termini haben in Wissenschaftsgeschichte und Umgangssprache verschiedene Traditionen. Über einige von ihnen sind Ströme von Tinte vergossen worden. Andere scheinen sich wie von selbst zu verstehen, und man findet in allgemeinen wie speziellen Nachschlagewerken kaum eine Notiz über sie. Fragt man nach, so wird meist je eines der Wörter durch eine Auswahl der andern erläutert, was bei der beschränkten Zahl der austauschbaren Vokabeln schnell zu einem Zirkel führt.

Diesen Zirkel gilt es nun zu durchbrechen. Dazu bedarf es einer Analyse des spezifischen Sinngehalts jedes einzelnen dieser miteinander sinnverwandten, aber keineswegs identischen Begriffe.

Paradigma

Unter allen genannten, miteinander vertauschbaren Vokabeln ist das Wort „Paradigma" das relativ allgemeinste. Es ist auch am wenigsten vorbelastet. Als terminus technicus für Beispiele der Deklination und Konjugation hat es in der wertneutralen Zone grammatischer Formenlehre die Jahrtausende überdauert, ohne (wie etwa der „Typus") in den Streit von Fachwissenschaften und Weltanschauungen gezogen oder (wie das „Exempel") moralisch strapaziert worden zu sein. Auch ist es in unserer Alltagssprache nicht so gebräuchlich, daß schon Abnutzungserscheinungen spürbar wären.

Seine Abkunft von *παραδείκνυμι* (wörtlich: „daneben vorzeigen") hat dem Wort Paradigma schon früh einen sehr allgemeinen Sinn und damit ein weniger wechselvolles Schicksal beschert als den meisten der anderen genannten Ausdrücke. Bereits bei den Griechen der klassischen Zeit konnte es zu einer Art Oberbegriff werden für Modelle, Typen

---

[1] Daß die Analyse dieser Begriffe noch ein wissenschaftliches Desiderat ist, bringt auch Josef Derbolav zum Ausdruck, der unter den Formen des Exemplarischen die Unterscheidungsbedürftigkeit zwischen dem „Modellmäßig-Vereinfachten", dem „Ausdrucksmäßig-Charakteristischen", dem „Ganzheitlich-Ursprünglichen" und dem „Symbolisch-Gleichnishaften" betont, ohne sich selber allerdings auf eine genauere Abgrenzung der verschiedenen Formen des Exemplarischen einzulassen. „Denn eine gründlichere und genauere Explikation dieser hier nur angedeuteten Repräsentationsweisen gäbe Stoff für eine selbständige Untersuchung" (l. c., 67). Eine solche Explikation, wenn auch mit anderen Begriffen als bei Derbolav, ist das Thema der folgenden Kapitel.

und Musterbilder von mannigfacher Art[1]. Indem es alle möglichen Arten von Beispielen und Vorbildern umfaßt, ist es der weiteste und zugleich anschauungsärmste Begriff unserer Reihe. Damit ist es zwar als Sammelname für den ganzen Komplex didaktischer Tendenzen, die sich hinter unserer Problematik verbergen, recht gut geeignet, gibt aber anderseits der sprachlichen und phänomenologischen Analyse nicht viel mehr her als den bloßen Hinweis darauf, daß jeweils ein Etwas für ein anderes Etwas vorgezeigt wird.

Was die nähere Bestimmung dieses Repräsentationsverhältnisses betrifft, so bleibt alles offen: *παιδεύω* kann so gut Paradigma für die Konjugation der verba vocalia sein wie das Gebiß unserer Hauskatze Paradigma für Tiger- und Leopardengebisse; der Held eines Romans und die Stimmung eines Gedichts können paradigmatisch für sittliche Haltungen sein; und wenn ich mich nur gründlich und geduldig genug in die Betrachtung der Sixtinischen Madonna vertiefe, so kann mir dies individuelle Werk, ohne daß ich es im Augenblick weiß oder will, zum Paradigma für Wesenszüge der abendländischen Malerei oder der Gottesverehrung in der Renaissance werden.

Mit Paradigma kann demnach so gut ein verbales oder sachliches Demonstrationsobjekt gemeint sein wie ein historisches Individuum oder ein ethisches Muster. Ein Paradigma kann im Dienst der planvollen Erarbeitung eines Lehrbereichs stehen, wobei es Neues erschließen, schon Bekanntes erläutern, Beherrschtes üben und festigen kann[2]. Es kann aber auch das absichtslose und unberufbare Gnadengeschenk einer erleuchteten Stunde sein.

Im Hinblick auf unsere Frage nach einer näheren Bestimmung des didaktischen Repräsentationsverhältnisses bleiben die Ausdrücke „Paradigma" und „paradigmatisch" sehr allgemein. Will man erfahren, in welcher genaueren Relation das nicht unmittelbar gezeigte Etwas zu dem statt seiner gezeigten steht, so muß man andere Termini, die mit mehr Anschauung und Anspielungen gesättigt sind, in die Analyse einbeziehen.

Exemplar und Exempel

Das als Adjektiv oder Adverb gern gebrauchte Wort „exemplarisch" scheint dem Terminus „Paradigma" an Allgemeinheit und vielseitiger

---

[1] cf. Albrecht v. Blumenthal: *ΤΥΠΟΣ* und *ΠΑΡΑΔΕΙΓΜΑ* in: Hermes, Zeitschr. f. klass. Philologie, 68. Bd., Berlin 1928, 391-414.

[2] cf. Rudolf Peter: Führen und Finden im Unterricht. I. Die Verwendung des Beispiels im Unterricht, Hamburg 1949, S. 53.

Verwendbarkeit nicht nachzustehen, wird es doch in den aktuellen Diskussionen ebenfalls als eine Art Oberbegriff für alle Wendungen benutzt, die die paradigmatische Lehre nehmen kann.

Der Wortsinn ist mit lateinisch ex-im-ere („herausgreifen") verwandt und damit ursprünglich nicht weniger allgemein als der von παραδείκνυμι. Wie dieser besagt er zunächst nur etwas Formales: Aus einer Menge wird etwas herausgehoben. Weswegen und wozu es herausgehoben wird, ist nicht eindeutig bestimmt: es kann als austauschbares Einzelobjekt, als repräsentative Durchschnittsprobe oder als musterhaftes Vorbild aus der Menge herausgegriffen werden. Bis hierher stimmt alles mit dem Begriff „Paradigma" überein. Aber in der Wortgeschichte haben sich dann doch ganz bestimmte Zuspitzungen des Sinnes herausgebildet, von denen man nicht mehr gut abstrahieren kann:

Ursprünglich überwog wohl der Sinn des Musterhaft-Urbildlichen, wenn von „exemplaria" die Rede war, – so wenn Seneca etwa den Satz schreibt: „exemplaria rerum omnium deus inter se habet"[1], oder wenn die Humanisten mit Horaz[2] auf die „Exemplaria Graeca" als Vorbilder guten Stils und Geschmacks hinweisen. Seit Erfindung des Buchdrucks hat sich dann für „Exemplar" die Bedeutung von „Einzelstück" zunehmend eingebürgert und hat über den gelehrten Sprachgebrauch des 19. Jahrhunderts, wohl von den Klassifizierungen der Biologie her, ihre heute allgemeine und fast alleinige Gültigkeit gewonnen[3]. Das Musterhafte hat sich verflüchtigt. Doch daneben hat auch der Ausdruck „exemplum", zum Teil als wörtliche Übersetzung für παράδειγμα gebraucht[4], sein eigenes sprach- und bedeutungsgeschichtliches Leben geführt, in dem der Sinn von Vor- und Urbild durchaus noch nachlebt.

Es sind also zwei verschiedenartige Richtungen von Assoziationen, auf die wir uns verwiesen fühlen können, wo etwas exemplarisch genannt wird. Das Wort kann weit voneinander abweichende Sinnakzente tragen, je nachdem, ob man es mehr auf „Exemplar" oder auf „Exempel" bezieht. Für beide Begriffe ist das „Exemplarische" nicht Oberbegriff, sondern es steht auf gleicher Abstraktionsstufe mit ihnen und vermischt ihre Nuancen. So ist sein begrifflicher Inhalt wechselnd, ungenau und zugleich von zwei Seiten her vorbelastet:

---

[1] Seneca, 65. Brief an Lucilius.

[2] Horaz, Ars poetica, 268.

[3] cf. Kluge/Götze; Etymol. Wörterbuch d. deutschen Sprache, 15. Aufl., Bln. 1951, 183.

[4] So etwa bei Thomas von Aquino, Kommentar zur Physik des Aristoteles, cap. 3, lect. 5.

Einmal verweist der Terminus auf das logische Operieren mit Induktionen und Deduktionen, das überall da mitgesetzt ist, wo eine Gattung an ihren Exemplaren erkannt werden soll. Anderseits enthält er – fast immer mit einem emotionell gefärbten Akzent – eine praktische Forderung, gleichsam einen moralischen Appell: Als Exempel wird etwas mit besonderem Nachdruck hervorgehoben; für die darin enthaltene „ein für allemal" gegebene Belehrung wird ausdrücklicher Nachvollzug erwartet. Geht es beim Exemplar um das bloße Vorhandensein oder Fehlen von wertfrei feststellbaren Gattungsmerkmalen, so setzt das Exempel eine Norm.

Was sich hier in der Rede vom „Exemplarischen" vermischt, hat – allerdings in anderer Terminologie – schon Kant zu trennen versucht: „Beispiel ist mit Exempel nicht von einerlei Bedeutung. Woran ein Exempel nehmen und zur Verständlichkeit eines Ausdrucks ein Beispiel anführen sind zwei ganz verschiedene Begriffe. Das Exempel ist ein besonderer Fall von einer praktischen Regel, sofern diese die Tunlichkeit oder die Untunlichkeit einer Handlung vorstellt. Hingegen ein Beispiel ist nur das Besondere als unter dem Allgemeinen nach Begriffen enthalten vorgestellt und bloß theoretische Darstellung des Begriffes"[1].

Hier wird also versucht, das Beispiel auf die „theoretische", das Exempel auf die „praktische" Seite festzulegen. Dagegen lassen sich etymologische Bedenken erheben: Sprachgeschichtlich ist „bîspel" als lehrhafte Erzählung ursprünglich kaum weniger praktisch gemeint als „exempel"; Predigtexempel und bîspel sind lange Zeit reine Synonyma[2]. Auch für unser heutiges Sprachbewußtsein können beide Ausdrücke alle Nuancen miteinander teilen. Nur scheint im Deutschen „Exempel" abgenutzter als „Beispiel" zu sein und aus der Umgangssprache allmählich zu schwinden. Wo es noch auftaucht, da hat es leicht einen altertümlich lehrhaften Nebenton: der erhobene Zeigefinger von Wilhelm Buschs „Lehrer Lämpel" steht unsichtbar dahinter. Im übrigen

---

[1] Immanuel Kant: Sämtl. Werke, hg. v. G. Hartenstein, 10 Bd., 1838/39, Bd. 5, 322 (zit. nach Grimms Deutschem Wörterbuch, I, 1854, Sp. 1394 f.).

[2] Nach Kluge/Götze (l. c., 64 und 183) wird der Sinn von Beispiel mit „lehrhafte Erzählung, Gleichnis, Sprichwort", der von Exempel seit dem 13. Jhdt. mit „Beispiel" angegeben. Grimms Deutsches Wörterbuch (l. c.) sagt mit Bezug auf die kantische Unterscheidung zwischen Exempel und Beispiel: „Der jetzige sprachgebrauch mengt aber beide und zieht auch beispiel auf wirkliche praktische Fälle." Andererseits ist auch Exempel zu belehrenden Demonstrationszwecken gebräuchlich: „des ist die ganze schrift voll exempel"; „gut exempel halbe predigt".

kann man heute bei uns so gut von „Rechenexempeln“ sprechen, wie man sagen kann: „nimm dir ein Beispiel an ihm!“[1]

Kants Unterscheidung hat sich also faktisch nicht durchgesetzt. Aber das betrifft nur die Wörter. Auch wenn wir den verbalen Sinn nicht mehr im kantischen Sinn auseinanderhalten, bleiben doch sachlich zwei unterscheidbare Phänomene einander gegenübergestellt, die um der Klarheit des Exemplarischen willen nicht wieder vermengt werden sollten: Das begriffliche Enthaltensein eines Besonderen in einem Allgemeinen und der nachdrückliche Appell, der von einem zu befolgenden Vorbild ausgeht. Beides liegt auf je eigener Ebene und muß dort für sich untersucht werden.

Das Enthaltensein des Besonderen im allgemeinen ist sein Exemplar-Charakter. Jedes Besondere läßt sich als Exemplar betrachten, wenn es gelingt, seine Spezies zu identifizieren: Die Abdrucke eines Buches oder die Vasen aus der Serie einer Manufaktur gleichen einander als Exemplare so sehr, daß man sie nur bei intimer Kenntnis nicht miteinander verwechselt. So ist auch die Möglichkeit, daß eines als Stellvertreter für das andere eintritt, nicht problematisch. Freilich bleibt dabei unberücksichtigt, daß etwa die Vase einen unersetzlichen Platz in der Lebensgeschichte eines Menschen einnehmen kann, an dem sie durch kein ihr noch so ähnliches anderes Exemplar vertretbar ist. Die Gleichheit der Exemplare ist also nicht absolut, sondern an den Gesichtspunkt gebunden, unter dem man sie ansieht.

Man kann den Exemplarbegriff statt auf die Spezies auch auf die nächsthöhere Gattung, das genus proximum, beziehen: Dann ist das Buch unabhängig von seinem Inhalt und seinem Format ein Exemplar aller Bücher überhaupt, oder die Vase gehört dann mit industriell gefertigten Massenexemplaren begrifflich so gut zusammen wie mit einmaligen Stücken von Künstlerhand. Man kann auch die einander unähnlichsten Exemplare noch gedanklich in eine Reihe tun, einem gemeinsamen Oberbegriff subordinieren und zählen.

Was ist damit gewonnen? Operative Verwendbarkeit. Um dieser operativen Verwendbarkeit willen schirmt der Blick alles Einmalige, Unvertauschbare ab. Die Möglichkeit der Stellvertretung eines Exemplars durch das andere bezieht sich auf immer weniger und immer all-

---

[1] Werner Jäkel meint, daß das deutsche Wort „beispielhaft“ wegen der vielen „Ober- und Untertöne“, die in ihm mitschwingen, umfassender und daher als pädagogisches Programmwort tauglicher sei als die gelehrten Fremdwörter (cf. Das Beispielhafte, in: Die Sammlung, XII, 1957, 86–94); uns kommt es im Unterschied zu ihm jedoch gerade auf die Klärung und Isolierung dieser Nebentöne an, wobei uns die Fremdwörter helfen.

gemeinere Seiten, je höher man den gemeinsamen Oberbegriff ansetzt. Solange aber überhaupt noch von Exemplaren sinnvoll zu reden möglich ist, bleibt auch die relative Vertauschbarkeit erhalten. Prinzipiell kann sogar an einem Menschen in bestimmten Zusammenhängen das Exemplar interessanter als die Person sein, – etwa wenn man ihn als Anschauungsobjekt in der Anatomie oder als „Normalverbraucher" betrachtet. Selbst Taten, Leiden und Schicksale können nach ihrem Enthaltensein in allgemeineren Gattungen klassifiziert werden: Die unheilbare Krankheit, die strafbare Verfehlung, der Rechtsstreit können „interessante Fälle" sein. Geburt, Hochzeit und Tod sind statistisch erfaßbar und werden in ihren Begleithandlungen den gattungseigentümlichen Erfordernissen gemäß von besonderen Berufsgruppen „pietätvoll" erledigt. Das Bemühen um „Pietät" oder „Diskretion" wäre hierbei nicht dringlich, wenn das Einzelne nicht eine Entwertung erführe, sobald man es für das Exemplar einer Sorte nimmt. Worin besteht diese Entwertung?

Exemplar, Spezies und Gattung bilden eine Stufenleiter der Abstraktion. Bei einem Wechsel des Blickpunkts kann eine höhere Stufe zur unteren für eine noch höhere werden, – also etwa die Gattung der „Vasen" zur Spezies innerhalb der höheren Gattung der „Gefäße" und so hinauf bis zu allgemeinsten „Klassen" und bis zum Dingbegriff überhaupt. Das Exemplar hat auf dieser Abstraktionsleiter die jeweils unterste, konkreteste Sprosse inne. Doch es ist nicht mehr ganz am Boden; es bleibt von den Operationen auf höheren Stufen nicht unberührt. Je abstrakter die oberste Sprosse, desto allgemeiner und weiter vom Boden des Konkreten entfernt auch die unterste: Als „Gefäßexemplar" oder gar als „Ding" ist die Vase weniger konkret bestimmt, als sie es als „Ziergefäß" oder als „Vase dieser Serie" ist. Das Exemplar in ihr ist also noch nicht sie selbst, sondern nur der Inbegriff aller im höheren Begriff aufgehenden Merkmale. Je allgemeiner dieser höhere Begriff gefaßt ist, desto allgemeiner sind auch die Merkmale jedes seiner Exemplare. Die Entwertung, die das Einzelne als Exemplar erfährt, liegt also darin, daß man gar nicht eigentlich auf es selber blickt, sondern auf einen Komplex von Merkmalen, die wandelbar und vertauschbar sind je nach der Abstraktionshöhe des Begriffs, auf den die Betrachtung abzielt. Wird ein Ding, Lebewesen oder Vorfall als Exemplar angeschaut, so ist dabei zugleich offen oder insgeheim mitgesetzt, daß es viele Dinge, Wesen oder Vorfälle seinesgleichen gibt, und daß seine Besonderheiten im Hinblick auf den höheren Begriff nicht ins Gewicht fallen.

Gegen diese Entwertung kann nun das Einzelne in verschiedenem Grade empfindlich sein. Bei der Betrachtung einer Gesteinsprobe wird die Differenz, die zwischen dem vorliegenden Besonderen und dem Subsummierbaren in ihm besteht, nicht sehr ins Gewicht fallen. Bei der Betrachtung menschlicher Besitzgegenstände, Werke oder gar Taten und Schicksale wird sie sich in steigendem Maße bemerkbar machen. Genaugenommen gibt es jedoch nichts, was ohne Rest darin aufgehen könnte, Exemplar zu sein: Selbst der Stein auf dem Acker hat seinen unvertauschbaren Ort in der Schöpfung und in der Geschichte. Er ist dieser Stein und kein anderer. Exemplare dagegen sind ortlos und austauschbar, abstrakte Schemen. Es kommt bei ihnen per definitionem nur auf das Gattungsgemeinsame an.

Man identifiziert ein Exemplar, indem man die Identität seiner Merkmale mit denen der Gattung feststellt. Es handelt sich hier um strenge Identität, um restloses Aufgehen, nicht um ein bloßes Mehr oder Weniger oder um Ähnlichkeiten. Der Gegenstand ist eine Vase, – dann hat er bestimmte definierbare Merkmale, – oder er ist keine Vase. Er gehört zu dieser Spezies, oder er gehört nicht dazu. Eine dritte Möglichkeit ist ausgeschlossen. Selbst biologische Kreuzungen widersprechen dem nicht: Das Maultier gehört nicht mehr oder weniger zu den Pferden oder den Eseln, sondern es ist eine streng identifizierbare eigene Spezies, deren Merkmale in allen Exemplaren identisch wiederkehren.

Nun kann ein konkretes Einzelnes aber auch zugleich Exemplar verschiedener Gattungen sein: Man denke sich ein Gefäß, das zugleich Vase und Kanne ist, eine kannenförmige Vase; oder ein Maultier, das zugleich Zug- und Reittier ist. Natürlich kann das konkrete Einzelne hierbei faktisch entweder mehr als Exemplar der einen oder mehr als solches der anderen Begriffsgattung angesehen und verwendet werden. Dennoch liegt logisch auch hier kein Mehr oder Weniger an Gattungszugehörigkeit vor, sondern strenge Identität zwischen Exemplar- und Gattungsmerkmalen. Das Exemplar hat alle Merkmale beider Gattungen, oder es kann seine Doppelrolle nicht spielen.

Diese strenge Identität der Merkmale, die nur durch Abstraktion von allem Individuellen begrifflich erreichbar ist, begründet die Möglichkeit derjenigen Art „exemplarischer“ Lehre, die im einzelnen Lehrgegenstand das Exemplar einer ganzen Lehrstoffgattung erblickt und am Einzelnen das Gattungseigentümliche aufsucht, um den Lernenden mit der Fähigkeit zu entlassen, das am Exemplar Gelernte mittels Induktion und Deduktion auf alle anderen Exemplare anzuwenden. Überall, wo es auf Regelhaftes ankommt, auf Klassifizierung, Subsummierung, auf Anwenden von Gesetzeszusammenhängen, ist dieses Verfahren möglich: Von der sprachlichen Formenlehre über die ordnende Naturbetrachtung bis zur Mathematik reicht das weite Feld, auf dem ganze Gattungen durch einzelne Exemplare auf Grund der strengen Identität ihrer Merkmale vertretbar sind.

Freilich ist damit noch nicht gesagt, ob und wie weit durch solch ein Verfahren auch schon das Wesentliche der genannten didaktischen Bereiche erschöpft ist. Unerörtert ist auch die Frage, ob die Induktionen und Deduktionen jedesmal ausdrücklich vollzogen werden müssen, wie weit sie mechanisierbar oder auch überspringbar sind.

Vom Schema der empiristischen Erkenntnistheorie, die nur durch möglichst vollständiges Aufsammeln von Einzelerfahrungen mittels Abstraktion zum Allgemeingültigen meint kommen zu können, unterscheidet sich der exemplarische Weg allerdings grundsätzlich: Indem er das Einzelne sogleich *als* Exemplar betrachtet, klammert er die erkenntnistheoretische Problematik der vollständigen oder unvollständigen Induktionen von vornherein aus. Denn ihm geht es gar nicht um Vollständigkeit der Erkenntnis, sondern um die Erschließung je einer Gattung durch je ein Exemplar. Ist an einem Beispiel die Konstruktion des „A. c. I." eingesehen, an einem Vogelpräparat die Bauweise der Flügel begriffen, so brauchen nicht mehr alle je vorkommenden Sätze oder Vögel von neuem daraufhin erforscht zu werden, ob aus ihnen die gleichen Ergebnisse zu gewinnen sind. Eine bejahende Antwort auf diese Frage, die für die wissenschaftliche Forschung problematisch sein mag, wird im Lehrgang stillschweigend vorausgesetzt. Wie viele Operationen des Auf- und Absteigens zwischen Exemplaren und Gattungen wünschenswert sind, ist hier keine erkenntnistheoretische oder forschungsmethodische, sondern eine rein lehrmethodische Frage, eine ökonomische Frage der Übung. Prinzipiell genügt bei der vorausgesetzten strengen Identität der jeweils definierbaren Merkmale je *ein* Exemplar zur Repräsentation seiner Gattung. Und allein auf diese prinzipielle logische Möglichkeit kommt es hier an.

Dabei wird nun ein neues Moment sichtbar: Wenn ein einziges Exemplar seine ganze Gattung und damit die vielleicht unzählbare Vielheit aller seiner Schwesterexemplare vertreten kann, so steht der Entwertung, die das Individuum als Exemplar erfährt, – zumindest potentiell – auch eine unvergleichliche Aufwertung und Auszeichnung gegenüber. Der Blick, welcher im Einzelnen das Exemplar erkennt, erhebt damit zugleich „das Einzelne zur allgemeinen Weihe". Indem der Lehrende es als Repräsentanten für ein Allgemeineres einsetzt, erhebt er es zum Musterexemplar. Dies zeigt jetzt nicht nur, wie alle seine Schwestern sind, sondern es gibt zugleich an, wie ihrer aller Bild in der Vorstellung der Lernenden aussehen *soll*. Es erweckt Erwartungen, die weit über es selbst hinausweisen. Und unversehens schlägt dieses Erwartenlassen in ein Fordern um: Das Allgemeine wird zum Allgemein-*Gültigen,* das Artgemeinsame zum „Artgemäßen" im normativen Sinn. Das Exemplar ist zum *Exempel* geworden.

Um hier keinen Trugschlüssen zum Opfer zu fallen, muß man im Sinn behalten, daß dieser normativ-exemplarische Anspruch immer nur so weit reichen kann wie die Identität der Gattungsmerkmale. Denn die Auszeichnung, die das repräsentative Exemplar erfährt, wird diesem nicht als Individuum, sondern als Exemplar zuteil. Und es ist keineswegs sicher, ob man dort, wo das Allgemeine am Einzelnen adäquat erfaßt worden ist, auch immer schon das Besondere miterfaßt hat, das zum Wesen *dieses* Einzelnen gehört. Die Differenz zwischen dem Individuellen und dem Exemplar in ihm bleibt grundsätzlich unaufhebbar.

So gehört sicherlich eine spezifische geistige Leistung dazu, von der vertrauten Einmaligkeit unseres Mondes zu abstrahieren, um in ihm – wie einst Anaxagoras – das Exemplar einer „anderen Erde" zu sehen. Ist dies gelungen, so ist der Mond wegen seiner Erdnähe und günstigen Beobachtbarkeit besonders geeignet, das Exempel für bestimmte Gesetze der Himmelsmechanik und als solches auch Anweisungen für das weitere erkennende Hinaustasten in den Planeten- und Fixsternraum zu geben. Aber es ist klar, daß er als solches Exempel für allgemeinere Himmelsgesetze nicht auch schon selbst, als dieser Mond unserer Erde, voll erfaßt ist. Weder über seine Oberfläche, über die Topographie seiner Gebirge, noch über seine chemische Zusammensetzung ist etwas gesagt. Als Mond der Dichter und Liebenden gar, der doch auch eine Realität ist, wird er völlig entzaubert. Was aber für die steinerne Kugel des Mondes gilt, das kehrt bei Gegenständen anderer Bereiche verstärkt wieder: Wo etwa ein Kunstwerk als Exemplar einer Kunstgattung betrachtet wird und das Exempel abgibt für Stilrichtungen, Epochen und Schulen, wo historische Ereignisse und Taten in ihrer Singularität das Beispiel geben für allgemeine politische oder gesellschaftliche Grundmöglichkeiten, da geht jedesmal der Blick durch das einzeln Gegebene gleichsam hindurch, das er in ein und demselben Akte entwertet und auszeichnet.

Erinnern wir uns des Zitats von M a x S c h e l e r, das die Bekehrungsgeschichte Buddhas zum Gegenstand hatte (s. o., S. 30): Drei in der Lebensgeschichte des Prinzen je einmalige Begegnungen wurden transparent für das „Wesen" von Elend, Krankheit und Tod, sie wurden zu Exempeln für je „eine an ihnen erfaßbare essentielle Weltbeschaffenheit". Drei zufällige Exemplare traten aus der Masse der Namenlosen hervor und erhielten einen besonderen Rang in der Lebensgeschichte des Prinzen. Doch woher dieser Rang?

Ist das bloße Exemplar, das begrifflich-operativ ein „Allgemeines" vertritt, als Exemplar nicht nur wertneutral, sondern geradezu wertlos, so eignet ihm als Exempel die Intention auf ein „Wesentliches". Allgemeinheit und Wesentlichkeit, Gattung und Wesen sind zweierlei und dürfen nicht miteinander vermengt werden[1]. Aus dem Pathos der Wesentlichkeit – und einzig aus ihm – bezieht das Exempel seinen Nachdruck, der auch in aller Rede vom „Exemplarischen" mitklingt.

Nun ist freilich auch dieser Nachdruck – wenigstens da, wo er mit didaktischer Absicht erhoben wird, – wie jede Auszeichnung und Hervorhebung für den betroffenen Gegenstand nicht immer ein reiner Segen: Was der Demonstration ausgesetzt wird, kann durch diese Demonstration geehrt, aber auch verschlissen werden. Es gibt Werke der Literatur und der Kunst, die schon auf diese Weise „verschult" und „verbraucht" und ganzen Generationen verleidet sind. Es gibt freilich auch solche, die der Schule nichts Geringeres verdanken als ihre Erhaltung über die Zeiten hinweg.

Auch abseits des Unterrichts, etwa im juristischen, politischen, sittlichen Bereich, ist die Ehre, die dem Einmaligen durch Verleihung der Exempelwürde zuteil werden kann, oft eine zweischneidige Sache: Wer „ein Exempel statuiert", sieht im gegebenen Fall nur den Anlaß, „eine Lektion zu erteilen", also in didaktischer Absicht „ein für allemal" etwas ihm Wesentliches durchzusetzen. Exemplarische Strafen sind oft ungerecht hart, exemplarisches Lob ist meist übertrieben. Das Gegebene wird auf seine Vorbildlichkeit oder Abschreckungswirkung hin betrachtet, es wird exempli causa – und das heißt auch in aller Überhöhung gerade wieder nicht um seiner selbst willen – betrachtet.

Exemplar und Exempel haben also, obgleich sie zunächst in diametral entgegengesetzte Richtungen weisen, doch einen fatal ähnlichen Nebeneffekt, wo es um Individuelles geht: Das Einzelne wird „herausgegriffen" und damit zugleich aus seinen Zusammenhängen gelöst. Darin liegt immer etwas Gewaltsames, gleichgültig ob dabei das abwertende oder das auszeichnende Moment überwiegt. Nur die Empfindlichkeit gegen dieses Gewaltsame ist in verschiedenen Gegenstandsbereichen verschieden.

Abgesehen von diesem Koinzidenzpunkt, der schon im Wortsinn vorgezeichnet ist, weisen die Begriffe Exemplar und Exempel jedoch in völlig verschiedene Richtungen. Sie liegen nicht nur auf verschiedenen Ebenen (einer wertfreien und einer normativen), sondern sie sind auch ihren Begriffsumfängen nach nicht miteinander zur Deckung zu

[1] cf. Edmund Husserl: Ideen, l. c. (Jahrb. f. Phil. u. phän. Forschung, I, 1, Halle 1922), §§ 13–15, S. 26–30.

bringen: Nicht jedes Exemplar muß als solches auch schon Exempel sein, und nicht alles, was zum Exempel taugt, ist Exemplar einer definierbaren Gattung. Eine Gefahr der Rede vom „Exemplarischen" liegt gerade darin, daß Assoziationen des einen Begriffs in nicht zuständigen Bereichen des andern mit erweckt werden. Man wird verführt, das Exemplar-Gattungs-Schema auch auf Exempel anzuwenden, auf die es nicht paßt.

Zu fragen ist also, in welchen sonstigen Verhältnissen ein didaktisches Exempel zu dem stehen kann, was es repräsentiert.

Typus

Während das Verhältnis zwischen Exemplar und Gattung präzis durch Definitionen bestimmbar, dafür aber gleichsam statisch und unbeweglich ist, besteht zwischen Individuum und Typus eine schmiegsamere, dafür aber umstrittenere und schwerer definierbare Relation.

Ein Gebäude ist ein Haus, oder es ist kein Haus. Aber zwischen dem Typus des niedersächsischen und dem des hessischen Bauernhauses sind auf vielerlei Wegen gleitende Übergänge möglich, und man kann in Randgebieten leicht ein Mehr oder Weniger vom einen oder vom anderen Typ antreffen. Die einfache Alternative „ganz oder gar nicht" des klassifizierenden Subordinationsschemas reicht hier nicht aus. An die Stelle des absoluten Enthaltenseins tritt eine komparative Relation[1].

Der Grund dafür, daß die einfache Subordination nicht ausreicht, liegt in der Blickrichtung selbst, die es auf Typen absieht: Sie will im Anschaulichen bleiben, und so verbietet sich für sie der Ausweg in „höhere", bloß noch begriffliche Merkmalsidentitäten von selbst. Typen sind wesenhaft keine Klassenbegriffe. Sie sind dem Individuellen nicht „übergeordnet", so daß es „in" ihnen (wie das Exemplar in der Gattung) enthalten sein könnte, sondern sie müssen ihrerseits „im" Individuum mehr oder weniger rein anschaubar[2] sein.

Mit dieser Anschaubarkeit ist es freilich eine logisch nicht ganz einfache Sache: Auf der einen Seite ist der Typus „etwas streng Objek-

[1] cf. William Stern: Die differentielle Psychologie in ihren methodischen Grundlagen, 3. Aufl., Leipzig 1921, 173 ff. – Eugen Seiterich: Die logische Struktur des Typusbegriffs bei W. Stern, E. Spranger und M. Weber. Diss., Freiburg 1930. – Carl G. Hempel/P. Oppenheim: Der Typusbegriff im Lichte der neuen Logik, Leiden 1936, 22. – Jürgen von Kempski: Zur Logik der Ordnungsbegriffe, besonders in den Sozialwissenschaften, in: Studium Generale, Jg. 5, H. 4, 1952, 212.

[2] „Anschaubar" im Sinne von „geistiger Anschauung" und „Intuition", nicht sinnlich.

tives, Gegenständliches", das man nicht „aufstellt", sondern „findet", indem man es aus dem Konkreten „heraussieht": Der niedersächsische Haustypus oder der Typus der Mozartischen Komposition sind keine gedanklichen Konstruktionen, sondern es „gibt" sie[1]. Und zwar gibt es sie als je Einmaliges, von dem sich sinnvoll nur im Singular reden läßt. Wie es für „Rot" oder „Glück" keinen Plural gibt, so auch nicht für „den" Typus „des" Niedersachsenhauses.

Anderseits ist Typus doch etwas „Allgemeines", d. h. nur als ein mehrmalig Auffindbares überhaupt sinnvoll zu denken[2]. Er kann somit nur durch Absehen vom Zufällig-Besonderen gefunden werden. Die Schwierigkeit liegt darin, daß es hier offenbar um eine Abstraktion besonderer Art geht, die nicht mit der klassifikatorischen Weise des Abstrahierens verwechselt werden darf: Es handelt sich nicht um Zusammenfassung von Gruppen nach begrifflich unanschaulichen Bestimmungsstücken, sondern um Ordnung der anschaulichen Konkreta selbst zu Reihen, die anschaulich bleiben. Nicht auf das Operieren mit Induktionen und Deduktionen, die abstrahierend zu höheren Gattungen hinauf und konkretisierend wieder zu Exemplaren herabsteigen, kommt es an, sondern auf das Stiften unmittelbarer Ordnungsbeziehungen zwischen den anschaulichen Individuen selbst, und zwar nach dem Reinheitsgrad, mit dem das Typische, auf das es jeweils ankommt, im Individuum ausgeprägt ist[3]. An die Stelle des Absehens vom Individuellen tritt die Ordnung des Individuellen auf das Typische hin.

Während der Typus anschaulich „gefunden" wird, muß freilich die Ordnung, die zwischen mehreren Individuen und ihrem Typus oder gar zwischen verschiedenen Typen besteht, erst „gestiftet" werden. Insofern ist zwar der Typus gegeben, Typologie hingegen methodische Konstruktion. Ist ein Individuelles im Hinblick auf seinen Typus durchschaut, ist der Typus aus ihm „herausgesehen", so ist damit noch keineswegs auch die Fülle aller anderen Individuen mitdurchschaut, die dem gleichen Typ angehören. Da zwischen ihnen keine Merkmalsidentität besteht, ist die Komparation für jeden Individualfall erst neu zu vollziehen. Das hat Konsequenzen für das exemplarische Lehren:

[1] Johs. Erich Heyde: Typus. Ein Beitrag zur Typologik, in: Studium Generale, Jg. 5, H. 4, 1952, 239.

[2] Heyde, l. c., 236.

[3] Man spricht gelegentlich auch von „typischen Exemplaren". Diese Rede ist ungenau, weil sie Individuum und Exemplar naiv miteinander gleichsetzt: Nicht das Exemplarhafte als solches ist mehr oder weniger typisch (es kann nur ganz oder gar nicht in eine Gattung gehören), sondern das Individuelle, das jedes Exemplar außerdem noch ist.

Es kann das Typische zwar am Einzelfall sichtbar machen, vielleicht an mehreren Einzelfällen, die in ihrer Stellung zueinander Grundlinien einer möglichen Typologie andeuten. Darüber hinaus muß es sich aber wesenhaft damit begnügen, den methodischen Blick des typologischen Sehens an Beispielen zu schulen. Inhaltliche Vollständigkeit ist weder erreichbar noch innerhalb irgendeines Lehrgangs überhaupt anstrebenswert. Anderseits ist auch einfache Übertragung des Gelernten nicht möglich, da es um die Erfassung von Individuellem, nicht von Exemplaren geht.

Eine weitere Schwierigkeit, die Relation zwischen Individuum und Typus ohne Zweideutigkeit zu bestimmen, liegt im allgemeinen Sprachgebrauch, in dem das Wort „typisch" einen doppelten Sinn hat: Dieselbe Vokabel wird sowohl für „den" Typus als anschaulich vorzustellenden Singular als auch für die Vielzahl der Individuen verwendet, in denen jener mehr oder weniger rein anzutreffen ist: So spricht man vom Typus „des" preußischen Offiziers, kann aber auch von irgend jemandem sagen, er sei „ein" mehr oder weniger „echter" Offizierstyp. Dieser doppelsinnige Wortgebrauch darf nicht verschleiern, daß es sich immer um zweierlei handelt, – platonisch gesprochen um *τύπος* und *ἀποτύπωμα*[1], – und um ein Verhältnis des Vergleichs zwischen beidem. Wichtig ist, daß das, woran das Individuelle gemessen wird, hier kein abstrakt-identisch überall wiederkehrender Allgemeinbegriff ist, sondern selber ein einmalig Anschauliches, gleichsam ein Singular höherer Ebene.

Freilich kommt auch bei diesem Vergleich das Individuelle nicht mit der Gesamtheit seiner Eigentümlichkeiten gleichmäßig zur Geltung. Einzelne Züge werden pointiert, während andere zurücktreten. Auch hier wird also das Einzelne in gewissem Umfange schematisiert und damit entwertet. Auch das typische Individuum bleibt ja bei all seiner Typik letztlich ein Einmaliges, das mit den typischen Zügen, die es enthält, nicht erschöpft ist. Wo man es zum Paradigma erhebt, widerfährt ihm also grundsätzlich der gleiche Doppelakt des Ab- und Aufwertens, der schon für das zum Exempel erhobene Gattungsexemplar beschrieben wurde (s. o., S. 49 ff.).

Aber während das Klassifizieren nach Exemplaren und Gattungen die Unausschöpfbarkeit des Individuellen gleichsam ignoriert und als „unwesentlich" abtut, zielt das Ordnungsverfahren nach Typen gerade auf bessere Erfassung des Individuellen selbst. Man vereinfacht das Individuelle nicht, weil man es für nebensächlich hält, sondern weil man ihm auf keine andere Weise näherzukommen weiß. In diesem Sinne sind

[1] cf. A. v. Blumenthal: *ΤΥΠΟΣ* und *ΠΑΡΑΔΕΙΓΜΑ*, in: Hermes, Bd. 68, 1928, 391 ff.

Typen nur „Wegweiser zum Individuum"[1] und Etappen in einem schrittweisen Annäherungsversuch[2]. Wo sie „starr" werden, wo ihre komparativ ordnende Funktion unversehens umschlägt in eine klassifizierende, da ist der Sinn der Typologie mißverstanden: Der Typus wird unbemerkt zum Klassenbegriff, d. h. er fordert von den ihm zugeordneten Individuen Merkmalsidentität statt gradweiser Ähnlichkeit und tut ihnen damit Gewalt an[3]. Hier ist mißverstanden, daß es sich bei allem Typischen wesenhaft um ein Approximationsverhältnis handelt.

Wo man von gradweiser Annäherung spricht, denkt man sich eine Skala. Diese Skala braucht nicht unbedingt metrisch geteilt zu sein; es genügt, daß sie eindeutige „topologische" Ordnungen ermöglicht[4]. Sie kann sich linear von einem Nullpunkt zu einem Punkt ausgeprägtester Reinheit spannen, oder sie kann nach Verdichtungsgraden in konzentrischen Kreisen von randlos verfließender Indifferenz zu einem Zentrum höchster Pointiertheit gedacht werden: Der Typus wäre dann im Zentrum am reinsten und gegen die zerfließenden Ränder hin immer weniger erkennbar verwirklicht. Man kann Typologien auch so konstruieren, daß sich die Vergleichsskala zwischen Gegensatzpolen spannt[5].

---

[1] Gerhard Pfahler: System d. Typenlehren, 4.Aufl. Leipzig 1943.

[2] cf. Wilhelm Dilthey: Handschr. Zusätze z. Abhandlg. üb. d. Typen d. Weltanschauung, Ges. Schr., VIII, Leipzig 1931, 150; – Zusätze z. Abhandlg. üb. d. Aufbau der geschichtlichen Welt in den Geisteswissenschaften, ib., VII, 1927, 226; – Beiträge zum Studium der Individualität. Sitzungsber. d. Preuß. Akademie d. Wissenschaften, Phil.-hist. Klasse, Berlin 1896. – William Stern: Die differentielle Psychologie, l. c., 180. – Albert Wellek: Ganzheitspsychologie und Strukturtheorie. Bern 1955, 43 f. und 85.

[3] Instruktive Beispiele liefert Hans J. Wolff: Typen im Recht und in der Rechtswissenschaft, in: Studium Generale, V, H. 4, 1952, 199 ff.

[4] cf. Hempel/Oppenheim, l. c., 37. – v. Kempski: l. c., 214.

[5] So behauptet etwa Albert Wellek (Typus und Struktur, in: Ganzheitspsychologie und Strukturtheorie, Bern 1955, 37 ff.) für die psychologischen Typen ein notwendiges Verhältnis der Polarität. In der Tat ist in vielen Typologien eine offene oder verborgene Zuordnung von Gegensatzpaaren anzutreffen, seien es die alten Leipziger Wahrnehmungstypen („analytisch – synthetisch"), seien es die Kretschmerschen Charaktertypen („schizothym – zyklothym"), sei es C. G. Jungs Typenpaar („extravertiert – introvertiert") oder seien es auch weit über die Psychologie hinaus solche allgemein geistigen Polaritäten wie Nietzsches Gegenüberstellung von „Apollinisch" und „Dionysisch" oder von Schillers „Naiv – Sentimentalisch". Auch die antiken galenischen vier Temperamentstypen und die Sprangerschen „Lebensformen" enthalten nach Wellek eine wechselseitige Zuordnung von Gegensatzpaaren und bilden somit „mehrdimensionale" Polaritäten. Wo der Terminus „Typus" ohne solchen Bezug auf eine polare Skala auftritt, da möchte ihn Wellek überhaupt als unwissenschaftlich oder vorwissenschaftlich aus dem kritischen Sprachgebrauch ausgeschieden sehen.

Hier wird man jedoch vorsichtig sein müssen, denn nicht jeder Typus fordert notwendig einen eindeutig durch ihn mitdefinierten Gegentypus[1]. Zwar sind wir gewohnt, etwa dem Aktiven den Kontemplativen gegenüberzustellen. Aber der Gegensatz zu Aktivität ist nicht Kontemplation, sondern Trägheit, so wie das Gegenteil von Kontemplation nicht Aktivität, sondern geistige Blindheit ist[2].

Der Typus als ein Auffindbares steht in sich selbst. Erst die Typologie stiftet als Konstruktion zwischen mehreren Typen polare Systeme, seien diese nun bipolar oder mehrpolig. Sonst dürfte etwa der „Gegentyp" des von Wellek erforschten Typus des Musikbegabten nicht der Unmusikalische sein, also der in bezug auf Musik Indifferente, sondern er müßte unter den für Malerei oder vielleicht auch für Mathematik oder Verwaltung Begabten gesucht werden. Die Tatsache, daß es hier keinen eindeutigen Gegenpol gibt – während in bestimmten anderen Zusammenhängen doch „musikalisch" und „malerisch" auch durchaus sinnvoll als Polarität denkbar sind –, weist darauf hin, daß polare Spannung kein Wesenskriterium der Typen als solcher ist, sondern ein spezifisches Merkmal bestimmter typologischer Systeme. Es liegt im Wesen der Singularität der Typen, daß sie einander wie Individuen ganz unsystematisch benachbart sein können. Ihre Ordnungsfunktion bleibt gleichsam intern. Sie fordert von sich aus kein höheres System, braucht sich dagegen allerdings, wie Wellek gezeigt hat, auch nicht zu sperren. Wesentlich für den Typus-Begriff ist lediglich das Mehr oder Weniger der Approximation an eine Hochform. Und diese Hochform möglichst deutlich hervortreten zu lassen, darauf kommt es der exemplarischen Lehre primär an, wo sie ausgesprochen oder unausgesprochen Typisches zum Exempel erhebt.

Wie hat man sich solche Hochform zu denken? Offenbar steckt in ihr noch etwas von der platonischen Idee: *τύπος* und *εἶδος* sind bei Platon gelegentlich wie Synonyma vertauschbar. Das hieße, wenn wir die platonische Sichtweise übernehmen, daß „der" jeweilige Typus zwar anschaulich und ein Singular sei, aber nur „ideal" erschaubar. Das „Heraussehen" des Typischen aus den Individuen wäre zugleich ein Akt des Idealisierens, – der „Ideierung" im Schelerschen Sinn, – und der Typus selbst ein „ideales" Gebilde („ideal" hier natürlich wertfrei verstanden).

In der Tat hat sich der Terminus „*Idealtypus*" seit Max Weber in vielen Wissenschaftszweigen eingebürgert. Unbestritten ist sein heuri-

---

[1] cf. Heyde, l. c., 246, Anm. 4.

[2] cf. Karl Jaspers: Psychologie der Weltanschauungen, 2. Aufl., Berlin 1922, S. 57.

stischer Wert. Weber hat an soziologisch und historisch so gängigen Begriffen wie etwa „Stadtwirtschaft“, „Handwerk“, „Kapitalismus“ gezeigt, wie stark schon der Sprachgebrauch jedes Historikers mit idealtypischen Bildern durchsetzt, wie unlösbar auch alles individualisierende Denken mit ihnen verbunden ist. Wenn wir „Kirche“ oder „Sekte“ sagen, können wir den konkreten Gehalt des Gemeinten nicht mittels Klassifikationen von Merkmalskomplexen angemessen erfassen, sondern nur durch „einseitige Steigerung eines oder einiger Gesichtspunkte“ bis zur vollen „begrifflichen Reinheit“. Es handelt sich für Weber beim Idealtypus weder bereits um die Wirklichkeit selbst noch um ein bloßes Schema, dem man das Wirkliche als Exemplar subsummieren dürfte, sondern ausdrücklich um einen „rein idealen Grenzbegriff“, „an welchem die Wirklichkeit zur Verdeutlichung bestimmter bedeutsamer Bestandteile ihres empirischen Gehalts gemessen, mit dem sie verglichen wird“, um ein Hilfsmittel also, das „sowohl heuristisch wie für die Darstellung von Wert, ja unentbehrlich“ ist[1].

Webers „Idealtypus“ ist nicht unangefochten geblieben. Zunächst hat sich eine kaum mehr übersehbare Diskussion darüber entsponnen, ob diesem bloßen „Gedankengebilde“, das nach Webers eigenen Worten „nirgends in der Wirklichkeit empirisch vorfindbar“ und eine bloße „Utopie“ ist[2], nicht noch ein „Realtypus“ entgegenzustellen sei, den man, wenn vielleicht auch nur selten ganz rein, so doch jedenfalls wirklich antreffen könne[3]. Dazu ist zu sagen: Es kommt auf den Gesichtspunkt an, und man muß sich hüten, hier nicht in eine Scheinproblematik abzugleiten. Wo immer es um „Typisches“ geht, muß eine „ideale“ Form aus dem „Realen“ herausgesehen werden. Die Frage, ob diese herauszusehende „reine“ Form auch irgendwo sonst noch empirisch existiert, ist für das typologische Komparationsverhältnis selbst nicht belangvoll. Man kann sich die Vorsilben „ideal-“ und „real-“ also ersparen und die ganze Alternative aus der grundsätzlichen Betrachtung ausklammern. Mag sie immerhin denjenigen Fachwissenschaften überlassen bleiben, für die sie in irgendeiner anderen Hinsicht relevant ist.

Ein anderes Bedenken richtet sich darauf, daß Weber seine „Idealtypen“ auf heterogene Gegenstände bezogen hat: auf Indivi-

---

[1] Max Weber, Gesammelte Aufsätze zur Wissenschaftslehre, Tübingen 1922, 190 ff., 505 ff.; cf. derselbe, Wirtschaft und Gesellschaft, 2. Aufl., Berlin 1924, passim.

[2] Weber, l. c. (1922), 191.

[3] Z.B. Walter Eucken, Grundlagen der Nationalökonomie, 6. Aufl., 1950; Albert Wellek, l. c., 210, und Heyde, l. c., 239.

duen, Städte, Herrschaftsformen, Wirtschaftssysteme, auf zeitübergreifende Strukturen wie auf historische Einmaligkeiten. Von Kempski weist darauf hin, daß hier verschiedene Arten von Ordnungsbegriffen noch ununterschieden vermengt sind, einfach weil Max Weber von der Logik seiner Zeit keine anderen Werkzeuge erhalten konnte als die unzulängliche Definitionsform des Klassenbegriffs. So gäbe es bei ihm etwa noch keine Unterscheidung der Begriffe „Gestalt" und „Wirkungssystem"[1], und auch zwischen „Idealtypus" und „Modell" sei noch nicht deutlich unterschieden[2]. Der Begriff des „Idealtypus" wäre also noch weiter zu differenzieren: Das „Heraussehen" des Typischen ist nicht dasselbe, wenn man die charakteristischen Züge individueller „Gestalten" (etwa historischer Bewegungen, Epochen) in die „reine Form" transponiert, um sich dadurch einen idealen Vergleichspunkt zu schaffen, oder wenn man sich ein „Modell" konstruiert, um funktionale Zusammenhänge innerhalb eines Wirkungssystems (etwa eines Moleküls, eines Marktes, eines Staatenverbands) besser erfassen und in möglichster „Reinheit" studieren zu können.

Die Problematik des Typischen leitet hier in die allgemeinere der als Paradigmata gern berufenen „reinen Fälle", „Muster" und „Modelle" hinüber.

Reiner Fall

Der Begriff des „Falls" ist vermutlich vom Würfelspiel hergenommen[3] und besagt, daß sich die tausend Situationen des Gewinns und Verlusts, des Glücks oder Leids, wenn man sie ihrer historischen und topographischen Besonderheiten entkleidet, zurückführen lassen auf die beschränkte Anzahl möglicher Würfe aus einem Becher. Das Einzelne wird aus „Komponenten" zusammengesetzt gedacht, die sich wie die Augen der Würfel im Becher mischen. Werden nur genügend Würfe getan, so lassen sich alle Fälle nach den Regeln der Wahrscheinlichkeit im voraus berechnen, wie es in Statistiken etwa über Sterbefälle und Ehescheidungen tatsächlich geschieht: Personale Schicksale als Anwendungsfälle allgemeiner Gesetze. Mit wirklichem Sterben und Scheiden, wie es Menschen erfahren, hat das freilich nur wenig gemein. Auch hier wieder wie beim Exemplar geschichts- und ortlose Schemata zum Zweck operativer Verwendbarkeit.

---

[1] cf. hierzu: K. Grelling und P. Oppenheim: Der Gestaltbegriff im Lichte der neuen Logik, in: Erkenntnis, hg. von Rudolf Carnap, Bd. 7, H. 3, Den Haag 1938, 220 ff.

[2] v. Kempski, l. c., 209 ff.

[3] cf. Grimms Deutsches Wörterbuch, III, Leipzig 1862, Sp. 1271 ff.

Man kann Fälle wie Exemplare klassifizieren. So ist etwa die Jurisprudenz[1] bemüht, alle Merkmale, die zu einem Delikt gehören, so zu definieren, daß jeder Fall – etwa als Diebstahl, Ehebruch, Mord – unter einen für ihn zutreffenden Klassenbegriff eindeutig subsummiert werden kann. Es gibt dabei Zweifelsfälle. Aber der Zweifel rührt hier aus den Schwierigkeiten des Identifizierungsgeschäfts, die gerade darauf beruhen, daß es rechtlich keine fließenden Übergänge zwischen Verbrechen und Nicht-Verbrechen oder zwischen verschiedenen Verbrechensarten gibt, sondern daß deren Vorliegen in jedem Einzelfall nur bejaht oder verneint werden kann und als „Verbrechenskonkurrenz" zueinander in Beziehung gesetzt werden muß. „Die große Mehrheit aller gesetzlichen Tatbestände ... ist klassifikatorisch zu verstehen: Als ‚Mörder' oder als ‚Dieb' muß bestraft werden, wer den Tatbestand des § 211 bzw. des § 242 StGB erfüllt hat ..."[2] Es kann somit Alternativen geben, mehrdeutige und eindeutige Tatbestände, undurchsichtige und klare Fälle, aber von „reinen" Fällen im Sinne eines typischen Ausgeprägtseins zu sprechen, wäre in diesem Zusammenhang sinnlos. Jeder Mord ist juristisch betrachtet als Mord auch ein „reiner" Mord, ebenso wie physikalisch betrachtet jeder Kurzschluß innerhalb eines elektrischen Systems, wenn er erst einmal als „Fall von Kurzschluß" identifiziert ist, auch eo ipso „reiner" Kurzschluß ist. Die Rede vom „reinen Fall" wäre in diesem Sinne eine Tautologie.

Nun kann jedoch ein Gegenstand – wie oben gezeigt (S. 48) – auch Exemplar mehrerer Gattungen zugleich sein. Wenden wir dies auf den Fall an, so zeigt sich eine zweite mögliche Bedeutung des Begriffs der „Reinheit": Ein Fall kann „einfach" oder „gemischt" sein. Ein Verbrechen kann etwa zugleich die Tatbestände des Raubs, der Erpressung und des Mords enthalten, – und zwar jeden dieser Tatbestände eindeutig, – während ein anderes Verbrechen vielleicht nur ein einfacher Mord ist. Der Fall kann also als solcher „elementar" oder „komplex" sein, und je weniger „Komponenten" sich mischen, desto „reiner" wird jede von ihnen dem Betrachter erscheinen. Im Bilde gesprochen: Es wird mit einer größeren Anzahl von Würfeln gespielt, von denen zwar jeder

---

[1] Ich wähle mit Bedacht Beispiele aus Bereichen, die der Pädagogik üblicherweise fernliegen, einmal um die Einheit des exemplarischen Prinzips im gesamten geistigen Leben zu zeigen, sodann auch in der Hoffnung, daß gerade das pädagogische Denken durch die so zu gewinnende Distanz befruchtet und vor der Gefahr einer allzu pragmatischen Verengung des Gesichtskreises auf den Schulstubenhorizont bewahrt werden kann.

[2] Hans J. Wolff: Typen im Recht und in der Rechtswissenschaft, in: Studium Generale, V, H. 4, 1952, 203.

für sich bei jedem Wurf ein eindeutiges Ergebnis zeigt; aber die Summe dieser Ergebnisse ist „gemischt“ aus guten und schlechten Ziffern.

Auch die „Reinheit“, die hierbei in manchen Fällen auftreten kann, darf man jedoch nicht mit der „Reinheit“ von Typen verwechseln. „Einfache“ wie „komplexe“ Fälle bleiben im strengen Sinn Exemplare von Klassen. Alle Konsequenzen, die sich aus dem Exemplar-Gattungs-Schema für die Möglichkeiten des Repräsentierens und des Operierens mit Induktionen und Deduktionen ergeben, gelten für „Fälle“ als Exemplare von Geschehnissen so gut wie für Exemplare jeder anderen Art.

Und doch ist da noch ein wichtiger Unterschied: Die prinzipielle begriffliche Unausschöpfbarkeit des Einmaligen ist beim Fall offenkundiger als beim Exemplar: Während sich das Exemplar leicht mit dem Gegenstand verwechseln läßt, in dem es steckt, betont das Wort „Fall“ von vornherein stärker, daß es sich bei ihm um ein Ineinanderspielen von Zweierlei handelt, nämlich um ein Allgemeines *in* einer besonderen Situation. Dieser Unterschied ist freilich nicht logischer Natur; er ist aber psychologisch und didaktisch bedeutsam:

Hört man von einem Exemplar, dessen Gattung man kennt, so pflegt man zu denken: „nichts Neues!“ Hört man dagegen von einem Fall – sagen wir von einem Unfall oder von einem Fall von Liebe auf den ersten Blick –, so wird unser Interesse wach, und wir möchten Genaueres wissen. Die Anteilnahme richtet sich gerade auf das Individuelle und Besondere, in das sich das Allgemeine hier wieder einmal gekleidet hat. Wir erwarten keine Definition, sondern eine Geschichte. Gerade der unausschöpfliche Variationsreichtum, mit dem das Allgemeine im Besonderen wiederkehrt, ist am Fall das Interessante. Die Geschichte eines Falls ist wesenhaft mit der keines andern Falls identisch. Identisch – das wissen wir von vornherein deutlicher als beim Exemplar – ist darin nur ein Abstraktum. Von der Begebenheit selber erwarten wir, daß sie zugleich möglichst typisch und ganz individuell sei.

Hier liegt ein scheinbarer Widerspruch: Ein Fall, der nur ganz oder gar nicht zu einer Gattung gehören kann, soll zugleich „möglichst typisch“ sein, also in eine komparative Reihe geordnet werden können? Der Widerspruch löst sich, wenn man bedenkt, daß „Fall“ eben gerade das Ineinander von Zweierlei bezeichnet. Insoweit er als „Fall von ...“ unter höhere Klassenbegriffe gehört, kann er nur eindeutig oder mehrdeutig, einfach oder zusammengesetzt sein. Insoweit er aber als „dieser Fall“ immer auch individuell ist, ist er zugleich mehr oder weniger typisch. Als Fall ist er Exemplar und Individuum zugleich und kann daher auch auf die Korrespondenzbegriffe von beidem – auf Klasse wie auf Typus – bezogen werden.

So ergibt sich als dritter möglicher Sinn, in dem man vom „reinen Fall" sprechen kann, der „typische Fall", wobei sich das Wort „typisch" wesenhaft nicht auf das Subsummierbare des Falls, sondern auf die individuelle Ganzheit seiner je einmaligen Situation bezieht. Nehmen wir als Beispiel wieder einen Deliktsfall:

Auf der Fahrt zum Sommerschlußverkauf hat im Gedränge der überfüllten Straßenbahn ein Unbekannter einer Hausfrau die Geldbörse aus der Tasche gezogen. Als Diebstahl ist dieser Fall sowohl eindeutig wie einfach, und zwar völlig unabhängig davon, ob es sich nun gerade um Sommerschlußverkauf, um Gedränge in einer Straßenbahn und um eine Hausfrau gehandelt hat. Diese Momente gehören nicht in die Definition des Delikts. Aber für die Situation sind sie typisch. Deshalb kann der geschilderte Fall, je nachdem, ob man den Akzent mehr auf die begriffliche Eindeutigkeit und Einfachheit oder auf die typischen Züge der Situation legt, zur Veranschaulichung verschiedenartiger Zusammenhänge dienen. Er kann didaktisch als Paradigma verschiedene Dimensionen erschließen, die sich alle in ihm wie in einem Knotenpunkt treffen.

Wo immer man sich studierend oder lehrend an „Fällen" orientiert – von den „case-studies" der klinischen Psychologie bis zur moraltheologischen Kasuistik –, geht es darum, die Komponenten sichtbar zu machen, die sich im einzelnen Fall wie in einem Schnittpunkt kreuzen. Da man voraussetzt, daß andere Fälle aus gleichen Komponenten aufgebaut sind, kann man sich auf die Analyse exemplarischer Fälle beschränken.

In dem geschilderten Fall eines Taschendiebstahls während der Straßenbahnfahrt kreuzt sich nun mehrerlei: Im Zusammenhang eines juristischen Kollegs etwa könnte dieser Fall das Demonstrationsobjekt abgeben für den begrifflichen Inhalt des Tatbestands „Diebstahl". Er könnte auch Übungsbeispiel sein für das Herauspräparieren gedanklicher Beziehungen, für den formalen Denkakt des Abstrahierens vom „Unwesentlichen". Man könnte ihn durch Einführen weiterer Elemente künstlich komplizieren, durch Änderung von Nuancen mehrdeutig machen, ihn schließlich vom Repräsentanten einer feststehenden Norm in den Zustand einer offenen Frage hinüberführen und ihn damit erst eigentlich zum *„Kasus"* im Sinne von André Jolles[1] machen: Das Instruktive des Kasus liegt darin, daß er gerade nicht „einfach" und „eindeutig" ist, sondern zum Fragen und Suchen nach dem Einfachen auffordert. Das Paradoxe, etwa wo ein Dieb den andern bestiehlt, wo unwissentliche Hehlerei ins Spiel kommt, wird zum eigentlichen Stein

[1] André Jolles: Einfache Formen, Halle a. d. Saale 1930, 171–199.

des Anstoßes, an dem Gesetzeslücken offenkundig, scheinbar selbstverständliche Beurteilungsprinzipien fragwürdig werden.

Während sich alles bisher Genannte noch auf den Fall als Exemplar von Fallgattungen bezöge, könnte unsere Geschichte aber auch als typischer Fall ausgewertet werden: etwa um angehende Kriminalisten zu lehren, auf welche anschaulichen Momente in konkreten Situationen zu achten ist; oder er könnte ein warnendes Exempel für Hausfrauen sein, die sich ins Gedränge der Großstadt begeben.

Je nach der didaktischen Absicht kann ein Fall also Elemente, Begriffe, Methoden, Beurteilungsprinzipien, Prinzipienkonflikte oder Regeln praktischen Verhaltens exemplifizieren. Seine paradigmatische Funktion kann er dabei nach Lage der Dinge entweder mehr als „eindeutiger", „einfacher" oder als „typischer", vielleicht aber auch gerade als besonders „zweifelhafter", „komplexer" oder „exzeptioneller" Fall am besten erfüllen. In eine Formel gefaßt: Der „reine Fall" kann dreierlei repräsentieren, je nachdem, was an ihm als „rein" gedacht wird: als „eindeutiger" Fall vertritt er das an ihm begrifflich erfaßbare Prinzipielle einer Kategorie gleichgearteter Fälle, als „einfacher" Fall das Elementare verschiedenartiger, aber aus gleichen Grundkomponenten gebauter Fälle, als „typischer" Fall schließlich eine in Variationen ähnlich wiederkehrende Situation.

Bemerkenswert ist, daß es bei alledem gleichgültig bleibt, ob unser Fall nur vorgestellt oder wirklich geschehen ist. Es geht nicht um die Realität dieses Falls als solche, sondern um die Zusammenhänge, die in ihm sichtbar sind. Im allgemeinen wird der als „authentisch" verbürgte Fall natürlich eine nachdrücklichere Wirkung auf die Gemüter ausüben als der erfundene. Aber notwendig ist das keineswegs. Wo der Fall eine „bloß theoretische Darstellung des Begriffes" (Kant, s. o., S. 45) gibt, ist seine Authentizität nahezu irrelevant, und man kann entsprechende Fälle nach Bedarf erfinden. Wo er als Exempel für praktisches Verhalten wirksam werden oder das Grundsätzliche menschlicher Schicksale, Gesinnungen, Haltungen in gleichnishafter Verdichtung darbieten soll, muß seine Lebenswahrheit zumindest so glaubhaft sein, daß man sie sich lebhaft als vorgestellte Wirklichkeit mit allen emotionellen Unter- und Obertönen im Geiste vergegenwärtigen kann, – weshalb es etwa in der epischen Dichtkunst eine ganze Reihe von Werken gibt, die durch die Fiktion des Autors, bloßer Herausgeber von Dokumenten zu sein, den Eindruck des Authentischen erwecken sollen (klassisches Beispiel: Goethes Werther)[1]. Aber die Bündigkeit die-

[1] Wolfgang Kayser: Das sprachliche Kunstwerk, Bern 1948, 198 ff.

ser Werke hängt keineswegs davon ab, ob die zugrunde liegende Fabel „wirklich passiert" ist[1]. Auch der empirisch wahrgenommene Fall geht ja nicht in der Vollständigkeit seines sinnlichen Wahrnehmungsgehalts, sondern nur als verarbeiteter und in der Vorstellung auf sein Grundschema reduzierter Fall ins stoffliche wie methodische Gedächtnis ein, um dort als exemplarischer Fall gleichnishaft weiterzuwirken[2].

Muster, Modell und Gleichnis

Wenn paradigmatische Fälle, Exemplare oder Typen „ein für allemal" angeben, wie Situationen, Exemplare oder Typen gleichen Wesens zu verstehen sind, dann ist der Modus der Stellvertretung, die in diesem „ein für allemal" liegt, noch einer genaueren Betrachtung bedürftig.

Ein Paradigma kann für das, was nach ihm verstanden werden soll, das *Muster* abgeben. Was besagt diese Bezeichnung? Sie enthält mehrere Bedeutungsnuancen, die auf einen gemeinsamen Kern zurückweisen: Man spricht vom Muster als Folge regelmäßig wiederkehrender Figuren im Ornament; man spricht vom Schnittmuster als Vorlage beim Zuschneiden von Kleidern; man spricht vom Muster als Warenprobe in Handel und Industrie, vom sogenannten „Gebrauchsmuster"; und man spricht von Musterbetrieben, Musterhöfen, Musterlektionen. Das Wort kommt vom italienischen monstra, in dem noch das lateinische monstrare steckt. Muster ist zunächst das Gezeigte. Aber es wird nicht einfach nur so für sich gezeigt, sondern als verpflichtend für anderes. Das Gezeigte ist Vorlage oder Probe und zeigt die Norm, nach welcher anderes gemacht werden soll oder schon gemacht worden ist. Und dieser Norm gegenüber gibt es keinerlei Skepsis. Musterhaftes gilt schlechthin. Alles weitere hat ebenso auszusehen wie das Gezeigte. Kehrseite des Musterbegriffs ist die Gleichförmigkeit. Je gleichförmiger eine Menge ist, desto adäquater läßt sie sich durch ein Muster repräsentieren, oder desto genauer ist in ihr die Nachbildung eines Musters gelungen.

Im Begriff des Musterhaften kann ein hoher sittlicher Anspruch liegen. Er hat ähnlich wie der Begriff des Typus noch Berührung mit dem der platonischen Idee: Die Tugenden als ewige Muster. Aber wie das Bild von *τύπος* und *αποτύπωμα* auch die Vorstellung des Stanzens, Abgießens und Abdruckens enthält[3], so hat das Wort „Muster" leicht die Nuance des Mechanischen bei sich. Das Einzelne, Einmalige mit all

[1] ib., 353.

[2] cf. Edmund Husserl: Logische Untersuchungen, II, 1, 3. Aufl., Halle a. d. S. 1922, § 27, S. 439 f.

[3] cf. A. Blumenthal: *ΤΥΠΟΣ* und *ΠΑΡΑΔΕΙΓΜΑ*, l. c., 400 ff.

seinem individuellen Reichtum erfährt zumindest eine empfindliche Beschneidung. Was allein gilt, ist die Norm. Eine gewisse Starrheit und Sprödigkeit liegt in fast allem Mustergültigen, das, wo es auf menschliche und erzieherische Bereiche bezogen gedacht wird, immer ein normatives Weltbild voraussetzt. Der „Musterbetrieb" und die „Musterschule", der „Musterschüler" und die „Musterlektion" sind Vokabeln, die gelegentlich einen unschönen Beigeschmack haben: sie können nach Rigorismus und Schablone schmecken und erwecken nur allzuleicht auch den Nebengedanken an aufgeputzte Paradestücke und potemkinsche Dörfer. Dies gilt jedenfalls seit dem Aufkommen des modernen Subjektivismus. Das Nachahmen von Mustern war ursprünglich eine eigene, auf vielen Gebieten besonders gepflegte Kunst, zu der von ihren Stiftern in der antiken Rhetorik her die Forderung persönlicher und situativer Produktivität an den Nachbildenden immer mitgestellt wurde[1]. Diese Kunst ist bei uns in Verfall geraten.

In der modernen pädagogischen Diskussion, soweit sie freiheitlich gesonnen und kritisch ist, verwendet man daher lieber den Begriff des *Modells.* Wo exemplarische Situationen und Lehrstoffe gemeint sind, gebraucht man die Termini „Modellsituation" und „Modellstoff", und wo man früher von „Musterschulen" sprach (was zu anspruchsvoll) oder von „Versuchsschulen" (was für die Allgemeinheit zu unverbindlich blieb), da spricht man neuerdings gern von Modellschulen"[2]. Worin unterscheidet sich der Begriff des Modells von dem des Musters?

Auch das Wort „Modell" hat verschiedenartige Anwendungsgebiete: Man spricht vom Konstruktions- und Architekturmodell oder vom Modellkleid der Haute Couture; man spricht von der elektrischen Modelleisenbahn oder vom Modell des Künstlers; von letzterem sogar in zweifachem Sinn: vom lebenden Vorbild für sein Werk oder vom Modell aus Ton, das eine Zwischenstufe auf dem Wege zum plastischen Werk ist. Allen diesen Modellen gemeinsam ist zunächst wieder der Vor- oder Abbildcharakter. Hierin sind sie den Mustern verwandt. Neu, eigen und wesentlich ist jedoch, daß Modelle sich in einem Zustand der Verfügbarkeit befinden, in einem Zustand, in dem das von ihnen Repräsentierte sonst gerade nicht anzutreffen ist: Am Aktmodell sind Anatomie oder Körperschönheit gegen Entlohnung studierbar; am Flugmodell läßt sich im Windkanal prüfen, was im wirklichen Flug

---

[1] cf. Quintilian: Institutio oratoria, deutsch v. Ch. Bossler und F. Bauer, Stuttgart 1865. – Hermann Bukowski: Aufsatzunterricht und praktische Schreibschulung, in: Westermanns Päd. Beitr., IX, 1957, 79 ff.

[2] cf. Wilhelm Flitner: Der Ruf nach Modellschulen, in: Grund- und Zeitfragen der Erziehung und Bildung, Stuttgart 1954, 134–138.

nicht versucht werden kann; architektonische Wirkungen, steinern unwiderrufbar, werden am Modell im Kleinen erprobt. Man setzt weniger Werte aufs Spiel. Es ist alles noch nicht endgültig; Korrekturen sind möglich. Das Modell ist ein bloßer Entwurf; es ist keine unumstößliche Norm; es läßt Spielraum. Es ist ein Hilfsmittel der Übersetzung von Vorstellungen, die noch im Flusse sind, in die Wirklichkeit oder von Wirklichkeiten, die als solche nicht absolut greifbar sind, in die Vorstellung. Und durch eben diese Rolle des noch korrigierbaren bloßen Hilfsmittels ist das Modell vor der feierlichen Erstarrung des Musters geschützt.

Dem widerspricht nicht, daß Modelle gelegentlich hohen Eigenwert erreichen: Das Modellkleid, an welchem der Meister die neue Linie entwarf, steht hoch im Preis, gerade weil an ihm die schaffende Phantasie noch ungebunden durch ökonomische Rücksichten frei spielen und modeln konnte. Um seiner Originalität willen hat hier das Vorläufige allem heillos Fertigen gegenüber den höheren Rang[1].

Auch in didaktischen Zusammenhängen genießen Modellfälle eben um dieser größeren Freiheit willen oft den Vorzug vor „wirklichen" Fällen: Die Kasuistik der Moraltheologen, die Kommentare der Juristen, die Darstellungen der Volkswirtschaftslehre bedienen sich gern künstlich erdachter modellhafter Fälle, deren Vorteil gegenüber den wirklichen Ernstfällen des Lebens die Isolierbarkeit und Variierbarkeit der mitspielenden Komponenten ist. Dabei ist es grundsätzlich gleichgültig, ob man sogenannte „Konstruktiv-" oder „Reduktivmodelle"[2] vor sich hat, ob man also aus isolierten Elementen einen neuen Fall konstruiert, oder ob man einen gegebenen Fall durch schrittweises Weglassen vereinfacht. Beide Male handelt es sich um das Experimentieren mit isolierten und dadurch verfügbaren Elementen.

„Jedes Modell ist unter einem bestimmten Gesichtspunkt konstruiert und vereinfacht das Objekt in charakteristischer Weise"[3]. So pflegt ein Globus zwar die physikalische Gestalt oder die politische Einteilung der Erdoberfläche, nicht aber die chemische Zusammensetzung des Erdballs zu repräsentieren. Das Bild enthält also weniger als die Wirklichkeit. Es kann auch mehr enthalten: So darf man der Veranschaulichung

[1] Für den Kunstkenner ist es nichts Ungewöhnliches, daß eine Skizze von Meisterhand gelegentlich höher im Kurs steht als das ausgeführte Werk, an dem sich die Pedanterie von Gehilfen oder die Schwunglosigkeit der bloßen Wiederholung zeigen.

[2] cf. Walter Eucken: Grundlagen der Nationalökonomie, 6. Aufl. 1950, passim.

[3] K. F. Bonhoeffer: Über physikalisch-chemische Modelle von Lebensvorgängen, in: Studium Generale, I, Heft 3, 1948, 137 ff.

des prinzipiell unanschaulichen elektrischen Stroms durch das Bild strömenden Wassers in einem Leitungssystem nicht etwa entnehmen, daß der elektrische Strom wie der des Wassers aus (einfärbbaren) Teilchen mit gleichsam individuell verfolgbarer Geschichte bestehe, oder daß die Geschwindigkeit eines Stromstoßes gleich der Geschwindigkeit der Ladungsteilchen sei[1]. Man mißversteht das Modell, wenn man es wörtlich nimmt. Jedes Modell setzt ein tertium comparationis voraus, das ihm und dem repräsentierten Objekt gemeinsam ist und durch das die Reichweite des Modells klar begrenzt wird.

Die Modellsituation ist eben nicht die „Ernstsituation". In ihrer Verfügbarkeit und künstlichen Isoliertheit kann sie sogar gewisse Züge eines Spielphänomens annehmen. Nicht zufällig laden viele Modelle zum Spielen ein und werden von alters her auch eigens zu Spielzwecken hergestellt. Ihre Verfügbarkeit und Überschaubarkeit können so faszinieren, daß sie den Zugang zur Wirklichkeit, die gemeint ist, nicht öffnen, sondern verbauen: Am Atommodell ist der Aufbau der Materie so anschaulich dargestellt, daß man die Wirklichkeit danach viel handgreiflicher denken möchte, als sie ist. Man hält die Elementarteilchen für wirkliche kleine Kügelchen und verbaut sich damit gerade zu den wichtigeren Einsichten den Zugang[2].

Dies gilt nicht nur für die handgreiflichen Modelle des Schulschranks. Auf tausend Wegen wirken Modellvorstellungen am Aufbau unserer geistigen Welt mit und gehören zu den unentbehrlichen Hilfsmitteln unserer Weltorientierung[3]. Wir haben Modellvorstellungen nicht nur von Atomen, Maschinen und kosmischen Größen, die uns kalt und fremd gegenüberstehen, sondern auch von politischen und geistigen Realitäten, an denen unser eigenes Wohl und Wehe hängt: von Krisen und Konjunkturen, Rechtsordnungen und Machtverhältnissen, Demokratie und Tyrannis. In all diesen Bereichen ist das recht verstandene Modell weder bloßes Experimentier- und Spielmaterial noch normatives Muster. Es vermittelt, indem es frei und verfügbar, aber doch nicht völlig unverbindlich ist, indem es Vorbild ist, aber nicht Norm. Fordert das Muster zu bedingungsloser Nachfolge auf, so will das Modell nur Orientierungshilfen geben für das Suchen des eigenen Weges.

---

[1] cf. A. Kratzer: Das Bild in der Physik, in: Studium Generale, IX, H. 3, 1956, 129 ff. – R. Seeliger: Analogien und Modelle in der Physik, in: Studium Generale, I, H. 3, 1948, 125 ff.

[2] cf. Martin Wagenschein: Natur physikalisch gesehen, Frankfurt a. M. 1953, 18 ff.

[3] cf. Eduard Spranger: Die Fruchtbarkeit des Elementaren, in: Pädagogische Perspektiven, Heidelberg 1952, 87.

Es mag didaktische Bereiche und Stufen geben, denen Muster, und andere, denen Modelle angemessener sind. Soviel ist schon jetzt zu erkennen: Zwischen Exemplar und Muster auf der einen, zwischen Typus und Modell auf der anderen Seite besteht eine gewisse Affinität.

Einen dritten Modus der Stellvertretung, der hier nicht übergangen werden darf, zeigt das *Gleichnis*. Steht ein Paradigma als Muster hoch aufgerichtet über der Menge der ihm nachzubildenden Exemplare, befindet es sich als Modell gleichsam in einer Front mit ihnen als hilfreiches Mittel, so entfaltet es als Gleichnis eine Spannweite, die weder dem Muster noch dem Modell zukommt: Es ist einerseits wie das Modell lediglich Hilfsmittel der Verständigung; es tritt auf im bescheidensten Gewande, stellt für sich keine Ansprüche, ist „*nur* ein Gleichnis". Aber gerade *in* seiner vordergründigen Unscheinbarkeit und Nichtigkeit offenbart es zugleich einen Adel, der den aller denkbaren Musterbilder unabsehbar übertrifft:

Wer ein Muster zu verwirklichen strebt, weiß genau, wie alles aussehen soll. Er kann den Abstand zwischen Vorbild und Nachbild ermessen. Wer ein Modell nachbildet, ist Herr der Situation. Wer aber ein Gleichnis versteht, hat keine Sicherheit des Wissens, sondern glaubt und ahnt. Der Abstand zwischen Sinnbild und Sinn ist rational unermeßlich. Die Spannweite zwischen der Alltäglichkeit, die zum Gleichnis wird, und der Tiefe, die darin aufspringt, ist für den prosaischen Verstand unüberbrückbar. Es bedarf des prophetischen oder des poetischen Geistes, um die Weite des Sinns in eine Parabel, ein Bild, eine Gestalt zu zwingen und ihr darin lebendigen Ausdruck zu leihen.

Zwei Sphären, durch einen Abgrund getrennt, werden im Gleichnis in eins gebunden. Wie beim Modell gibt es zwar auch hier immer ein benennbares tertium comparationis. Aber das secundum, auf das sich dieses tertium bezieht, ist als solches nicht selber greifbar. Es läßt sich nicht anders als eben im Gleichnis fassen. Sein Erscheinen ist an Sprache und sprachliche Form im weitesten Sinne gebunden. Es verflüchtigt sich, wo man versucht, diese Form durch rationale Formeln zu ersetzen. Und wo es von vornherein auch in logisch-rationalen Sätzen formulierbar wäre, da wäre das Gleichnis überflüssig, entbehrlich, eine Banalität[1].

Mit Modellen und Mustern, mit Exemplaren und Paradigmen aller Art stimmt das Gleichnis also zwar darin überein, daß es zwei gesonderte Bezirke in vergleichbare Beziehung zueinander setzt. Aber diese Bezirke selbst liegen auf unendlich verschiedenen Ebenen: Gibt das belehrend hervorgehobene Exemplar etwa einer Tier- oder Pflanzen-

[1] cf. Johannes Pfeiffer: Umgang mit Dichtung, Hamburg (8. Aufl.) 1954, 28 ff.

gattung an, wie andere, mit ihm grundsätzlich verwandte, in bestimmten Merkmalen sogar identische Exemplare erklärt oder verstanden werden können, verweist das typische Niedersachsenhaus auf mehr oder weniger ähnliche Züge an anderen niedersächsischen Häusern und muß selbst beim Modell physikalischer Phänomene das Veranschaulichte an Meßergebnissen verifizierbar sein, so verweist das Gleichnis, etwa vom verlorenen Schaf (Lukas 15, 4-7), durch sein tertium comparationis, nämlich die Freude über das wiedergefundene Verlorene, auf eine nicht mehr mit irdischen Bildern adäquat erfaßbare oder gar mit psychologischen Methoden ermeßbare Freude „vor den Engeln Gottes". Diese kann wesenhaft nicht rational beschrieben werden. Das eine Glied des Vergleichs ragt ins Unendliche. „Alles, was ins Unbedingte weist, hat Symbolcharakter und kann nie eigentlich empirisch gefaßt werden"[1]. Eben deshalb ist es nur noch im Gleichnis erfahrbar. Dies gilt – cum grano salis – selbst noch für die „aufgeklärte" Ringparabel von Lessings Nathan[2]. Es ist das Merkmal aller Gleichnisse überhaupt, auch der weniger anspruchsvollen poetischen: sie sind zwar, wie uns die Literaturwissenschaft lehrt, „straff durchgeführte Analogien zwischen zwei Vorgänglichkeiten", meist mit „belehrender Absicht"[3]. Aber nur die eine der beiden Vorgänglichkeiten ist übersehbar, verstehbar und anschaulich darstellbar, während es aller Kraft des „Poieten" (im weitesten Sinne) bedarf, das Unsagbare im Sagbaren durchklingen zu lassen, aller Kraft des Vernehmenden, das im Bilde Verhüllte zu verstehen.

Formal Entsprechendes läßt sich übrigens auch von der „Metapher", der „Sentenz", dem „Sprichwort", der „Synekdoche", der „Allegorie", ja der bloßen „Anspielung" sagen, unter denen allen das in einer „Parabel" ausgeführte Gleichnis nur die breiteste und mit längstem Atem durchgehaltene literarische Form ist[4]. Immer wird hier vom Hörer oder Leser erwartet, daß er ahnend etwas hinzutut. Er versteht sonst den Sinn nicht.

---

[1] Paul Tillich: Das Dämonische, 1926, 21, 39.

[2] Auch für den „aufgeklärten" Menschen des 18. Jahrhunderts gibt es hier offenbar etwas, das nicht begrifflich, sondern nur im Gleichnis offenbart werden kann, weil es über allem „positiv" Faßbaren steht. Dieses im ungeteilten Ring des Vaters Symbolisierte darf nicht einfach mit der „Naturreligion" des 18. Jahrhunderts identifiziert und damit historisch relativiert werden, weil es dann selber als eine Art „positiver" Religion mit den geteilten Ringen auf eine Stufe rückt, was von Lessing gerade nicht gemeint war.

[3] Wolfgang Kayser: Das sprachliche Kunstwerk, Bern 1948, 124.

[4] cf. Wolfgang Kayser, ib. 110 ff. – Richard M. Meyer: Deutsche Stilistik, 2. Aufl., München 1913, 111 ff. und 154 ff.

Allen Formen didaktischer Repräsentation vom Exemplar bis zum Gleichnis ist gemeinsam, daß im Lehrgang ein Einzelnes für einen ganzen Bereich, ein Teil für ein Ganzes dasteht. Potentiell soll zwar das Ganze des Bereichs erschlossen werden; aber aktuell begnügen sich Lehrender wie Lernender um die Ökonomie des geistigen Haushalts willen mit der Arbeit an einem Teilstück. Es ist das Prinzip des „pars pro toto“, das hierbei der paradigmatischen Lehre zugrunde liegt.

Die Frage ist nun, ob dabei „pars“ und „totum“ immer im gleichen Wechselverhältnis zueinander stehen, und ob angesichts der Verschiedenartigkeit möglicher Formen der Repräsentation mit diesen beiden Wörtern überhaupt immer Gleiches gemeint ist.

Wo die Kenntnis einer G a t t u n g durch das Kennenlernen immer weiterer Exemplare vervollständigt wird, oder wo ein M u s t e r in seinen Nachbildungen ad infinitum fortführbar ist, da ist mit „pars“ ein Einzelstück und mit „totum“ eine Reihe, eine Summe, ein Bereich gemeint. Der Teil vertritt das Ganze, insofern er die gleichen Merkmale trägt wie alle übrigen Teile. Hat der Lernende im Lehrgang ein Teilstück verstehen und beherrschen gelernt, so braucht er es im späteren Bildungsgang nur noch nach Bedarf um weitere gleichgeartete Teilstücke zu ergänzen. Wo immer er im ferneren Leben mit Fragen aus dem gleichen Stoffbereich konfrontiert wird, schließt er gleichsam stets nur noch „Lücken“, füllt ein Mosaik, dessen Grundlinien festliegen, mit weiteren Steinchen. Möglich ist dies Verfahren, wo materialiter oder methodisch für den ganzen zu erschließenden Stoffbereich Homogenität vorausgesetzt werden kann, wo also mit Selbstverständlichkeit angenommen werden darf, daß durch die Bekanntschaft mit n Gliedern einer Reihe eo ipso auch das (n+1)te Glied grundsätzlich bekannt sei. Hier kann sich die exemplarische Lehre am Ende mit einem einfachen „Und so weiter“ begnügen. Das Ganze, auf das die Ergänzung zu zielen hat, ist eine Gesamtheit, ein durch Einfügen immer weiterer Summanden zustande kommendes *Aggregat.*

Aber nicht immer ist in der paradigmatischen Lehre das Verhältnis zwischen Teilstück und Ganzem so einfach, daß die bloße Fortsetzung nach dem Schema des „und so weiter“ genügt. Muß etwa ein T y p u s als „reine“ oder „ideale“ Form aus den mehr oder weniger „unreinen“ Zügen von Individualitäten in wechselseitiger Ergänzung und Korrektur „herausgesehen“ werden, so ist das Ganze etwas wesenhaft anderes als ein Aggregat. Die Leistung des Ergänzens besteht darin, ein

Gestalt-Ganzes[1] aufzubauen, das seinerseits auf alle Gestalt-Teile zurückwirkt[2]. Ist im Lehrgang ein Typus anschaulich geworden und begegnet der Lernende im weiteren Bildungsgang nun neuen Erscheinungen, die von diesem Typus her aufschließbar sind, so verändert jede dieser Erscheinungen auch wieder rückwirkend das Verständnis des Typus. Mit einem bloßen Hinzufügen neuer Exemplare ist nichts erreicht. Der Typus wäre als Klassenbegriff mißverstanden und verlöre sein gestalthaftes Leben, das zu wecken und zu aktivieren gerade Aufgabe der paradigmatischen Lehre ist. Teil und Ganzes sind hier in einen Zirkel gebannt. Wilhelm Dilthey hat diesen „hermeneutischen Zirkel" als Grundvoraussetzung methodischen Arbeitens in den Geisteswissenschaften beschrieben. Aber der Zirkel reicht hinter alle Wissenschaft zurück, ist ein Grundphänomen menschlichen Verstehens schlechthin. So darf man von Diltheys Anspielung auf wissenschaftsmethodische Fragen getrost abstrahieren, ohne den Wahrheitsgehalt seiner Aussage zu schmälern: Für ihn ist „das Verstehen des Singularen nur möglich durch die Präsenz des generellen Wissens in ihm, und dies generelle Wissen hat wieder im Verstehen [des Singularen] seine Voraussetzung". Es handelt sich um eine „gegenseitige Abhängigkeit des allgemeinen und singularen Wissens voneinander" und um „allmähliche Aufklärung der geistigen Welt im Fortschritte der Geisteswissenschaften an *jedem Punkte* ihres Verlaufes"[3]. Überträgt man diese auf die Geisteswissenschaften gemünzte Aussage auf den vorwissenschaftlichen Lernprozeß, auf das schlichte Verstehen-Lernen von Gestalt-Ganzheiten schlechthin, so ergibt sich für die paradigmatische Lehre hier folgender Weg: Aus mehr oder weniger „typischen" Individualitäten wird der „reine" Typus herausgesehen, wobei dieser „reine" Typus bei der Erkennung jener „typischen" Züge aber schon immer vorausgesetzt ist, – ein Zirkel, in den man nicht anders als durch einen Sprung gelangt. Dieser Sprung muß am Paradigma und kann *nur* am Paradigma gelingen. Der von Copei beschriebene „fruchtbare Moment" kommt ins Spiel (s. o. S. 32 f.). Die ergänzende

[1] cf. Christian von Ehrenfels: Über Gestaltqualitäten, in: Vjschr. f. wiss. Philosophie, XIV, 3, 1890.

[2] cf. K. Grelling u. P. Oppenheim: Der Gestaltbegriff im Lichte der neuen Logik, in: Erkenntnis, hg. v. R. Carnap, Bd. 7, H. 3, Den Haag 1938, 216 ff. – Johs. E. Heyde und Hans Maertin: Grundlage und Gestalt ganzheitlicher Unterrichtsweise, Langensalza 1937, 24 ff.

[3] Wilhelm Dilthey: Der Aufbau der geschichtlichen Welt in den Geisteswissenschaften, Ges. Schr., VII, Leipzig 1927, 152. – cf. Joachim Wach: Das Verstehen, 3 Bde., Tübingen 1926-33, bes. I, 41, 246; II, 366; III, 281 u. passim.

Leistung des sich Weiterbildenden besteht dann darin, diesen Zirkel in der Schwebe zu halten, um ihn mit jeder neuen Erfahrung schrittweise „an jedem Punkte" zu erweitern. Es handelt sich also um eine Form der Ergänzung, die von der bloßen Vermehrung um weitere Erfahrungs-Exemplare weit entfernt ist, die vielmehr die Kunst übt, alle Begriffe offen zu halten, um sie bei jeder neuen Begegnung auf ein höheres Niveau des Verstehens heben zu können.

Eine dritte Form der Ergänzung paradigmatischer Lehre ist da gegeben, wo es sich um den „einfachen Fall" als Modell für ein komplexeres *Wirk-Ganzes* handelt: Die „Elemente" oder „Komponenten" sowie die „Prinzipien" ihres Zusammenspiels sind am Modellfall in möglichster Reinheit studierbar. Aber so „rein" wie am Lehrmodell treten sie im Ernstfall nicht auf. Der Lernende bedarf eines Systems der möglichen Elemente und Prinzipien. Die exemplarische Lehre muß ihn im Besitze derjenigen Kategorien entlassen, mit deren Hilfe er einst auch „unreine" Fälle auf ihre Elemente und Prinzipien zurückführen kann, um sie daraus selbst noch einmal durchsichtiger aufbauen zu können. Er benötigt gleichsam ein A B C und eine dazugehörige Grammatik. Aus dem jeweils angemessenen ABC ist nach den Prinzipien der je angemessenen Grammatik das je angemessenste Wirkungssystem als Modell für die schwer durchschaubaren Fälle des Lebens zu konstruieren, oder aber das Komplexe und Trübe ist so weit auf Elementareres zu reduzieren, bis ein verständliches Wirk-Ganzes sichtbar wird. Eduard Spranger hat in seinem Aufsatz über „Die Fruchtbarkeit des Elementaren" eine Reihe instruktiver Beispiele für diesen Rückgang auf die je angemessenen „Grundformen", „Urgedanken", „Prinzipien" und „Schemata" verschiedener Arten von Wirk-Ganzheiten gegeben[1]. Die Planetenbewegungen, das Pendel, das sich drehende Rad sind bei ihm Beispiele für solche Wirk-Ganzheiten. Aber auch Phänomene wie Arbeitsteilung, Marktwirtschaft, Verkehrssystem dürften hierhergehören. Es ist klar, daß alle diese Wirk-Ganzheiten mehr sind als bloße Aggregate, daß ihnen jedoch anderseits die Gestaltqualität nicht notwendig zukommt[2].

---

[1] Eduard Spranger: Pädagogische Perspektiven, Heidelberg 1952, 87 ff.

[2] Was Spranger (l. c., 89) als „Urphänomene" bezeichnet und an Goethes Idee eines „Urtypus" (etwa der Pflanze oder des Knochengerüsts der Wirbeltiere) veranschaulicht, dürfte hingegen dem Gestalt-Ganzen näher sein. Spranger unterscheidet nicht genauer zwischen „Element", „Prinzip", „Schema", „Urphänomen", „Denkmodell" und anderen Begriffen, weil er mit seinem Aufsatz weniger auf eine Beschreibung der Unterschiede zwischen diesen Begriffen zielt als vielmehr auf die Hervorhebung des ihnen Gemeinsamen.

Schließlich wäre noch an diejenige Form der Ergänzung zu denken, deren Vollzug das Gleichnis verlangt: Eine gegebene, anschaulich dargestellte und erzählte Hälfte ist durch etwas zu ergänzen, das selber nicht gegeben, dargestellt oder erzählt werden kann. Aber erst beide Hälften gemeinsam ergeben ein *Sinn-Ganzes.* Auch hier also das Prinzip des „pars pro toto", indem ein Teil für ein Ganzes steht. Doch die Proportion zwischen den Gewichten der gegebenen und der zu ergänzenden Hälfte ist unbestimmt. Und die Tiefe alles Gleichnishaften bemißt sich danach, wieviel Gewicht der Verstehende in die offene Waagschale zu legen vermag. Dies Gewicht wird sich mehren mit wachsender Erfahrung und Reife. Aber das ist keine Mehrung im Sinne des Aggregats, sondern eine ständige Vertiefung des Sinnes. Darin ist sie mit der allseitig-schrittweisen Erweiterung der Gestalt-Ganzheiten verwandt. Nur ist das Gleichnis im Gegensatz zu diesen nie zirkelhaft in sich geschlossen. Der gegebene Teil bleibt offen ins Unendliche hinaus. Er ist – bildlich gesprochen – nicht Hälfte eines nach und nach wachsenden Kreises, sondern Segmentbogen einer Parabel.

„Pars" und „totum" stehen also in verschiedenen Verhältnissen zueinander, je nachdem, ob das Paradigma für eine Gesamtheit, ein Gestalt-Ganzes, ein Wirk-Ganzes oder ein Sinn-Ganzes dasteht. Das Paradigma selbst hat als „pars" ein je anderes Gesicht, je nachdem, auf welche Art von Ganzem es bezogen ist: Es kann Einzelstück einer Reihe, erweiterbare Gestalt, Systemglied und Elementarschema oder gleichnishafte Verkörperung sein, und jedesmal erwartet es vom Lernenden, dessen geistiges Leben es erweitern und aktivieren will, eine andere Form der Ergänzung.

Mit einem bloßen Er-gänzen wird es dabei allerdings nur in den seltensten Fällen getan sein. Schon das Exemplar, das als subsummierbares Einzelstück eine Gesamtheit repräsentiert, ist genaugenommen nicht bloß „Teil", sondern auch selber ein „Ganzes"; ebenso das zur Wiederholung bestimmte Muster. Entsprechendes gilt für Typen nicht minder als für Modelle. Und auch der erzählbare Teil jedes beliebigen Gleichnisses ist mehr als nur Bruchstück. Der alte Mikrokosmos-Gedanke oder der romantische Begriff des „Glied-Ganzen" fände hier seinen sinnvollen Ort.

Freilich kann mit „pars" auch ein *„Fragment"* gemeint sein; aber in unserem Zusammenhang doch in jedem Falle ein solches, das auf bestimmte Weise wieder ein Ganzes enthält: Der Torso des archaischen Apoll, der Rilke zu seinem Gedicht inspirierte, kann zwar nicht das fehlende Haupt und die Glieder „vertreten". Sie in eigener Erfindung zu rekonstruieren oder auch nur vorzustellen, gefährdet seine Art der

Ganzheit weit eher, als es sie stützt. Wir müßten von außen etwas hinzutun. Sein Heil-sein in aller Versehrtheit besteht vielmehr darin, daß er das Ethos und die Frömmigkeit seiner Zeit, den Geist seines Künstlers, die Lebensdeutung seiner Epoche als Urbild menschlicher Haltung und menschlichen Sich-Haltens in der Welt schlechthin spiegelt. Diese sind auch noch im Bruchstück „ganz" anwesend. So kann eine Briefzeile den Geist eines Menschen repräsentieren, auch wenn sie über seine Schicksale, Taten und Leiden nichts aussagt. Und eine Arabeske, ein Schnörkel sind fähig, für den Stil ihrer Epoche zu stehen.

Ähnlich ist es, wo man unter „pars" eine *„Episode"* versteht, nur daß hier bereits von der Absicht des Urhebers her die Spiegelung eines Übergreifenden im Glied-Ganzen angelegt ist, das von vornherein unversehrt da ist. Die Episode knüpft an einen größeren Zusammenhang an, bildet aber dann innerhalb seiner oder abseits von ihm ein eigenes, für sich verstehbares Ganzes. Zwar schwingt in dem Wort meist auch der Nebensinn mit, daß es sich im Hinblick auf den Gang der größeren Handlung hier eben „nur" um eine Episode handle, um ein Begebnis ohne bleibende Wirkung. Und doch, welchen Sinn sollte dies Begebnis haben, wenn es nicht in anderer Hinsicht bezeichnend wäre: für einen Zustand, einen Charakter, eine Situation, die vom größeren Zusammenhang allein her nicht so geschlossen, so paradigmatisch gespiegelt werden könnten?

„Pars pro toto" ist also nur ein Aspekt. Man kann genausogut von einem *„totum pro toto"* sprechen. Neben und in der geforderten Leistung des Ergänzens steht die Forderung der Übertragung vom einen aufs andere, sei es von einem kleineren auf einen größeren Zusammenhang, sei es auch von einem größeren auf einen kleinen: Auch das *„totum pro partibus"* kann in exemplarischer Weise weiterführen: Die ganze Biographie eines Menschen erschließt das Verständnis für eine einzelne Tat, der gesamte Bauplan einer Kathedrale die Bedeutung einer Figur in der farbigen Glasfensterscheibe, und der Biologe deutet ein rudimentäres Organ aus dem Gesamtbild der Stammesentwicklung, das er sich seinerseits aus Rudimenten gebildet hat. Die Beziehungen spielen hin und her, hinauf und hinab. Immer ist von dem, der hinzulernen will, ein Überschreiten des Gegebenen gefordert.

Analogie

In aller paradigmatischen Lehre wird dem Lernenden ein selbständiges Weiterschreiten über das Gebotene hinaus zugemutet. Dieses Weiterschreiten bewährt sich erst eigentlich am Unvorhersehbaren und

Neuen. Da reicht kein bloßes „Und so weiter ..." mehr aus. Das Erlernte muß transponiert werden. Prinzip dieser Übertragung ist die *„Analogie"*. Was besagt dieser Begriff?

Analogie ist eine Entsprechung zwischen Verhältnissen, die nicht unmittelbar auseinander ableitbar sind: Zwischen einem Türflügel, einem Gebäudeflügel und dem Flügel eines Vogels besteht, wie unsere Sprache lehrt, eine Analogie. Der Türflügel verhält sich zur Wand, der Gebäudeflügel zum Gesamtbau wie der Flügel zum Körper des Vogels. Die klassischen Definitionen – sowohl die thomistische wie die kantische – stimmen darin überein, daß es sich hierbei um eine Ähnlichkeit von Beziehungen, nicht etwa um eine solche der Dinge selbst handelt. Thomas nennt die Analogie „eine Ähnlichkeit von zwei Proportionen untereinander"[1], und Kant nennt sie die „vollkommene Ähnlichkeit zweier Verhältnisse zwischen ganz unähnlichen Dingen"[2]. Auf unser sprachliches Beispiel gewendet heißt das: Nicht die Dinge „Tür", „Haus" und „Vogel" haben irgendeine Ähnlichkeit miteinander, sondern allein das spezifisch „flügelhafte" Schwenkverhältnis zwischen Teil und Rumpf. Dieses Verhältnis kommt jedesmal auf ganz verschiedene Weise, aus verschiedenartigen Elementen und im Hinblick auf verschiedene Zwecke zustande. Keine der Formen läßt sich unmittelbar auf die andere zurückführen. – Was hier die Sprache mit größter Allgemeinheit lehrt, bestätigt sich in den Sachbereichen der verschiedensten Wissenschaften, die mit Analogien zu tun haben. Irgendwo in der Welt, an getrennten Orten, treten Verhältnisse auf, die einander ähnlich sind. In der Tierwelt gibt es etwa Salamander und Spinnen; beide haben so gut wie nichts miteinander gemein; doch beide müssen atmen: In einer sackartigen Ausstülpung des Vorderdarms besteht morphologisch die einfache Lunge des Salamanders, während die Spinnenlunge durch Einstülpungen am Hinterleibe gebildet ist; an zwei heterogenen Strukturen zeigt sich eine Funktionsentsprechung; der Anatom nennt sie „analog" (wogegen er Entsprechungen, die auf einen übereinstimmenden Bauplan zurückgehen, etwa die zwischen der Lunge des Salamanders und der hochspezialisierten Lunge des

---

[1] Thomas von Aquino: De Veritate, 2, 11, c. – Die auf die gleiche Thomas-Stelle zurückgehende Unterscheidung zwischen „Attributions-" und „Proportionalitätsanalogie" (cf. I. M. Bochenski: Gedanken zur mathematisch-logischen Analyse der Analogie, in: Studium Generale, IX, H. 3, 1956, 121-125) kann hier außer Betracht bleiben, da die „Attributionsanalogie" entweder auf eine „Proportionalitätsanalogie" rückführbar oder aber erkenntnismäßig wie didaktisch irrelevant ist.

[2] Kant: Prolegommena, § 58. – Das theologische Problem der Analogie, besonders der „analogia entis", soll hier ausgeklammert bleiben.

Vogels, „homolog" nennt)[1]. Ein anderes Beispiel: In der mittelalterlichen Kunst treten „Sonne" und „Löwe" als Symbole für Christus auf; es gibt keinerlei systematischen Zusammenhang zwischen dem Evangelium und einem Sonnenkult, keinerlei substantielle Ähnlichkeit des Charakters zwischen Christus und einem Löwen; analog sii allein die Proportionen, die jedesmal zwischen einem Beherrschenden und seiner Umgebung bestehen. „Quod sol in coelis id rex in terra"[2]. Jede der Proportionen weist auf die andere nur hin. Keine kann die andere begründen.

Diese wesenhafte Unableitbarkeit hat der Analogie in der Erkenntnis- und Wissenschaftstheorie einen zweifelhaften Ruf eingetragen. Analoge Verhältnisse können einander zwar illustrieren, lassen aber von der einen zur andern Seite keine Schlüsse von zwingender Evidenz zu. Jedes der Verhältnisse bedarf der Begründung auf eigenem Terrain. Die „Vergleichung ist immer ästhetisch, haftet immer an der Gestalt", schreibt Graf Yorck von Wartenburg an Wilhelm Dilthey[3]. Ein bloßes gegenseitiges Illustrationsverhältnis ist für wissenschaftliche Erkenntnis zu unverbindlich. Ihm eignet keine Beweiskraft[4].

Nun ist für unseren Zusammenhang freilich nicht irgendein wissenschaftliches Beweisverfahren, sondern der Aufbau der geistigen Welt im Schüler das Problem. Es geht um das Nachverstehen des schon Verstandenen, um das In-den-Griff-Bekommen des schon am Paradigma Erwiesenen und Bewährten. Da kann auch die Analogie einen legitimen Dienst erfüllen, wenn sie hilft, die überlieferten Erfahrungsmassen übersichtlicher, ihre Topographie einprägsamer zu machen. Wo immer ein Bekanntes ein weniger Bekanntes illustrieren kann, wird man den Vergleich nicht verschmähen. Wo immer sich Entsprechungen zeigen, werden sie als Orientierungshilfen auch dann willkommen sein, wenn sie sich bei genauerer Prüfung als nicht systematisch begründbar, als sachlich wie logisch zufällig oder als „bloß ästhetisch" herausstellen[5].

---

[1] cf. Th. A. Wohlfahrt: Analogie als Begriff und Methode der Vergleichenden Anatomie, in: Studium Generale, IX, H. 3, 1956, 136-142.

[2] cf. Hans Sedlmayr: Analogie, Kunst und Kunstgeschichte, in: Stud. Gen., VIII, H. 11, 1955, 697-703. – cf. hierzu auch wieder Thomas: De Veritate, l. c.

[3] Briefwechsel zwischen Wilhelm Dilthey und dem Grafen Paul Yorck von Wartenburg 1877-1897, Halle (Saale) 1923, 92.

[4] cf. Béla Juhos: Über Analogieschlüsse, in: Stud. Gen., IX, H. 3, 1956, 126-129.

[5] Man denke etwa an den Vergleich der Form Italiens mit einem Stiefel als Merkhilfe beim Zurechtfinden auf der Landkarte.

Aber damit ist die Rolle der Analogie nicht erschöpft. Wie sie als Merkhilfe dem schon Bewiesenen und Bewährten illustrierend nachfolgen kann, so kann sie auch dem noch Unbewiesenen als Phantasieentwurf vorauseilen und so zum Ansporn für weiteres Forschen werden. Sie ist zwar kein Beweisverfahren, aber eine Forschungshilfe. Sie begründet zwar nichts, aber sie regt dazu an, Begründungen zu suchen. Damit ist sie ein *heuristisches Prinzip* erster Ordnung. Analogien zu sehen, Beziehungen zu stiften, gehört zu den elementaren Voraussetzungen geistiger Lebendigkeit. Freilich: Prüfung und Verifikation müssen folgen.

Keplers Vermutung, daß die Ergebnisse seiner Untersuchungen über den Mars auch auf die andern Planeten anwendbar seien, war anfangs eine bloße Analogie[1]. Der Mars kann als solcher nichts für die Venus „beweisen". Die zunächst nur „ästhetische" Entsprechung konnte hier aber den Weg zur nachfolgenden Entdeckung prüfbarer Gesetzeszusammenhänge bahnen. Entsprechendes gilt auch in ganz andern Bereichen, etwa im Gebiet der Geschichte: Droysen rechnet die Analogie zur „Kunst der Heuristik, das historische Material zu erweitern und zu ergänzen"[2]. Erst die nachfolgende kritische Prüfung kann erweisen, ob das auf Analogien gerichtete Auge bloß vordergründigzufällige Entsprechungen wahrgenommen oder wirkliche Zusammenhänge erschaut hat. Es ist sogar möglich, daß diese Prüfung, mit dem Ziel unternommen, Übereinstimmungen nachzuweisen, gerade zur Entdeckung von Unterschieden führt, die ohne die anfängliche Analogie unbeachtet geblieben wären. Man denke an Oswald Spenglers Schwelgen in welthistorischen Analogien, denen man wohl die Wissenschaftlichkeit absprechen kann, nicht aber die Kraft, wissenschaftliches Forschen und Prüfen auch da anzuregen, wo es zu geradeswegs entgegengesetzten Ergebnissen führt. In summa: Wirklich fruchtbar wird die Analogie überall da, wo sie einer Homologie oder einer echten Differenz zum Lichte verhilft.

Was besagt dies für die paradigmatische Lehre? Für den Schüler wie für jeden Lernenden kann auch das Bewältigen des schon Bewältigten subjektiv eine echte Forschungsaufgabe sein, in der die Ana-

---

[1] cf. R. Seeliger: Analogien und Modelle in der Physik, in: Stud. Gen., I, 1948, 125 ff. – Ernst Mach: Erkenntnis und Irrtum, 4. Aufl., 1920, 220 ff.

[2] Joh. Gustav Droysen: Grundriß der Historik, 2. Aufl., 1937, § 26. – cf. Fritz Wagner: Analogie als Methode geschichtl. Verstehens, in: Stud. Gen., VIII, 1955, 703-712. – J. Engel: Analogie und Geschichte, ib. IX, 1956, 96-107.

logie als heuristisches Prinzip die gleiche Funktion hat wie in wirklicher Forschung. Zwar läßt sich gewiß nicht alle Lehre in Schülerforschung auflösen[1], und Rousseaus Forderung, der Schüler solle die Wissenschaften nicht „erlernen", sondern selber noch einmal „erfinden"[2], zeigt bei aller Legitimität des Anliegens doch nur die eine Seite der Sache: Lehre kann durch Forschung begründet, erweitert, belebt, vor Erstarrung bewahrt, aber nicht ersetzt werden. Forschung und Lehre sind je eigene Anliegen des Menschengeistes. Wo aber der Lehrgang einhält, um den freien Bildungsgang aus sich zu entlassen, da werden Forschen und Finden, Entdecken und Erproben zu obersten Bildungsprinzipien. Geschickte Methodiker haben es immer wieder verstanden, mit dem planvollen Lehren im rechten Moment einzuhalten, um die forschende Schülerfrage zum Motor der Gedankenbewegung werden zu lassen, die dann unmerklich in das Bett eines Lehrgangs gelenkt wird[3]. Denn von innen gesehen gleicht alle wirkliche geistige Entwicklung des Menschen einer Geschichte von Funden und Entdeckungen, einer „Entdeckungsreise" im offenen Feld[4]. Und hier bietet auch die Analogie dem sich bildenden Geist ihre Hilfe.

Wie der Forscher die Prinzipien, die er am schon Erforschten gewann, versuchsweise per analogiam auf das noch Unerforschte überträgt, so muß auch der Lernende angesichts eines neuen, noch unbekannten Gegenstands das ihm aus gesicherter Lehre vom Paradigma her Vertraute auf die neue Situation übertragen.

Seine erste Leistung wird dabei sein, das rechte Paradigma für die rechte Situation zu finden, das heißt: sich eines Musters oder Modells zu erinnern (oder doch wenigstens der Elemente und Prinzipien, aus denen sich ein Modell aufbauen läßt), das der neuen Situation analog ist. Seine erste Leistung ist also das Wahrnehmen einer vorhandenen oder das Stiften einer möglichen Analogie.

---

[1] cf. oben (S. 28 f.) das Kapitel über „Bildungsgang und Lehrgang" sowie Schwager: Wesen und Formen des Lehrgangs, l. c., 195.

[2] „Qu'il n'apprenne pas la science; qu'il l'invente." J. J. Rousseau: Emile, III, Collection complette des Œvres, Aux Deux-Ponts chez Sanson & Cie. 1782, VII, 3, p. 11 (cf. deutsch: Reclam 1945, 292).

[3] Nach Rousseaus Utopie findet sich die erste beispielhafte Verwirklichung, die dokumentarisch durch viele Unterrichtsprotokolle belegt ist und in der Reformpädagogik Schule gemacht hat, wohl bei Berthold Otto (Lit. bei Gertrud Ferber: B. O.'s pädagogisches Wollen und Wirken, Langensalza 1925, sowie bei Heinz Fischer: Das freie Unterrichtsgespräch, Braunschweig 1955).

[4] cf. Martinus J. Langeveld: Studien zur Anthropologie des Kindes, Tübingen 1956, 17 ff.

Analogien wahrnehmen und stiften ist eine „Kunst". Sie bedarf der Übung und Reifung. Lehrmethodisch kann diese Übung selber nur wieder paradigmatisch geschehen: An wenigen Beispielen muß erfahren werden, worin die Entsprechungen des Verschiedenen bestehen können und wo ihre Grenzen liegen. Die große Fülle der Möglichkeiten, die jedes gut gewählte Paradigma dem Stiften immer neuer Analogien eröffnet, muß wesenhaft offen bleiben. Da es um die Weckung einer produktiven Fähigkeit geht, wäre Vollständigkeit nicht einmal dann wünschenswert, wenn sie denkbar wäre. Der Schüler soll ja einst selber Analogien sehen und stiften, und zwar gerade dort, wo sie ihm niemand zeigt. – Solche Produktivität ist nun freilich eine zweischneidige Sache: Man kann sie weder entbehren noch erzwingen; sie ist nicht verläßlich in ihrem Kommen, und wenn sie kommt, muß man ihr noch mißtrauen. Schon das Sprechen lernende Kind stiftet in einem fort Analogien und erfährt deren Unzuverlässigkeit, zum Beispiel sobald die Leute lachen, wenn es etwas „gedenkt" statt gedacht hat. Ähnliches kann jedem widerfahren, der mit Schulweisheiten ins Leben tritt. Analogien stiften ist eine Kunst: Sie bedarf der Meisterschaft und Beschränkung[1]. Und sie bedarf der nachfolgenden Interpretation.

Es sind also wesenhaft zwei Phasen, in denen sich die Übertragung des am Paradigma Erlernten auf Neues per analogiam vollzieht. Geht das einfache Ergänzen im Sinne des „Und so weiter" Schritt für Schritt und Steinchen für Steinchen sicher an einer Reihe identischer Glieder entlang, so wagt die Analogie kühne Sprünge. Sie ist souveräner, aber auch gefährdeter. Deshalb darf sie, wo sie Verbindlichkeit sucht, auf die Nachholung des Schritt-für-Schritt-Wegs nicht verzichten. Sie hat es leichter dabei, kann vermöge ihres schnelleren Überblicks Umwege kürzen. Aber sie kann, was man jeweils erst nachträglich merkt, auch gehörig danebenspringen. Wichtig ist nur, daß solche Sprünge überhaupt möglich sind. Sie sind sogar so oft erfolgreich, daß die paradigmatische Lehre getrost auf sie baut. Und sie kann darauf nur bauen, weil außer den Anforderungen an individuelle Produktivität, Intuition und Lebendigkeit auch objektive Voraussetzungen zu ihrem Gelingen gegeben sein müssen. Diese können von zweierlei Art sein:

---

[1] Wie in Forschung und Lehre, so gilt dies auch im praktischen Leben: Die Verwaltung kann auf Initiative und Selbständigkeit ihrer Organe beim Auslegen von Verordnungen nicht verzichten; anderseits kann sie um der Gerechtigkeit willen dem Analogisieren doch auch nicht völlig freien Lauf lassen. Die Analogie, im Verwaltungsrecht stillschweigend vorausgesetzt, ist bezeichnenderweise im Strafrecht verboten. cf. F. Darmstaeder: Analogie im Recht, in: Stud. Gen., IX, H. 3, 1956, 143–154.

Eine Voraussetzung wäre die, daß die Welt selber in Analogien aufgebaut sei: Ein Kosmos, nach einheitlichem Bauplan errichtet. Alle Analogien wären darin genaugenommen nur Homologien, denn keine Entsprechung wäre – zumindest für das Auge des Schöpfers selbst – unableitbar. Dieser Gedanke, der von den Kosmogonien der Antike über die großen Summen des Mittelalters und die mystische Tradition bis hin zu Goethe, zu Hegel, zur romantischen Philosophie und ihren Nachfahren in unserer Zeit seine Rolle spielt, beruht freilich auf einem Glaubenssatz. Er kann wissenschaftlich weder bewiesen noch widerlegt werden. Ihm steht gegenüber die Erfahrung der Ungeborgenheit, des Fremdseins in der Welt, der „Geworfenheit" und des „Ganz-Anderen", kurz: die existentielle Erfahrung, daß nicht alles im Kosmos „kosmisch" ist, daß es Brüche und Gebrochenheit, Kälte, Blindheit und Zufall gibt, – auch dies ein Glaubenssatz mit eigener geschichtlicher Tradition. Wer ernsthaft sein Leben führen und die geistige Welt sich erschließen will, wird sich wohl für beide Grunderfahrungen offen halten müssen[1].

Aber auch wo man nicht so weit gehen will, die Analogie zum kosmischen Prinzip zu erheben, bleibt es möglich, ihr doch innerhalb begrenzter Gebiete gegenständliche Entsprechungen zugrunde zu legen. Dann läßt sich zwar nicht die ganze Welt, aber es lassen sich doch große und wesentliche Bereiche von ihr per analogiam verstehen: Die Pflanzenwelt oder die Sternenwelt, die Gesellschaftsformen, die Sprachen oder die Künste und viele andere Bezirke unserer Erfahrung sind je für sich von einem so dichten Netz von Entsprechungen durchwirkt, in ihnen haben sich Analogien schon so häufig als Homologien erwiesen, daß man das objektive Fundament als fest betrachten und Analogiesprünge auch in weiteren Fällen für prüfbar und bewährbar halten kann. Nur derjenige begibt sich der Möglichkeit, Ähnlichkeiten auf prüfbare Gesetzlichkeiten zurückzuführen, der allzu kühn vom einen Bezirk in den andern springt und etwa wie Spengler zwischen Differentialrechnung, kontrapunktischer Instrumentalmusik und merkantilistischem Kreditsystem physionomische Verwandtschaften behauptet. Hier mag es ästhetische Vergleichspunkte geben, aber die Grenze jeder Verifizierbarkeit ist überschritten. Jeder Vergleich setzt ein Beziehungssystem voraus und bleibt daran gebunden. Nur innerhalb solcher Systeme sind Analogien nachprüfbar und auch paradigmatisch verwertbar.

[1] An Stelle der Fülle der hierzu zitierbaren Quellen sei hingewiesen auf die Deutung, die gegeben wird von Romano Guardini: Grundlegung der Bildungslehre (1928), Neudruck in der Reihe „Weltbild und Erziehung", Würzburg 1953, 31–39.

Eine *andere* mögliche Voraussetzung für ein ertragreiches Stiften von Analogien wäre die, daß sich im geistigen Leben des Menschen selbst wenige Grundhaltungen und methodische Schritte allen möglichen Situationen gegenüber wiederholen. Hier wären es nicht ontische Entsprechungen zwischen den Gegenständen selbst, sondern anthropologische Grundeinstellungen, die immer wiederkehren und damit der Analogie auch angesichts diffuser und chaotischer Stoffmassen ihr Recht bewahren. Das Beziehungssystem, innerhalb dessen allein Analogiesprünge verifizierbar sind, läge nicht in der Welt-Struktur, sondern wäre zurückverlegt in die Struktur des sich zur Welt verhaltenden und sie erkennenden, von ihr wissenden und sie gestaltenden geistigen Subjekts. Auch hier würden Analogien freilich nur innerhalb bestimmter Koordinatensysteme ihren heuristischen Wert bewahren, nur wären diese Koordinaten nicht bestimmt durch Kategorien des Seienden, sondern durch solche der Methode, des Denkens und Sich-Verhaltens.

Immer unterliegt die Übertragungsmöglichkeit paradigmatischer Erfahrungen und Einsichten Beschränkungen kategorialer Art. Auch die kühnsten Analogien bleiben, wenn sie mehr als bloße Illustrationen oder Gedächtnishilfen sein wollen, an kategoriale Bereiche gebunden. Die Grenze des exemplarischen Lehrens und Lernens ist hier mit derjenigen aller „Formalbildung" identisch[1].

Soll zur exemplarischen Lehre noch Weiteres gesagt werden, so müssen daher die kategorialen Beziehungssysteme verdeutlicht werden, innerhalb derer die jeweiligen Paradigmata stehen. – Doch fassen wir zuvor das Bisherige noch einmal zusammen:

Zusammenfassende Orts- und Wesensbestimmung des Exemplarischen

Die Fülle des Wißbaren und der Künste, die der moderne Mensch beherrscht, ist in langer Geschichte so vielschichtig und in sich spannungsreich geworden, daß ihre Tradition sich nicht mehr von selbst versteht. Zu ihrer Weitergabe und Fortbildung sind eigene Veranstaltungen erforderlich. Meisterlehren, Schulen und Spezialkurse sind sol-

[1] cf. Erich Lehmensick: Die Theorie der formalen Bildung. Göttinger Studien zur Pädagogik, hg. von H. Nohl, 6. Heft, Göttingen 1926. – Walter Guyer: Wie wir lernen, Erlenbach-Zürich und Stuttgart, 2 .Aufl. 1956, 124-138. – Ernest R. Hilgard: Theories of Learning, New York 1948.

che besonderen Kanäle der Tradition. Aber auch das Leben draußen, das öffentliche wie das private, die Künste, die Literatur oder die durch Rede, Schrift und Bild wirkenden modernen Publikationsmittel sind an der Weiterbildung unserer geistigen Welt ständig beteiligt.

Kein geplanter Lehrgang kann für sich allein die Gesamtheit der geistigen Welt ausschöpfen. Keiner vermag auch nur die Gesamtheit des Wissens und Könnens aus einem einzigen Spezialgebiet ganz zu erfassen. Wo es um lehrende Weitergabe tradierbarer Gehalte geht, muß allemal aus der Fülle des Möglichen eine Auswahl getroffen werden. Daß diese Auswahl grundlegend und repräsentativ sei, daß sie ein Wesentliches oder Allgemeingültiges in nuce enthalte, gehörte seit jeher (oder sollte doch immer gehört haben) zu den Sorgen nicht nur der Lehrer und Lehrmeister, sondern auch der Künstler und Dichter, der Rhetoren und Redakteure. Nur war diese Sorge offenbar lange Zeiten hindurch so selbstverständlich, daß ihre Beachtung stillschweigend geschah. Erst die Auflösung verbindlicher Traditionen und die Hypertrophie eines falsch verstandenen Ideals von Spezialistentum haben in Verbindung mit den modernen Kommunikationsmitteln solche Mengen von beziehungslos nebeneinanderliegendem Wissen und Können in die Reichweite jedes Einzelnen gebracht, daß die Stoffülle zum öffentlichen Notstand wurde und eine ausdrückliche Besinnung auf neue Möglichkeiten der Beschränkung erforderlich machte. Unter dem Stichwort der „exemplarischen Lehre" wurde dies einem wachsenden Kreis von Pädagogen in jüngster Zeit als Problem bewußt.

Einerseits ist also die exemplarische Repräsentation großer Bereiche in gedrängten Paradigmen etwas sehr Altes. Sie gehört seit jeher zu den selbstverständlichen Grundbedingungen des Lehrens und Lernens, ist ein Struktur- und Wesensmoment aller Lehre. Anderseits ist sie doch erst neuerdings – mit dem Verlust ihrer Selbstverständlichkeit – zu einem dringlichen didaktischen Problem geworden.

Da sie ein Strukturmoment *aller* Lehre ist, tritt sie nicht nur in heterogenen Sachgebieten und Formen auf, sondern auch unter Bedingungen, die stark voneinander abweichen. Sollen ihre Möglichkeiten und Grenzen verdeutlicht werden, so muß zunächst das über alle Unterschiede hinweg *Gemeinsame und Prinzipielle* der exemplarischen Repräsentation begrifflich bestimmt werden. Es ist in abstracto relativ leicht zu fixieren. Obwohl die pädagogische Debatte darüber noch jung ist, endgültige Festlegungen also gewagt sind, scheinen nach den vorausgegangenen Überlegungen doch die folgenden Punkte schon festzustehen:

1. Der Begriff des „Exemplarischen" bezeichnet keine Substanz und

keine mit Substantiellem für immer verbundene Qualität, sondern er ist ein *Relationsbegriff*. Gegenstände und Ereignisse von sehr verschiedenartigen Qualitäten können in exemplarische Beziehungen rücken oder gerückt werden.

2. Die exemplarische Relation ist *doppelseitig:* Alles Exemplarische ist zugleich exemplarisch für jemanden und für etwas. Es schlägt eine Brücke. Diese Brücke ist von zwei Seiten aus unter verschiedenem Aspekt zu betrachten: Aus der Perspektive des je einmaligen, personalen Bildungsgangs und unter dem Gesichtswinkel der jeweiligen Lehre, die objektive Geltung beansprucht.

3. Für den je individuellen *Bildungsgang* der Person ist exemplarisch das, was „Epoche macht", was „ein für allemal" ein neues Verhalten, einen neuen Sach-, Wert- oder Erlebnisbereich erschließt. Solche je einmaligen, unvertauschbaren Schritte können sich an Gegenständen oder Erfahrungstatsachen vollziehen, die für sich betrachtet nichts Einmaliges und Unvertauschbares zu haben brauchen. Ihr exemplarischer Wert ist als Stellenwert innerhalb des Bildungsgangs bezogen auf die jeweilige Biographie. Ob und bei welchen Gelegenheiten solche „fruchtbaren Momente" eintreten, ist von lebensgeschichtlich-individuellen Bedingungen abhängig, die nur verstehend erspürt werden können, sich aber im Letzten der Planung entziehen.

4. Zugleich handelt es sich beim Exemplarischen, wenn man es im Hinblick auf seinen *Gehalt* und dessen Stellenwert im *Lehrgang* betrachtet, um ein objektives Verhältnis der Stellvertretung: Ein umfassenderes Etwas wird durch ein herausgehobenes Beispiel repräsentiert. Während das Erspüren, Erwecken und Pflegen der „fruchtbaren Momente" eine Kunst ist, die nur innerhalb des dialogischen Lehrvorgangs selbst ausgeübt werden kann, ist das objektive Repräsentationsverhältnis ein unabhängig von der je einmaligen Lehrsituation gegebener Sachverhalt, der allgemeingültigen Strukturanalysen zugänglich ist.

5. Die exemplarische Repräsentation läßt aktuell Abwesendes potentiell anwesend sein. Sie *entlastet* damit den Lehrgang, indem sie seine Stoffmengen beschränkt, *bereichert* ihn aber zugleich durch ein potentielles Beziehungsgefüge von fortsetzbaren Linien, Parallelen und Analogien.

6. Die entlastende Beschränkung kann sich auf zweierlei konzentrieren: Auf Sachstrukturen fundamentaler Art, die in vielerlei Stoffen wiederkehren, oder auf grundlegende Einstellungen und Methoden geistigen Verhaltens. Wahrhaft exemplarische Gegenstände entfalten ihre beispielgebende Kraft in beiden Richtungen: Sie ermöglichen *Kategorial-* wie *Methodenbildung*, das heißt, sie erschließen, indem sie

Wesensbereiche der geistigen *Welt* in ihrem Grundgefüge eröffnen, zugleich fundamentale Formen des geistigen *Lebens.*

7. Das Beziehungsgefüge kategorialer wie methodischer Art, zu dem ein exemplarischer Gegenstand in Relation steht, kann *stillschweigend* oder *ausdrücklich* repräsentiert werden. Es kann in der Umgangserfahrung des Lebens schon vorgefunden und am Exempel nur nachträglich bewußt gemacht sein oder vom Lehrgang im Vertrauen auf die Zukunft dem späteren freien Bildungsgang überlassen bleiben. Der Lehrgang kann aber auch eigens darangehen, es von seinen Exempeln her planmäßig aufzubauen. Auch dabei wird er sich jedoch, wenn er die stoffersparende Funktion der exemplarischen Stellvertretung nicht selber wieder zunichte machen will, auf Grundlinien und, was die stofflichen Parallelen und Fortsetzungsmöglichkeiten betrifft, auf Hinweise und Andeutungen beschränken. Das exemplarische Prinzip ist wesenhaft liberal. Es lebt vom Vertrauen auf freie Ergänzung.

8. Ein gewisser Umfang an stofflichem Wissen – stamme es aus der vorangegangenen Lehre oder dem Umgang des Lebens – ist allerdings die Voraussetzung dafür, daß exemplarische Hinweise und Andeutungen überhaupt verstanden werden können. Ein Maß an Fülle muß vorhanden sein, damit Wesentliches als wesentlich erfaßt werden kann. *Wesentlichkeit und Fülle* sind als Qualitätsmaßstäbe der Bildung *dialektisch* aufeinander bezogen. Sie lassen sich gegeneinander nicht isolieren. Hier liegt eine innere Grenze für das exemplarische Prinzip, das niemals alleiniges Bildungsprinzip, wohl aber streckenweise vorherrschendes Lehr- oder Lernprinzip sein kann.

9. Während die Fülle geistigen Lebens vielfältig, farbig und reich sein kann, ohne jemals „abgeschlossen" oder „vollständig" sein zu müssen, kann kein zielstrebiges Lehren oder Lernen innerhalb der Folge seiner Schritte „Lücken" dulden. Die Rede vom *„Mut zur Lücke"* ist *zweideutig,* weil das in ihr enthaltene Bild auf zwei Ebenen verschiedenes aussagt: Ein zu erarbeitender Wesenszusammenhang und die von ihm her zu erschließende Beispielsfülle sind zweierlei. Soll exemplarische Lehre nicht zur Blindheit gegenüber ganzen Bereichen des geistigen Lebens verführen, so muß sie danach trachten, daß das kategoriale *Grundgefüge* ihres jeweiligen Lehrbereichs in der Folge ihrer Exempel ebenso lückenlos gespiegelt sei wie ein Kanon der wesentlichen Methoden. Was hingegen die subsummierbaren oder akkumulierbaren *Stoffe* betrifft, so kann es niemals auf Vollständigkeit ankommen.

10. Aus alledem ergibt sich, daß das Exemplarische im Lehr- oder Bildungsgang *nicht* inselhaft *isoliert* dastehen kann, sondern sinnvoll und fruchtbar nur ist an den Schnittpunkten derjenigen Beziehungs-

systeme, in die es allemal relational hineingehört und deren objektiv-geistige Existenz es schon immer voraussetzt, wenn es sie für den Lernenden von neuem aufbaut.

So weit das Grundsätzliche. – Die Bestimmung des Exemplarischen bleibt in den genannten zehn Punkten freilich noch sehr allgemein und abstrakt. Pädagogisch fruchtbar kann sie erst werden, wenn man zugleich von der Verschiedenartigkeit der Spielarten weiß. Erst die Nuancen machen das exemplarische Lehr- und Bildungsprinzip reich. Erst sie geben dem Suchenden und Lehrenden ein Register an die Hand, das vielseitig zu beherrschen eine eigene Kunst ist.

Natürlich sind die Nuancen so mannigfach spezifizierbar und variierbar wie die geistige Welt selbst, die sich in ihnen darstellen soll. Methodenmonismus wäre der Tod des ganzen Verfahrens. Der Katalog möglicher *Spielarten der exemplarischen Repräsentation* wird daher immer offen und unabgeschlossen bleiben müssen. Gleichwohl sollte versucht werden, ihn überhaupt einmal aufzustellen, – in dem vollen Bewußtsein, daß es dabei nur um ein heuristisches Provisorium gehen kann:

1. Das Verhältnis, in dem Präsentes und Repräsentiertes in der exemplarischen Lehre zueinander stehen, ist am allgemeinsten und unbestimmtesten charakterisiert, wenn vom *Paradigma* die Rede ist: Dieser Ausdruck ist so umfassend und vieldeutig wie das deutsche Wort „Beispiel". Er besagt im Grunde nur, daß ein Einzelnes „neben" Anderem „vorgezeigt" wird (*παρά* = in dem Sinne: „an Stelle von"). Ob dieses Vorzeigen der erstmaligen Erschließung, der nachträglichen Erläuterung oder Einübung des Anderen dient, ob die Vertretung ausdrücklich oder stillschweigend, in normativer oder bloß klassifikatorischer Absicht geschieht, bleibt wie überhaupt jede nähere Bestimmung offen.

2. Von ähnlicher Allgemeinheit ist der Sinn der Begriffe *Exemplar* und *Exempel:* Auch sie bezeichnen in ihrer allgemeinsten Bedeutung nur die Tatsache, daß etwas „herausgegriffen" ist. Doch sind in ihnen für das genauere Hinhören die Akzente schon deutlich geschieden: Während das Exemplar auf Grund strenger Merkmalsidentität das Allgemeine einer Klasse von Gegenständen begrifflich vertritt, repräsentiert das Exempel eine Norm. Im Begriff des „Exemplarischen" können beide Nuancen zusammenspielen: Das Pathos der Wesentlichkeit, das dem Herausgegriffenen eine besondere Würde verleiht, und die Subsummierbarkeit, welche zugleich seine Individualität in gewissem Umfang entwertet, sind beide darin enthalten.

3. Die entwertende Nebenwirkung, die der Subsumtion eines Individuellen allemal anhaftet, ist auf ein Minimum eingeschränkt, wo

individuelle Tatbestände nicht als Exemplare durch ein Exemplar, sondern als typische Individuen durch einen *Typus* repräsentiert sind. Das Einmalige wird nicht unter Klassen oder Gattungen subsummiert, sondern approximativ mit einer gleichfalls anschaulich-einmaligen Hochform verglichen, die selber aus Individuellem als Individuelles herausgesehen wurde. Die so gestiftete Ordnung bleibt im Anschaulichen, weicht in kein „höheres" Begriffssystem aus. Typen können einander so unsystematisch wie Individuen benachbart sein. Die bildhafte Fülle der Welt bleibt – wenn auch in relativer Vereinfachung – erhalten.

4. Eine Vereinfachung der Fülle geschieht auch im *reinen Fall:* Als „eindeutig" subsummierbares Exemplar kann er Repräsentant einer Klasse gleichartiger Fälle sein; als „einfacher" Fall Abbild des Zusammenspiels durchschaubarer Komponenten; als „typischer" Fall ist er die einem Typus angenäherte individuelle Verwirklichung eines Allgemeinen in einmaliger Situation. Je nachdem, ob man unter seiner Reinheit mehr die Eindeutigkeit, die Einfachheit oder das Typische versteht, repräsentiert der reine Fall also verschiedenes. Als *„Kasus"* kann er seinen exemplarischen Wert auch gerade dadurch gewinnen, daß er recht „zweifelhaft", „komplex" oder „exzeptionell" ist und dadurch zum Suchen des Eindeutigen, Einfachen oder Typischen allererst auffordert.

5. Wenn Exemplare, Typen und Fälle exemplarisch immer nur im Hinblick auf etwas sind, das im Anschluß an sie ergänzt oder fortgesetzt werden muß, so können sie für das zu Ergänzende wie für die Ergänzung selbst das *Muster* abgeben. Sie richten dann eine eindeutige und verpflichtende Norm auf, gegen die es keinerlei Skepsis gibt, sie sind Vorbild und verlangen von allem Weiteren die größtmögliche Gleichartigkeit.

6. Freiheitlicher und reicher an Spielraum ist der Modus der Vorbildlichkeit beim *Modell.* Dieses ist noch bewußter korrigierbar als das Muster, es ist verfügbar und nicht endgültig festgelegt. Deutlicher als beim Muster bleibt bewußt, daß ein Zusammenhang eigens um des Zeigens willen isoliert worden ist, und daß sich alles Fortsetzen, Ergänzen und Wiederholen sinnvoll nur auf das zeigend herausgehobene tertium comparationis, nicht aber auf eine wörtliche Übertragung des ganzen Modells beziehen kann.

7. Noch größere Freiheit und Selbständigkeit erfordert die geistige Erfassung des unaussprechlichen Sinnes im *Gleichnis.* Auch hier ist zwar allemal ein tertium comparationis gegeben, das gesehen, begriffen und beschrieben werden kann. Aber die andere Seite des Vergleichs ragt in

eine Sphäre, die sich begrifflicher Beschreibung wesenhaft entzieht (wenn anders das Gleichnis nicht banal und überflüssig, ein bloßes allegorisches Machwerk sein soll). Der prophetische oder poetische Geist bindet im Gleichnis zwei wesensverschiedene Sphären in eins. Es bedarf einer gewissen Kongenialität, um diese Sprache der Repräsentation des Unsichtbaren im Sichtbaren nachzuverstehen.

8. Man kann die Notwendigkeit des Ergänzens, die allen Formen exemplarischer Repräsentation erst ihren Sinn gibt, auf das Prinzip des *pars pro toto* zurückführen. Es zeigt sich dabei jedoch, daß „pars" und „totum" in verschiedenartiger Relation zueinander stehen. Zwei Grundmöglichkeiten haben zu den heterogenen Formen exemplarischer Repräsentation eine unterschiedliche Affinität. Unter „pars" kann ein *„Fragment"* verstanden sein oder eine *„Episode"*, ein Teil- oder Glied-Ganzes; „pars" und „totum" sind dabei so eng aufeinander verwiesen, daß auch jederzeit „totum pro partibus" stehen kann.

9. Bloße Ergänzung im Sinne von Fortsetzung und Wiederholung reicht jedenfalls nicht aus, um die geistige Welt zu bewältigen. Geistiger Besitzstand läßt sich allein durch kontinuierliches Wachstum und Akkumulation nicht wirklich erweitern. Man muß auch den Sprung ins Neue wagen. Dabei wird die *Analogie* zum Übertragungsprinzip. Sie bleibt zwar als Entsprechung zwischen Verhältnissen, die nicht unmittelbar auseinander abzuleiten sind, für sich genommen bloß illustrativ und ohne Beweiskraft. Sofern sie aber dazu anregt, das kühn Übersprungene rück- oder nachschreitend zu prüfen und einen festen Begründungszusammenhang nachträglich herzustellen, verhilft sie der Entdeckung von Homologien oder von echten Differenzen zum Licht und ist damit für Forschung und Bildung ein heuristisches Prinzip erster Ordnung. Voraussetzung der Verifizierbarkeit ist jedoch allemal das Vorhandensein einer objektivierbaren Vergleichsgrundlage.

Damit sei der Katalog der formalen Möglichkeiten exemplarischer Repräsentation abgebrochen, obwohl man ihn kaum wird als abgeschlossen bezeichnen wollen. Was die bisher entwickelten Kategorien und die logischen Beziehungen zwischen ihnen betrifft, so könnte die Analyse sicherlich noch sehr viel weiter getrieben werden. Doch das mag besonderen Untersuchungen vorbehalten bleiben. Die Grundlinien scheinen deutlich zu sein. Wichtiger als alle begrifflich noch möglichen weiteren Spezifikationen und Systematisierungen wird nun die Prüfung der Tragfähigkeit des Entwickelten angesichts konkreter Gehalte unserer geistigen Welt sein, soweit diese für den Aufbau unserer Schulen von Gewicht sind. In der vorliegenden Arbeit kann das selber nur wieder exemplarisch geschehen.

DRITTER TEIL

Das Exemplarische und die Lehrgehalte der Schule

(Dargestellt am Beispiel der Volksschul-Oberstufe)

Vorbesinnung

Die exemplarischen Kerne für alle Stufen und Disziplinen unseres Bildungswesens deutlich zu machen, kann nicht Aufgabe einer einzelnen Studie sein. Die Didaktik aller Schularten und Fächer arbeitet beständig daran. Wir können hier nur die grundlegenden Geistesbeschäftigungen eines Schultyps und einer Schulstufe herausgreifen, um an ihnen zu demonstrieren, wie sich unsere formalen Kategorien in concreto bei der Bestimmung der exemplarischen Schulinhalte auswirken.

Selbst bei einer derart eingeschränkten Fragestellung darf man von einer theoretischen Besinnung keine endgültigen Lösungen erwarten. Sobald wir in der lebendigen Geisteswelt unserer Zeit nach den „Kernen" suchen, die für das geistige Leben wesentlich und konstitutiv sein sollen, betreten wir den Raum des Wertens und der Entscheidungen. Wir verlassen damit jenen Boden, auf dem es zwingende Sätze von allgemeingültiger Evidenz gibt, und treten ein in ein Gebiet, wo es auf die Überzeugungs- und Werbekraft lebendiger Traditionen oder gelungener neuer Modelle ankommt.

Mit einer wissenschaftlichen Strukturanalyse der „Fächer" allein kommen wir nicht aus. Denn die Fächer selber stehen mit in Frage. Schon die Tatsache, daß es in unserem Bildungswesen überhaupt inhaltlich (nämlich an ihrer Fächerkombination) unterscheidbare Schultypen gibt und daß darum Kämpfe und Debatten geführt werden, – bei denen hier auf Vereinheitlichung und Verminderung der Schultypenzahl, dort auf ihre Erweiterung durch immer neue Konzeptionen gedrungen wird, – schon diese Tatsache macht deutlich, daß unser Schulwesen einschließlich *aller* seiner Fächer, Inhalte und Ziele ein historisches Gebilde ist, dessen Beibehaltung oder Änderung der Mitentscheidung jedes pädagogisch Verantwortlichen anvertraut ist.

Wir werden also weit ausholen müssen, um den Raum abzustecken, innerhalb dessen die Kategorien des Exemplarischen uns eine konkrete Hilfe sein können. Es gibt kein „natürliches System", auf das wir uns dabei zurückziehen könnten. Nicht einmal die „Begabungen", auf deren Niveau oder Richtung man sich in Fragen der Schulorganisation, der Fächeranordnung und Stoffauswahl gerne beruft, sind reine Naturtatsachen[1]. Auch sie werden erst durch Begegnungen geweckt und geformt, die von vielerlei historischen und biographischen Vorentscheidungen abhängen: So können „wissenschaftliche", „technische" oder „altsprachliche" Begabungen nur auftreten in einer Welt, in der es Wissenschaften, Techniken und alte Sprachen gibt und in der sie auch etwas gelten. Sogar die Stufen der geistigen Entwicklung, wie sie von der Jugendpsychologie beschrieben werden, sind nicht naturgesetzlich eindeutig vorausbestimmt. Ganze Phasen des geistigen Wegs, den unsere Kinder einschlagen, hängen von historischen Vorentscheidungen ab, zu denen auch die Schule, ihr innerer Aufbau und ihr pädagogisches Klima gehören. So geht „der" Elfjährige in unserer Kultur durch „die" realistische Phase; wie dieser Realismus aber aussieht, hängt von den paradigmatischen Erfahrungen ab, die der Ort, an dem seine Kindheit spielt, ihm zu sammeln ermöglicht oder auch verwehrt. Die Schule als ein selber dem Kinde gegenüber zu verantwortendes historisches Faktum kann sich also bei der Wahl ihrer Exempla nicht ohne Selbsttäuschung auf die Kindesnatur wie auf etwas Unabänderliches berufen. Meint sie, sich der Natur anzupassen, so paßt sie sich in Wahrheit schon immer einem bestimmten Bilde vom Kinde und seiner geistigen Welt an und damit einem Entwurf und einer Erwartung. Sie prägt selber mit, worauf sie sich gründen möchte[2].

Freilich ist der pädagogische Wille dabei nicht omnipotent. Die Geschichtlichkeit des Bildungswesens wie auch der jugendlichen Individualitäten, mit deren erwachenden eigenen Bildungsintentionen der Pädagoge in einem beständigen Dialog steht, enthält zwar den Appell zu Entscheidungen, die sowohl einzeln als auch in der Kontinuität ihrer geistigen Grundhaltung vor einer übergeschichtlichen Instanz verantwortet werden müssen. Sie besagt aber zugleich, daß wir bei jeder

---

[1] cf. Heinrich Roth: Begabung und Begaben, in: Die Sammlung, VII, 1952, 395–407. Hans Scheuerl: Begabung und gleiche Chancen. Zur Frage der „Startgerechtigkeit" im Schulwesen. Päd. Forschungen, Veröffentlichungen des Comenius-Instituts, Heft 6, Heidelberg 1958.

[2] cf. M. J. Langeveld: Erziehungswissenschaft und Psychologie, in: Die Sammlung, VI, 1951, 236 ff. (wieder abgedruckt in: Studien zur Anthropologie des Kindes, Tübingen 1956).

Entscheidung inmitten eines Stromes historischer Mächte stehen, der sich nicht nach einem Konstruktionsplan von außen leiten läßt, sondern dessen weiteren Verlauf wir nur von innen her im Konsens mit denen, die neben uns sind, zu bestimmen versuchen können.

Aus diesen Zusammenhängen läßt sich die Frage nach den exemplarischen Inhalten unserer Schulbildung weder praktisch noch theoretisch herauslösen, eben weil das Exemplarische wesenhaft ein Relationsbegriff ist und weil beide Seiten dieser Relation – die repräsentierten Bereiche des Geistes wie die personalen Bildungsschicksale der Schüler – ihre eigene Mächtigkeit haben, die zu verstehen wie zu gestalten nur dem möglich ist, der mit ihrem je besonderen historischen Standort vertraut ist.

Exkurs:
Die Stellung der Volksschuloberstufe im Gesamtgefüge des Schulwesens

Treten wir nun ein in die Problematik der Volksschulbildung, so wird sogleich deutlich, daß deren Inhalte wie die jedes anderen pädagogischen Wegs in Auswahl und Rangordnung verschieden aussehen, je nachdem, welche Bildungs- und Erziehungsaufgaben sich dieser Schultyp als Ganzer vorsetzt oder von der Öffentlichkeit übertragen läßt:

(1) Man kann die Volksschule auffassen und organisieren als die *Hauptschule* für die Bevölkerung in ihrer ganzen Breite, für Kinder *aller* Begabungsarten und Intelligenzhöhen[1]. Nur ein relativ kleiner Prozentsatz von Kindern besucht daneben andersgeartete Schulen mit zusätzlichen Spezialzielen (vielleicht 15-20%, die sich auf die Hochschulreife vorbereiten oder ein gesteigertes technisches Bildungswesen durchlaufen). Grundidee einer so verstandenen Volksschule wäre es, Schule des Volkes, nämlich der Kulturnation, des Kirchen- und Staatsvolkes zu sein und für eine allen Berufsgliederungen gemeinsame grundlegend-allgemeine Volksbildung zu sorgen[2].

(2) Man hat sodann versucht, das Bildungsprogramm der Volksschule auf einen *Begabungstypus* zuzuschneiden, der innerhalb der sozialen Struktur unserer industriellen Gesellschaft von der Wirtschafts- und Arbeitswelt in großer Zahl gebraucht, erwartet und damit auch erzeugt wird: auf den „praktisch", d. h. im wesentlichen auf industrielle, handwerkliche, gewerbliche, bäuerliche oder pflegerische Tätig-

---

[1] cf. Unabhängige Kommission für das Hamburger Schulwesen: Gutachten über die Volksschule, Hamburg, den 9. Mai 1956.

[2] cf. Wilhelm Flitner: Die vier Quellen des Volksschulgedankens, 3. Aufl., Stuttgart 1954.

keiten eingestellten Menschentypus. Von ihm unterscheidet man die „theoretischen" und die „technischen" Begabungen, die ebenfalls bestimmten Berufs- und Lebensplänen zuzuordnen sind und auf dem Weg über andere Zweige des Bildungswesens hervorgelockt und entfaltet werden. Daß es sich hierbei nicht um eine gleichsam „prästabilisierte Harmonie" zwischen Naturbegabungen und Lebensplänen handelt, sondern um biographische Schicksale, und daß jeder Versuch, eindeutige Zuordnungen zwischen Naturanlagen und Schulzweigen herzustellen, nur zu Illusionen führen kann, ist dem historischen Bewußtsein deutlich. Es konnte jüngst auch durch eine empirisch-statistische Untersuchung bestätigt werden[1]. Das Verhältnis zwischen den Schülerfrequenzen der Schulzweige verschiebt sich: Entsprechend der sozialen Struktur unserer modernen Berufswelt wollen nur etwa zwei Drittel der Kinder den auf ihre „praktischen" Gaben und Interessen zugeschnittenen Weg einschlagen, während bei der grundsätzlichen Gleichwertigkeit aller drei Bildungswege der Anteil der „technischen" und „wissenschaftlichen Oberschüler" mit der Erschließung der entsprechenden Begabungen und Berufsaussichten in allen Bevölkerungsteilen wächst. Die Bezeichnung „Volksschule" verliert in diesem Konzept als Name für einen Schultyp oder -zweig ihren konkreten Sinn, weil ja auch Techniker und Akademiker zum „Volk" (als Sprachnation wie als Staatsvolk) gehören; statt dessen könnte nun die Gesamtheit des öffentlichen Schulwesens „Volksschule" genannt werden, sofern sie noch eines besonderen Namens bedürfte[2].

(3) Eine dritte Auffassungsmöglichkeit ist die, daß man den Volksbegriff im Gegensatz zum Begriff der Elite versteht, als „populus" im Gegensatz zu den „honoratiores". Dann ist die Volksschule verstanden als das, was sie am Beginn ihrer Geschichte für lange Zeitläufte tatsächlich war und mancherorts heute noch faktisch ist: eine Maßnahme der *Fürsorge* für das „einfache Volk", eine Armenschule[3], eine Schule für den *Rest* derer, die übrigbleiben, wenn alle für weiterführende

---

[1] cf. W. Pleger: Die Verteilung der praktisch begabten Schüler auf verschiedene Schulzweige, Berlin 1954.

[2] So sah in Hamburg das Schulgesetz von 1949 die Namen „Praktische", „Technische" und „Wissenschaftliche Oberschule" („P. O.", „T. O." und „W. O.") vor und behielt den Namen „Allgemeine Volksschule" zur amtlichen Benennung des gesamten staatlichen Schulwesens mit Ausnahme der Fach- und Hochschulen bei. In Berlin spricht man von „Oberschulen des Praktischen, Technischen und Wissenschaftlichen Zweiges („P. Z.", „T. Z." und „W. Z.").

[3] cf. Eduard Spranger: Zur Geschichte der deutschen Volksschule, Heidelberg 1949.

Schulen Geeigneten und Interessierten ausgelesen sind. Jeder, der nur irgendeinen Ehrgeiz und die Möglichkeit hat, seinen Kindern eine „höhere" Bildung zu öffnen, wird sie, wo eine solche Auffassung dominiert, dieser Schule des minderen Ansehens den Rücken kehren lassen. Aber immer noch werden mehr als ein Drittel, vielleicht sogar die Hälfte aller Kinder in ihr verbleiben müssen, wenn auch in dieser Vorstellung von Volksschule zugleich die Tendenz mit angelegt ist, ein reich ausgebautes Mittel- oder Realschulwesen zur eigentlichen Hauptschule für jene breiten Volkskreise werden zu lassen, die in die „gelernten" Berufe in Industrie, Handwerk, Handel, Gewerbe, Landwirtschaft oder im pflegerischen Betätigungskreis sowie in die unteren und mittleren Verwaltungsberufe streben[1].

Keines dieser drei typisierten Bilder beherrscht die Wirklichkeit unserer heutigen Volksschule ausschließlich. Die Tendenzen vermischen sich vielmehr mannigfach, wobei sie sich befehden, ergänzen oder auch gegenseitig verwirren können. Die unglücklichste Vermischung ist wohl diejenige, die den Gegensatz der Grundvorstellungen einfach ignoriert und die linke Hand nicht wissen läßt, was die rechte tut: In den Präambeln von Schulgesetzen und Lehrplänen wie auf Festreden bekennt man sich dann zwar zu einem der beiden ersten Konzepte, in der Praxis des Berechtigungswesens und des Unterrichtsalltags selbst nimmt man sich aber rechenschaftslos die dritte Auffassung zur Richtschnur. Eine solche Verquirlung der Motive kann nur zu Resignation oder Zynismus führen und damit jedes pädagogische Ethos zerstören. Daß aber auch die Auffassung von der Volksschule als „Rest"-Schule, die mehr als die beiden anderen Konzepte einem sogenannten „Zug der Zeit" und einer Trägheit des Herzens entgegenzukommen scheint, pädagogisch positiv bewältigt werden kann, hat jüngst wieder Karl Stieger mit dem Modell seiner Primarschule in Rorschach gezeigt[2]. Dabei ergänzen sich die Auffassungen (2) und (3), indem die Geistesbildung für diese sozial gefährdeten und vernachlässigten Kinder von der Werktätigkeit her aufgebaut wird, diese Werktätigkeit allerdings nicht verstanden wird als einem Begabungstyp zugehörig, sondern als allen gesunden Menschen und damit auch den schulisch Unbegabtesten erschließbar und förderlich. Auf der andern Seite steht der Plan einer solchen Restschule freilich in Spannung zum ersten Konzept. Man muß sich entscheiden, ob man schulpolitisch auf eine Hauptschule hinwirken

[1] Eine entsprechende Analyse der Situation legt Karl Stieger (Unterricht auf werktätiger Grundlage, Olten/Schweiz und Freiburg i. Br. 1951) seinem Schulversuch im Kanton St. Gallen zugrunde.

[2] Karl Stieger, l. c.

will, die einen von sozialen und geistigen Unterschieden möglichst unabhängigen Reichtum an Begabungsrichtungen und -höhen enthält, oder ob man für die auf je besonderen Wegen Förderungswürdigen wie Förderungsbedürftigen verschiedengeartete Schulen je eigenen Stils wünscht.

Eine gewisse Ausgleichsmöglichkeit deutet sich an, wenn man einerseits in dem Hamburger Gutachten, dem eine breite Hauptschule vorschwebt, den Vorschlag findet, „auch der Volksschule das pädagogische Mittel der Verweisung von der Schule in die Hand (zu) geben", indem „für disziplingefährdende Schüler", die ja in der Regel auch die geistig Uninteressierten und sozial Vernachlässigten sind, „die Einschulung in Sonderklassen ins Auge gefaßt würde"[1]; und wenn man anderseits in allen industrialisierten Ländern (einschließlich des sowjetischen Einflußbereichs) die Tendenz zu einer Funktionssteigerung und Anhebung der Volksschulbildung auf Mittelschulniveau beobachten kann[2]. Eine mögliche Konsequenz hieraus wäre die Schaffung einer breiten Hauptschule der Volksbildung, die einen mittelschulartigen „Oberbau" oder entsprechende Kurse innerhalb ihres eigenen Hauses besäße, die zugleich aber auch so vielseitig und reich mit Werkstätten, Küchen, Sammlungen und Arbeitsmitteln ausgestattet wäre, daß auch der realiter in ihr immer mit vorhandene „Rest" der geistig Fürsorgebedürftigen ohne soziale Deklassierung zu seinem Recht kommen könnte. Dabei brauchte der Stilunterschied, der sich aus den drei Ansätzen ergibt, nicht verwischt zu werden, sondern er könnte innerhalb der Mauern dieser Schule deutlich bleiben. Die Reformpädagogik des In- und Auslands hat für die hierzu notwendigen Differenzierungen (der ganzen Schule wie der Klassen- und Gruppenarbeit) vielerlei geglückte Modelle entwickelt. Man darf nur nicht aus dem Auge verlieren, daß grundlegende Volksbildung (1), Förderung typischer Begabungen (2) und Fürsorge für geistig Vernachlässigte (3) heterogene Motive von verschiedener Tragfähigkeit sind, von denen zwar jedes einen Ansatz bietet, aus dem sich die Gesamtproblematik der Volks-

---

[1] Unabhängige Kommission für das Hamburger Schulwesen: Gutachten über die Volksschule, Hamburg, d. 9. Mai 1956, vorletzter Absatz. – In der Hamburger Lehrerzeitung (X, Nr. 4 vom 25. 2. 1957) wurde auch die Möglichkeit diskutiert, diese schulmüden und disziplingefährdenden Jugendlichen, die häufig durch Sitzenbleiben auch überaltert sind, von der Teilnahme am 9. Schuljahr auszuschließen, indem man sie aufgibt und vorzeitig abschult.

[2] cf. Erich Weniger: Volksschule und Erziehungswissenschaft, in: Z. f. Päd., III, 1957, 16 f.

schule entfalten läßt, keines für sich aber diese Gesamtproblematik selbst schon erschöpft. Am umfassendsten dürfte immer noch das erste Konzept sein.

Eine andere Stilfrage, die für Auswahl und Anordnung der Inhalte nicht irrelevant bleibt, ist die, ob man die Übergänge von Stufe zu Stufe ausgleichend mildern oder durch einen jeweils deutlichen Stilwechsel betonen möchte. Konkret heißt das: sollen Grundschule und Volksschuloberstufe eine möglichst kontinuierliche Einheit bilden, die sich als Ganzes von der frühkindlichen Stufe wie von der Berufslehre und den anderen Schultypen möglichst deutlich abhebt[1], oder soll man mehr die Altersphasen als in sich zentrierte Einheiten auffassen und durch einen je besonderen Schulstil nicht nur berücksichtigen, sondern noch betonen[2]? Zwischen beiden Prinzipien herrscht dialektische Spannung, und zwar auf *jeder* Stufe der Entwicklung: Ich kann nicht den Kindergarten in die Schule hinein verlängern, ohne daß dann beim Zehn- oder Elfjährigen ein deutlicher Stilwechsel notwendig wird. Und ich kann nicht den Stil der Volksschuloberstufe dem der Grundschule angleichen, ohne damit zugleich den Kontrast zur Berufslehre zu verstärken, und vice versa. *Beide* Prinzipien, die Initiation in einen je neuen, durch einen deutlichen (oft weihevollen) Schritt markierten Lebensabschnitt und der behutsame Ausgleich, der danach trachtet, Brüche zu meiden, erzeugen für jede Schulstufe ein Spannungsfeld, das nicht einseitig verkürzt werden sollte. Indem wir von „Stufen" sprechen, gebrauchen wir ein sprachliches Bild, das diese Doppelheit glücklich in eins nimmt: Jede Stufe ist zugleich eine eigene Ebene und ein Übergang.

Freilich sind Wortbilder immer nur angemessen in einer Hinsicht, und unter anderen Gesichtspunkten werden sie schief. So können sich die Geistesverfassungen verschiedener Altersphasen auch streckenweise begleiten und gegenseitig überlappen, eine Erfahrung, die im Bilde der Stufe nicht mit ausgedrückt ist. Als eine solche Überschneidungszone geistiger Grundverhaltensweisen ist die Epoche des 5. und 6. Schuljahres bekannt. Es gibt hier den Streit, ob man sie noch zur Grundschule rech-

---

[1] cf. etwa Erich Hylla, in: Die Oberstufe der Volksschule, hg. im Auftrage des Zentralinstituts f. Erziehung und Unterricht von Erich Hylla und Stephan Konetzky, Langensalza-Berlin 1931, 7 ff.

[2] So ist es das Prinzip in den von Hermann Lietz begründeten Landerziehungsheimen (cf. H. Lietz: Dt. Landerziehungsh., Grundsätze und Einrichtungen, 1917. – E. Meißner: Die dt. Landerziehungsheime, in: Hdb. d. Päd., hg. v. H. Nohl und L. Pallat, IV, 1928, 325 ff.). Eine Synthese von einheitlichem Gesamtschulleben und einprägsamen Stilunterschieden zwischen den Altersphasen hat Peter Petersen in seinem „Jena-Plan" entwickelt (cf. Der kleine Jena-Plan, 18.-20. Aufl., Braunschweig 1951).

nen solle oder schon zur „Oberschule" (dieser Ausdruck in dem Sinne der angelsächsischen „Secondary Education" verstanden). Organisatorisch-gesetzgeberische Lösungen können da sehr einfach und einseitig sein, während doch das Eigene dieser Stufe gerade darin besteht, daß sie nach Erreichung der „eigentlichen Schulfähigkeit"[1] doch noch eine ausgesprochene Schule der Kindheit bleibt[2] und damit ein „zweistimmiges" Unterrichtsverfahren[3] erfordert.

Eine zweite solche Überschneidungszone ist dann die Zeit der Berufsfindung und Berufswahl vor dem Abschluß der Schulzeit. Auch hier kann man weder einen Schnitt machen, beiderseits dessen jede Seite nichts von der andern weiß, noch kann man so tun, als sei das Jugendleben ein geradliniges Kontinuum, innerhalb dessen sich die Schule in die Berufslehre hinein und die Lehre rückwärts in die Schule herab ohne Einschnitt und Stilwandel einfach fraglos fortsetzen ließe. Auch hier also das Erfordernis einer „Zweistimmigkeit".

Zwischen beiden Überschneidungszonen gilt es, das inhaltlich Eigene der Volksschuloberstufe zu bestimmen.

Schulinhalte und Schulfächer

Gehen wir einerseits davon aus, daß die Volksschule die Hauptschule des Volkes sei, – also von jener ersten Konzeption, die den beiden andern gegenüber den Vorteil hatte, umfassend genug zu sein, um auch deren Grundanliegen in sich aufnehmen zu können, – und sehen wir in ihr anderseits die Schule für jene Epoche der reiferen Kindheit, die zwischen der Erlangung der „eigentlichen Schulfähigkeit" und dem Eintritt in die Berufslehre liegt, so ist damit schon ein Kreis abgesteckt, der bestimmte Inhalte fordert und andere ausschließt:

Volksbildung ist mehr als Förderung spezifischer Begabungen. Erst recht ist sie mehr als Brauchbarmachung für einen Kreis von Funktionen in der Arbeitswelt oder im Staatsapparat. Trotz aller Technisierung und Verwissenschaftlichung unserer Kultur ist sie auch etwas anderes als eine durch vorzeitigen Abbruch verkürzte oder durch nachträgliche Popularisierung verdünnte Fach- oder Gelehrtenbildung.

---

[1] cf. Aloys Fischer: Der Geist der Grundschulerziehung, in: Päd. Zentralblatt, VI, 1926, 241-254.

[2] cf. Heinrich Roth: Der Elfjährige und die Schulreform, in: Die Sammlung, IV, 1949, 562-574.

[3] Unabhängige Kommission für das Hamburger Schulwesen: Gutachten über die Grundschule und den Übergang in die weiterführenden Schulen, Hamburg, d. 28. Juni 1955, Abschn. A, I.

Vielmehr bildet sie – wenn der Satz wahr ist, daß der Geist auf jeder Stufe komplett sei – einen eigenen Zyklus grundlegender Geistesbetätigungen, die aller Spezialisierung und wissenschaftlichen Reflexion vorausgehen. Ihre Aufgabe sollte dabei weder romantisiert noch pragmatisch verkürzt werden. Jeder Blick auf die heutige Wirklichkeit kann so gut wie Statistiken und „Tatsachenforschungen" zeigen, daß es mit der Verwirklichung einer solchen volkstümlichen Bildung im argen liegt, ja daß die große Masse der von Popularisierungsideen beherrschten Publikationsmittel durch ihre strukturlose Allerweltsorientierung einer in sich gegründeten Volksbildung sogar eher abträglich als förderlich ist. Um so dringender ist inmitten dieses Überangebots von beziehungslosen Wissensfragmenten die Forderung an die Schule, Exempla zu geben und ein Gefüge von Kategorien aufzubauen, mit deren Hilfe sich jedermann in der „Reizüberflutung" unseres „feuilletonistischen Zeitalters" zurechtfinden, auf das Wesentliche seiner Lebensführung besinnen und in die gestaltlose Menge der Anregungen und Eindrücke Struktur bringen könne.

Wie aber soll diese Struktur aussehen? Woraus besteht dieser Zyklus der grundlegenden Kategorien, auf die das Exemplarische der Volkserziehung und -bildung bezogen werden müßte?

W i l h e l m F l i t n e r hat in seiner für die Theorie der Volksschule grundlegenden Untersuchung über „Die vier Quellen des Volksschulgedankens" vier historische Impulse deutlich gemacht, aus denen die Volksbildungsidee ihre inhaltliche Fülle gewann: Erstens den spätmittelalterlichen Elementarschulgedanken, der den Anstoß gab, die Künste des *Lesens, Schreibens* und bürgerlichen *Rechnens* im Volk zu verbreiten; zweitens die Kirchenreformen des 16. Jahrhunderts, die in Reformation wie Gegenreformation auf eine Art *„Laientheologie"*, auf katechetisches Verständnis und liturgisches Können bei jedermann hinwirkten; drittens die Reformdidaktik des 17. und 18. Jahrhunderts, die angesichts der sich konstituierenden exakten Wissenschaften, der rationalistischen Philosophie und der Aufklärungsbewegung, aber auch angesichts eines neuen Staats- und Verwaltungswesens wie einer neuen industriösen Wirtschaftsform kunstvolle *Sprachlehre und -übung* in der Muttersprache ebenso wie zergliedernde *Sachkunde*, Grundlagen *mathematischen Denkens* ebenso wie Grundübungen rationeller *Werkfähigkeit* methodisierte und zum Bildungsprogramm für jedermann erhob; schließlich viertens den Impuls, der aus der Kritik an der Aufklärungsbewegung geboren wurde und sich – der Grenzen des Rationalen schon innegeworden – auf die *vorrationalen Geistesbetätigungen* besann, wie sie im Geist der Nationalsprachen, in Volkserzählungen und Volksliedern, in *Dichtung* und *Geschichte*, laientümlichen *Künsten* und heimatlicher *Gesittung* ihren Ausdruck finden[1].

Durchdrungen und umschlossen vom Erziehungsgedanken, dessen Ethos unsere pädagogischen Klassiker dargetan und für dessen Verwirklichung viele Reformer des Schulwesens in unserem Jahrhundert gültige Wege gewiesen haben, scheinen die Inhalte, die durch diese vier Impulse erschlossen sind, einen Kreis zu bilden, dem bei aller Historizität seiner Ursprünge doch „eine gewisse Vollständigkeit in anthropologischer Hinsicht" zugesprochen werden darf, da in ihm „alle wesentlichen Seiten des Geisteslebens" angesprochen sind[2]. Flitner sagt: „Zu den vier inhaltlichen Quellen wird schwerlich eine weitere hinzukommen, man wird eher besorgt sein müssen, daß der schon erschlossene Inhalt nicht zusammenschmelze"[3].

Durch diese „Vollständigkeit in anthropologischer Hinsicht" sind einerseits „alle Organe des Geistes" angesprochen: Übungen des Leibes wie Geschicklichkeiten der Hand, die Kunst der Rede wie des Gesangs, stille Lektüre wie darstellendes Spiel, Meditation wie geselliges Gespräch und gesittetes Betragen. Zugleich entspricht ihr aber auch eine „Vollständigkeit der kulturellen, objektiven Überlieferungen": Schrifttum und Wissen, Geschichtserinnerung, Künste und Spiele, Traditionen der Werkfähigkeit wie des Gemeindelebens haben in dieser Enzyklo-Pädie ihren Ort[4]. Alle großen öffentlichen Gemeinschaften, die als „Bildungsmächte" auftreten, tragen zur Entstehung und zum Gleichgewicht dieses Zyklus bei, obwohl oder gerade weil ihre Gegensätze nicht zu einem spannungslosen Zustand harmonisierbar sind und das Erfahren der Spannungen selber mit zur Bildung gehört: Der aus der Schule entlassene junge Mensch wird *zugleich* Bürger seines Staats, Glied seiner Kirche, Organ eines Wirtschaftsprozesses und freie Person in der Sprachgemeinschaft seines Volkes sein müssen und damit die Gegensätze zwischen Staat, Kirche, Wirtschaft und freier Geselligkeit in sich selbst auszutragen haben[5].

Die „Vollständigkeit" des Kanons der Bildung betrifft also nicht bloß psychische Funktionen (als didaktischer Formalismus) und nicht

---

[1] Wilhelm Flitner: Die vier Quellen des Volksschulgedankens, 3. Aufl., Stuttgart 1954, 105 ff.

[2] cf. ib., 110.

[3] ib., 125.

[4] cf. ib., 112.

[5] cf. ib., 107 ff.; Flitner verweist hier auf Schleiermachers Theorie der Volksschule, wie sie in dessen Vorlesungen aus dem Jahre 1826 im 2. Teil entwickelt worden ist.

festgelegte Unterrichtsstoffe (als didaktischer Materialismus), sondern sie meint kategoriale Grunddimensionen des wirklichen (subjektiven wie objektiven) Geisteslebens. Hier ist das Bezugssystem zu suchen, dem alle Exempla sich zuordnen müssen.

Schon die Auswahl der Schulfächer selbst, die sich daraus ergibt, muß exemplarisch für die Gesamtheit des geistigen Lebens sein:

Sprachunterricht führt ein in das Medium menschlicher Kommunikation schlechthin. Er führt ein; ob und wie weit er über dieses Medium auch reflektieren soll, ist eine eigene Frage. Seine *Lektüre* ist gerichtet auf Genuß und Verständnis von Werken der Dichtung wie der Prosaliteratur als „Organen des Lebensverständnisses".

Rechnen und Mathematik sind in ihren elementaren Formen brauchbare Künste zur Bewältigung der Wirklichkeit; sie sind aber auch ein Bereich logischer Spiele, die, wo es nur einige Male gelingt, sie um ihrer selbst willen zu spielen, eine Möglichkeit des Geistes offenbaren, die sonst nirgendwo in solcher Reinheit erfahrbar ist.

Sachunterricht, Welt- und Lebenskunde führen ein in die materialen und räumlichen Dimensionen der Welt, geben Kunde von deren Reichtum und Vielfalt: Steine und Sterne, Pflanzen und Tiere, Länder und Völker, aber auch die gemachten Dinge, Geräte und Werkzeuge, das Reich der Technik und die Ordnungen unseres Zusammenlebens gehören hierher. Sodann die *Geschichte* als erzählte Erinnerung der Generationen, die die zeitliche Dimension erschließt: Unsere Welt als eine gewordene, deren vergangene Schicksale noch wirken, als Kontinuum, in dem wir selber darinstehen.

Religionsunterricht und religiöser Geist des Schullebens bereiten vor und begleiten (oder müssen ersetzen) das Leben in der Gemeinde; sie repräsentieren jenen Geistesbereich, der durch alle anderen letztlich hindurchscheint, indem er sie transzendiert.

Musische Übungen pflegen kindgemäß-laientümliche Künste und Spiele, in denen die ästhetische Dimension der Welt ihre Spiegelung erfährt: Gesang und einfaches Instrumentalspiel, Gymnastik und Tanz, Rezitation und darstellendes Spiel, bildnerisches Gestalten und betrachtendes Verstehen; Pflege des Ausdrucks wie der stillen Empfänglichkeit.

Werktätigkeiten üben im Klassenzimmer wie in der Holz- und Montagewerkstatt, in der Küche, der Nähstube wie im Schulgarten das „Denken der Hand" und das dazugehörige Werkethos; unausgesprochen ist in ihnen eine Sachkunde wie eine Ästhetik in nuce enthalten, die sich methodisch zum „Einstieg" in andere Geistesbeschäftigungen nutzen läßt.

Gesamtunterricht als freies Gespräch in dem Sinne, wie ihn Berthold Otto entwickelt hat[1], sollte einen festen Platz im Bildungsplan für alle Schüler erhalten. Denn einmal sind Diskutieren- und Zuhörenkönnen in unserer demokratischen Gesellschaftsordnung eigens zu übende Künste, die sich bei uns öffentlich nicht von selbst verstehen und doch nicht entbehrt werden können. Sodann ist das freie, laientümlich philosophierende Gespräch auch der einzige Ort, an dem im Zyklus der Schulbeschäftigungen bestimmte Inhalte zu ihrem Recht kommen, die einerseits zu bedeutsam sind, um von der Schule ignoriert werden zu dürfen, die anderseits aber doch zu schulfremd, zu wenig dicht oder zu speziell sind, um eigene Lehrgänge begründen oder in schon bestehende einbezogen werden zu können: Fragen aus dem Alltag der Kinder und ihrer Familien, dem Rechts- und Verkehrsleben, aus Tages- und Weltpolitik, Wirtschaft, Presse, Film, Theater und Funk, unzählbare Ansätze zu exemplarischer Deutung der Welt und des Lebens, die im Gefüge der Schulfächer sonst nirgendwo eine Heimstätte finden[2].

Mit alledem dürfte ein Kreis geschlossen sein, dem kein Sektor fehlt, obwohl doch vieles, was in der Welt der Erwachsenen bedeutungsvoll oder auffällig ist, nur keimhafte Andeutungen findet. Denn bei aller Vollständigkeit schließt die Hauptstufe der Volksschule doch auch bestimmte Inhalte aus: Ist sie doch einmal eine Schule der *Kindheit* und sodann Stätte einer *Grundbildung allgemeiner Art*, also noch nicht der Fachpropädeutik! Ihr „Eigengeist" besteht, wie Eduard Spranger es ausgedrückt hat, darin, „die pädagogische Brücke" zu sein zwischen den häuslich und heimatlich verschiedenen „Eigenwelten" unserer Kinder und „der einen maßgebenden Kulturwirklichkeit"[3]. So steht sie noch *vor* der Auffächerung in spezielle Berufs- und Begabungsinteressen oder gar in wissenschaftliche Fachdisziplinen, ist zugleich aber als

[1] Berthold Otto: Beiträge zur Psychologie des Unterrichts, Leipzig 1903. – Derselbe: Lehrgang der Zukunftsschule, 2. Aufl. Berlin 1912. – Gertrud Ferber, Bethold Ottos päd. Wollen und Wirken, Langensalza 1925. – Heinz Fischer: Das freie Unterrichtsgespräch, Braunschweig 1955.

[2] Hierher gehören auch alle fakultativen Kurse, die neben dem allgemeinverbindlichen Zyklus ein besonderes Können vermitteln (Buchbinden, Fotografie, Maschinenschreiben oder Stenografie, aber auch fremdsprachliche Kurse, an denen nicht alle Kinder teilnehmen). Durch die erlebte Intensität freiwilligen Arbeitens können sie auf den gesamten Zyklus der Geistesbetätigungen befruchtend zurückwirken, weshalb eine Vertiefung solcher Art wenigstens an irgendeiner Stelle für jeden Schüler wünschenswert wäre.

[3] Eduard Spranger: Der Eigengeist der Volksschule, Heidelberg 1955, S. 13.

Grund-Bildung und *Vor*-Lehrzeit[1] doch methodisch wie inhaltlich schon ganz allgemein auf die typischen Berufswelten hin orientiert, die die Volksschulabgänger erwarten. Nur bilden diese Berufswelten, die den Frisörladen so gut wie die Landarbeit, den Platz an der Drehbank so gut wie die Säuglingspflege umfassen, einen so breiten Ausschnitt aus der gesamten Berufswirklichkeit, daß sich jede spezialistische Verengung vor dem Eintritt in die eigentlichen Lehr- oder Anlernzeiten von selber verbietet. Es kann sich immer nur um eine allgemeine Zuordnung zu typischen Berufswelten im ganzen handeln. Selbstverständlich können und sollen dabei auch spezielle Interessen, wo immer sie sich zeigen, von der Schule aufgenommen, gefördert und angeregt werden; aber nicht weil sie speziell, sondern weil sie Interessen sind und damit auch immer einen „Einstieg" in den *einen* Kosmos des Geistigen bedeuten können.

Sprangers Bild von der „Brücke", die die „Eigenwelten" der Altersstufen, Volksgruppen und Heimatkreise mit der „maßgeblichen Kulturwirklichkeit" verbindet, lehrt allerdings auch, daß es nicht darauf ankommen kann, die „Eigenwelten" aufzulösen oder abzustreifen. Vielmehr bedürfen sie weiter der Pflege und Stärkung. Auf die Kommunikation zwischen ihnen und der einen allgemeinen Geisteswelt kommt es an: „Es liegt im Wesen einer Brücke, daß man sie in zwei Richtungen beschreiten kann"[2], daß sie also nicht trennt, sondern verbindet. Der *eine* Kosmos des Geistes selbst bliebe unvollständig, wäre er nicht für jedermann zentriert in seiner „Eigenwelt", in der Welt seiner „nächsten Beziehungen" (Pestalozzi), einer Welt, die immer schon zyklisch ist und das Grundschema der Dimensionen enthält, die sich später spezialisieren lassen.

Das Verhältnis zwischen geistigem Zyklus und Spezialität ist also ein dialektisches: Aus einer Gesamtorientierung in der kindlichen „Eigenwelt" der Grundschulstufe gliedern sich „Aspekte" aus, die, um in ihrer Besonderheit und Konsequenz erfaßt werden zu können, eigene Lehrgänge erfordern. Aber diese Lehrgänge und Lehrgangsbündelungen, die man gewöhnlich „Fächer" nennt, sind nicht einfach die nach unten verlängerten Fachdisziplinen aus der Welt der Erwachsenen, also der Wissenschaft, der Technik oder der Arbeitswelt, sondern Glieder einer immer noch vorwissenschaftlichen und vorberuflichen kind-

---

[1] „Pré-apprentissage" nennt diese Funktion der Schule Adolphe Ferrière: L'école active (1920), deutsch: Schule der Selbstbetätigung oder Tatschule, Weimar 1926. – cf. auch Flitner, l. c., 137 f.

[2] E. Spranger, l. c., 13.

lichen Gesamtbildung. Daß man sie vielfach – der Bequemlichkeit halber – noch mit gleichen Namen benennt wie wissenschaftliche Disziplinen (Physik, Chemie, Biologie, Geographie, Kulturgeschichte u. ä.), ist verwirrend; denn es geht um Geistesbetätigungen, die den speziellen Fächern nicht nur einzeln, sondern gerade in ihrer Gesamtheit als unteilbarer Zyklus vorausgehen wie zur Seite stehen müssen, wenn ein gewisses gemeinsames geistiges Niveau der Volksbildung erreicht und erhalten werden soll. Übrigens haben auch Mittelschulen und Gymnasien diese gleiche Volksbildungsaufgabe, und was Eduard Spranger über den „Eigengeist" der Volksschule sagt, gilt analog für die Grundbildung der späten Kindheitsstufe in allen Schultypen[1].

Die notwendige Abgrenzung der grundlegenden Bildung gegen die spezielle Berufsvorbereitung oder Fachgelehrsamkeit ist freilich nur die eine Seite des Fächerproblems. Es gibt auch eine Grenze zum „Gesamtunterricht" hin, und zwar sowohl zum heimatkundlichen Gesamtunterricht der Grundschule, aus dem sich unser Zyklus herausdifferenziert, wie auch zu dem Unterrichtsprinzip der sogenannten „Lebenseinheiten", die, weil sie organisch sein sollen, angeblich keine gefächerte Betrachtung zulassen[2]. Aus der richtigen Einsicht, daß Volksbildung nicht einfach verkürzte oder verdünnte Gelehrten- oder Spezialbildung sein und ihr daher eine Aufspaltung in quasi-wissenschaftliche Fächer nicht gerecht werden könne, verfällt man hier in das Gegenextrem, alles immer und überall in seinen „organischen" Zusammenhängen belassen zu wollen. Wäre man wirklich konsequent, so würde man auf diese Weise niemals vom Stofflichen los- und zu einem thematischen Gegenstand oder gar Lehrgang hinkommen können[3]. Wenn es fundamentale Aufgabe der Schule ist, der Jugend durch methodische Kunst die Fülle der Welt lesbar zu machen, indem man ihr zu exemplarischen Grunderfahrungen der Orientierung und Lebensbemeisterung verhilft, dann kann der Zyklus der Schulinhalte in seinen Hauptdimensionen und deren Wechselspiel gar nicht deutlich genug akzentuiert sein. Das heißt

---

[1] cf. W. Flitner, l. c., 101 f.

[2] Neben dem Leipziger Lehrerverein der zwanziger Jahre ist ein Hauptvertreter dieses Unterrichtsprinzips Wilhelm Albert: Grundlegung des Gesamtunterrichts, Leipzig 1928. In seiner enthusiastischen und polemischen Schrift „Jenseits der Fächerung" (Habelschwerdt 1922, S. 3) sagt er bezeichnend für diese ganze Richtung: „Das Volk kennt keine Fächer, weil es im Leben steht, und Leben ist nicht in Fächer geteilt, weil es organisch ist ..." – cf. auch Karl Seiler: Gesamtunterricht im Neubau der Schule, Stuttgart 1950.

[3] cf. Max Reiniger: Die Erneuerung der Volksschuloberstufe, Langensalza 1932, 43 f. und 62.

aber: Es kommt nicht auf die Einheit irgendwelcher noch so organischer Stoffe an, sondern auf die Einheit konsequenter, zur Entschlüsselung der Welt brauchbarer und jedermann verständlicher Aspekte, die sich innerhalb der „Eigenwelten“ und über die „Eigenwelten“ hinaus bewähren: Staunende Kontemplation angesichts dessen, was *ist*, erzeugt schon innerhalb des kindlichen Geistes ein anderes Verhalten und andere Ordnungen in der dinglichen Welt als planendes Überlegen und Versuchen, wie man etwas *macht*; der Unterschied zwischen wissenschaftlichem und technischem Aspekt zeigt sich schon hier, lange bevor noch von „Wissenschaft“ oder von „Technik“ im eigentlichen Sinne die Rede sein kann. Hinhörendes Vernehmen von Geschichten und Geschichte, Offensein für die Welt der Bilder und Bedeutungen sind wiederum eigene Stilformen geistigen Lebens. Die Reihe ließe sich fortsetzen und weiter differenzieren. Und jeder der Aspekte ist für eine Art von Gegenständen konstitutiv, erzeugt seine eigene Gegenstandswelt, die mit der benachbarten oft nur durch vordergründige Wortgleichungen verbunden ist (so ist „Wald“ oder auch „unsere Stadt“ unter jedem der Aspekte etwas anderes). Das exemplarische Verfahren zwingt hier zum Farbebekennen.

Ist man sich über die Aspekte im klaren, für welche auf der Schule eines Typs und einer Altersstufe die Exempla zu suchen sind, so bleibt die Frage nach Gesamt- oder Fachunterricht eine Sache organisatorischer und methodischer Praxis. Daß sie dann keine strenge Alternativfrage mehr ist, sondern mannigfach lebendige Stilvariationen nicht nur gestattet, sondern auch fordert, dürfte sich verstehen: Zwischen dogmatischem Gesamtunterricht und schematischer Fächertrennung wird vor allem das System des von fachlichen Kursen begleiteten Kern- oder Blockunterrichts[1] eine brauchbare organisatorische Lösung sein, welcher didaktisch die Gliederung der Lehrinhalte in konzentrierte „Epochen“ und fortlaufende Übungen entspricht[2].

Es liegt auf der Hand, daß das exemplarische Prinzip des „Ein für allemal“ zum Epochenunterricht eine größere Affinität hat als zu der

---

[1] Verwirklichungen finden sich etwa bei *Peter Petersen* (Der kleine Jena-Plan, 18.–20. Aufl., Braunschweig 1950) oder bei *Karl Stieger* (Unterricht auf werktätiger Grundlage, Olten/Schweiz und Freiburg i. Br. 1951, 63 ff.).

[2] Zum Prinzip des Epochenunterrichts cf. F. X. *Eggersdorfer*: Jugendbildung (5. Aufl. München 1950, 107 und 126 ff.). – *Huber-Prestel*: Unterrichtsführung und Unterrichtsgestaltung in den Volksschulfächern, 3. Aufl. Bad Heilbrunn, 1950, 17 f. – *Heinz Kloss*: Waldorfpädagogik und Staatsschulwesen, Stuttgart 1955.

Gewohnheitsorganisation der über Jahre verteilten, zeitlich auseinandergerissenen Wochenstunden[1]. Zusammenhängende Epochen, deren Dauer dem jeweiligen Thema entsprechend zwischen einigen Tagen und mehreren Wochen schwanken wird, können vom lebendigen gesamtunterrichtlichen Gespräch aus zum Aufbau akzentuierter Lehrgänge führen, denen jeweils „ein für allemal" die Initiation der Schüler in das laientümliche Grundverständnis eines Ausschnitts der geistigen Welt gelingt.

Freilich ist auch wieder nicht alles, was die Volksschule zu leisten hat, auf dem Wege eines solchen „Ein für allemal" zu erledigen. Vieles bedarf der unermüdlichen Übung und ständigen Wiederholung, gleichsam der „Einschleifung" im täglichen Vollzug. Psychologische Erfahrungen empfehlen dabei eine Dosierung in häufigen kleinen Übungsquanten[2]. Zwar läßt sich auch davon sicher manches auf dem Wege der „immanenten Repetition" in den Epochenunterricht gleichsam einschmuggeln. Aber zumindest Lehrplanverfasser und Lehrer selbst müssen es doch als eigenen Aspekt sehen, um ihm im Aufbau der Schulbetätigungen das rechte Gewicht zumessen zu können.

Die Geistesbetätigungen der Volksschule haben also verschiedene Struktur, liegen auf verschiedenartigen Ebenen. Das Bild der „Fächer", das an die gleichförmigen, allenfalls in ihrem Ausmaß unterschiedenen Schubkästen einer Kommode denken läßt, ist ebenso unzulänglich wie das Bild der „Auffächerung" im Sinne der Entfaltung eines Fächers. Beide Bilder vereinfachen das spannungsreiche, von Widersprüchen nie ganz zu befreiende geistige Leben, das hier durch unmerkliches Einatmen einer Atmosphäre angeeignet, dort durch mühsam-gründliche Kleinarbeit kunstvoll aufgebaut, an wieder anderen Punkten nur sprunghaft erweckt werden kann.

Man wird die grundlegenden Geistesbetätigungen selbst analysieren müssen, um sagen zu können, wieweit und in welchen Grenzen ein Unterricht exemplarisches Vorgehen erfordert, nahelegt, ermöglicht oder auch verbietet. Im folgenden wollen wir diese Analyse selbst „exemplarisch" an zwei Unterrichtsgebieten versuchen: am Muttersprach- und am Sachunterricht.

---

[1] cf. Martin Wagenschein: Zum Begriff des Exemplarischen Lehrens, in: Z. f. Päd., II, 1956, 137.

[2] cf. Walter Guyer: Wie wir lernen, 2. Aufl. Erlenbach-Zürich u. Stuttgart 1956, 39 f. – K. Wilde: Psychologie des Lernens, in: Bericht üb. d. 17. u. 18. Kongreß d. Dt. Ges. f. Psychologie, Göttingen 1953, 73 ff.

Sprache als Medium, in dem sich alles geistige Leben vollzieht, ist zentraler Gegenstand der Bildungsarbeit aller Schultypen und -stufen. Nicht zufällig galt das Trivium der sprachlichen Disziplinen – Grammatik, Rhetorik und Dialektik – durch mehr als anderthalb Jahrtausende als Fundament aller gelehrten, geistlichen und weltmännischen Bildung. Und nicht zufällig hat auch der Volksschulgedanke von der Sprachbildung, nämlich vom Lese- und Schreibkurs und von der Muttersprachschule her seinen Ausgang genommen[1]. Noch heute hängt die Humanisierung der entwurzelten Bevölkerungsmassen unserer Industrielandschaften ab „von dem Ausmaß, in dem es ihnen gelingen wird, sich in den geistigen Besitz der Sprache zu setzen"[2].

In einem doppelten Sinne nämlich ist Sprache für alle Bildung elementar: Sie baut deren Gegenstandsgebiete mit auf – in jedem Begriff steckt ein sprachliches Element[3] –, und sie umhüllt sie als Medium – als „eigentümliche Weltansicht"[4]. Beherrsche ich die Sprache eines beliebigen Geistesbereichs, so habe ich zumindest im Ansatz auch Anteil an dessen Sachverstand und besitze, indem die Sprache selbst für mich mit- und weiterdenkt, allemal mehr, als ich im Augenblick weiß. So hängt an der Sprache das geistige Niveau, hängen Weltoffenheit, intellektuelle wie emotionale, sinnliche wie sittliche Unterscheidungsfähigkeit, hängen Reichtum und Nuancierung des mitmenschlichen Verkehrs wie des Welt-Habens im eigenen Innern.

Insofern ist Sprachbildung als solche auch immer schon exemplarische Bildung. Denn die Sprache selber steht ihrer Struktur nach in einer paradigmatischen Relation zu den Dingen: Sie ist ein Symbolgefüge, nicht einfach abbildend, nicht reproduzierend, sondern zeichenhaft repräsentierend[5], was für die wissenschaftliche Abstraktion so gut gilt

---

[1] cf. W. Flitner: Die vier Quellen des Volksschulgedankens, l. c., 26 ff. und 44 ff.

[2] Paul Heimann: Zur Bildungssituation der Volksschuloberstufe in der Kultur und Gesellschaft der Gegenwart, in: Die Deutsche Schule, 49 Jg., 1957, 64.

[3] „... das Denken kann sonst nicht zur Deutlichkeit gelangen", sagt Wilhelm von Humboldt (Über die Verschiedenheit des menschlichen Sprachbaues und ihren Einfluß auf die geistige Entwicklung des Menschengeschlechts. Gesammelte Schriften, Akademie-Ausgabe, Bd. VII, 1, Berlin 1907, 53).

[4] ib. 60.

[5] Dies ist wohl eine der wichtigsten Einsichten der Sprachphilosophie und -wissenschaft von Herder und Humboldt bis zu Cassirer und Weisgerber.

wie für die treffsichere Mundart. Sogar die Bildhaftigkeit der Dichtersprache besteht in Abbreviaturen; ihre Anschaulichkeit ist nur potentiell[1]. Immer deutet Sprache nur an, stiftet Beziehungen, stellt gebärdenhaft dar; sie richtet Zeichen auf und überläßt es dem sie Vernehmenden, das darin Bedeutete und Beschworene mit demjenigen Tiefgang potentiell nachzuvollziehen, den ihm sein eigener Sprach- und Erfahrungsreichtum ermöglicht. Weil jede sprachliche Prägung die Einheit zweier Seiten darstellt – Name und Begriff, Zeichen und Bedeutung[2] –, von denen die eine für Sprecher und Hörer, Schreiber und Leser gemeinsam da ist, die andere aber von jedem Beteiligten für sich realisiert werden muß, können sprachliche Prägungen jeglicher Art dem Vernehmenden in verschiedenen Stadien seiner geistigen Reife verschiedene Tiefen eröffnen. Gerade in diesem Punkt kann die Spracherlernung, deren Prozeß bisher vor allem im Stadium der frühen Kindheit studiert worden ist[3], ein komplettes Modell abgeben für das Wesen exemplarischer Weltbemächtigung schlechthin: Mit und in jedem neuen Wort, das sich das Kind aneignet, wird der Potenz nach auch ein neuer Begriff erlernt. „Das Gehörte tut mehr, als bloß sich mitzuteilen; es schickt die Seele an, auch das noch nicht Gehörte leichter zu verstehen ...“[4]. Es stiftet einen Begriff, dessen Inhalt zwar zunächst noch diffus, situationsverhaftet und in seinen Beziehungen zu anderen Begriffen undurchsichtig sein mag, der aber doch vorwegnehmend schon einen ganzen Bereich von Gegenstandsbedeutungen und Beziehungen repräsentiert; Ausmaße und Grenzen dieser repräsentierten Bereiche erlernt das Kind nicht kraft Definitionen, sondern indem sein Bewußtsein sich gleichsinnig mit seinen Sprachschatz verfeinert, wobei Sprach- und Sacherfahrungen

---

[1] cf. Wolfgang Kayser: Das sprachliche Kunstwerk, Bern 1948, 122: „Eingehende und höchst wichtige Untersuchungen, die das alte Lessingsche Grenzproblem zwischen Dichtung und Malerei wieder aufgenommen haben, sind zu dem Ergebnis gekommen, daß bei der Aufnahme von dichterischer Sprache, die dauernd ihre Gegenstände hervorruft, diese Gegenstände vom Leser gar nicht sichtbar erzeugt werden. Die Einstellung zur Sprache ist eine grundsätzlich andere als zur Malerei. Es würde ja tatsächlich eine Bildchaotik entstehen, wie sie der im schnellsten Tempo abgedrehte Film nicht erzeugen könnte, würden alle sprachlichen Hinweise und Andeutungen vom Leser und Hörer verwirklicht ...“ „... die Anschaulichkeit ist eben nur eine Potentialität.“

[2] cf. Leo Weisgerber: Muttersprache und Geistesbildung, Göttingen 1929, 34.

[3] cf. Clara und William Stern: Die Kindersprache, 4. Aufl., Leipzig 1928.

[4] W. v. Humboldt, l. c., 58.

sich meist unsystematisch von Inseln aus erweitern und dabei allmählich gegenseitig begrenzen[1].

Aber wenn auch die Sprache als solche ein Gefüge von ausstrahlenden und anstrahlenden Kernen sein mag, so ist damit noch nicht gesagt, ob diese Kerne auch selbst wieder im Lernprozeß paradigmatisch vertretbar sind – gleichsam in einer Repräsentation zweiter Potenz. Erst mit dieser Frage aber kommen wir auf unser eigentliches Problem:

Wenn die Sprache die ganze geistige Welt wie mit Hohlspiegeln sammelt und ausstrahlt, dann könnte es für den Sprachunterricht im Gegensatz zum Prinzip der exemplarischen Lehre gerade darauf ankommen, für jedes Gebiet des Lebensverständnisses möglichst viele und verschiedenartige solcher Brennpunkte, also gerade eine möglichst große Fülle des Sprachstoffs und der Formen zu erzeugen. In der Tat bemißt sich das Niveau aller sprachlichen Bildung nach dem Reichtum und den Nuancen, die dem Sprechenden zu Gebote stehen: Wo ein kümmerlicher Jargon stereotype Sprachschablonen verwendet, verfügen Mundart und Hochsprache über eine Vielfalt von Bildern und Gleichnissen. Nur wer die Fülle beherrscht, wird auch im Einzelfall treffsicher und schlicht reden können. Das Prinzip exemplarischen Lehrens und Lernens scheint damit für das Gebiet des Sprachunterrichts in Frage gestellt. Doch es scheint nur so. Zwei Gründe rechtfertigen nicht nur, sondern fordern geradezu das Ausgehen vom „ausstrahlenden" Beispiel:

Einmal ist Sprachunterricht kein eindimensionales Geleise, das bei Elementen beginnt und bei einem mehr oder weniger fertigen System einmal endet, sondern der „Organismus" der Sprache (Humboldt-Weisgerber) ist auf jeder seiner Stufen ganz da; nur der Grad der Verfeinerung wandelt sich. So braucht der Lehrer, wo sich lebendiges Sprechen ereignet, nicht jede einzelne Wendung materialiter „durchzunehmen". Ist der Boden bereitet, ist der Lernende als „Sprachgefährte" (Weisgerber) in das Sprachleben eingeführt (und das sollte er auf jeder Stufe seiner Entwicklung sein!), so genügt die bloße Nennung eines neuen Ausdrucks, die Verwendung einer neuen Form im Gespräch, um die Sprache des Lernenden um eine neue Möglichkeit zu bereichern. Wir alle lernen noch so. Ist es nicht ein Wunder, daß wir als sprachgebildete Menschen immer wieder neue Wörter in allen möglichen Beugungsformen richtig und sinnvoll verwenden, nachdem wir nur eine einzige ihrer Formen verstehend aufgenommen haben?

Zweitens ist ein Ausgehen von der „vollständigen" Sprache mit der Absicht, sie planmäßig und ganz zu durchlaufen, auch deshalb unmög-

[1] cf. Weisgerber, l. c., 24 ff. und 56 ff.

lich, weil niemand, nicht einmal der sprachgewaltigste Dichter, sie vollständig besitzt[1]. Es gibt auch noch kein System, das ihren vollen Umfang und Inhalt beschriebe. Zwar ist der Schatz jeder Sprache als Werk menschlichen Geistes prinzipiell endlich. Doch ist eine vollständige Erschöpfung dieser Endlichkeit nur bei „toten" Sprachen denkbar, und auch dort nur der Idee nach und kaum in der Beherrschung durch einen einzelnen Menschen. Selbst der Sammlerfleiß von Sprachgesellschaften, dessen Erträge sich durch Generationen hindurch akkumulieren, vermag an kein Ende zu kommen. Wie sollte da ein Lehrgang jemals Vollständigkeit erreichen oder auch nur anstreben, geschweige denn von ihr ausgehen können?

Dem Schulunterricht kann nur daran gelegen sein, die von Hause aus mehr oder weniger zufälligen Ausschnitte aus dem Sprachschatz der Muttersprache bei den Heranwachsenden zu einem gemeinsamen Grundsprachbesitz zu ergänzen, der dem Ziel und Niveau der Schule entspricht. Dieser Besitz ist dann aber an beispielhaften Spracherfahrungen so lebendig zu machen, daß er aus den ihm immanenten geistigen Potenzen heraus in den Schülern ein Leben lang individuell weiterwachsen kann.

Angeregt durch Rudolf Hildebrands Forderung, daß das Hochdeutsch des Schulunterrichts „nicht ... wie ein zweites Latein, sondern im engsten Anschluß an die in der Klasse vorfindliche Volkssprache" gelehrt werden solle[2], besteht heute in Lehrplänen, Richtlinien und Methodiken allgemein der Konsens, daß der zu aktivierende gemeinsame Sprachbesitz für den Volksschüler im Bereich der „volkstümlichen Hochsprache" zu suchen sei[3]. Was darunter im einzelnen zu verstehen ist, bleibt allerdings offen. Sprachwissenschaft und Sprachdidaktik stehen hier erst am Anfang. Weder der Wort- noch der Formenschatz noch die Stileigentümlichkeiten dieses Ausschnitts der Muttersprache, der für die gesamte Geisteswelt unserer Volksschüler fundamental ist, haben bisher in der Forschung eine definitive

---

[1] cf. Weisgerber, l. c., 46.

[2] Rudolf Hildebrand: Vom deutschen Sprachunterricht in der Schule und von deutscher Erziehung und Bildung überhaupt, 8. Aufl., Leipzig 1908, 6 ff.; Neudruck Nürnberg 1948, 56.

[3] cf. z. B. Vorläufige Richtlinien für die Praktische Oberschule, Hamburg 1952, 14. – Unabhängige Kommission f. d. Hamburger Schulwesen: Gutachten über die Grundschule ..., Hamburg, d. 28. 6. 1955, Abschnitt A, IV. – Der Terminus wurde eingeführt durch Gertrud Ferchland: Volkstümliche Hochsprache. Vom deutschen Sprachunterricht in der Volksschule, Hamburg 1935.

Bestimmung erfahren können[1]. Aber auch wenn sich Linguisten und Sprachdidaktiker mit Eifer dieser Bestimmung zuwenden würden, wäre prinzipiell kein vollständiges und geschlossenes System von ihnen zu erhoffen, weil auch dieser Ausschnitt der Sprachwelt wesenhaft offen ist nach allen Seiten und in ständiger Osmose sowohl mit der Mundart wie mit der Literatursprache des eigenen wie anderer Völker. Sucht man hier überhaupt einen Halt, so wird man ihn nicht an definitorischen Systemen (also an Grenzbestimmungen) finden, sondern nur an Sprachkernen, die sich durch Tradition und Gewohnheit von selbst verstehen. Das ist kein Mangel, sondern unser Sprachbau selbst ist so strukturiert. Alle Paradigmata – seien es Paradigmata der Wortlehre, der Syntax, des Stils, seien es Topen des mündlichen oder schriftlichen Ausdrucks, – repräsentieren in ihrer Summe kein System, das logisch abschließbar wäre, sondern ein Sprachleben, in dessen geschichtlichem Fluß sich Adern und Ströme verschiedener Herkunft und Dynamik wechselweise begrenzen, mischen und weitertreiben. *Nur* von Beispielen und Gegenbeispielen aus läßt eine solche Fülle sich erschließen. Alles Regeldenken führt, wo es sich vom Beispiel entfernt, zu Illusionen, Vergewaltigungen oder Lächerlichkeiten. Denn alle Regeln sind nachträglich, bestimmen die Sprache nicht, sondern beschreiben sie, wobei sie jeweils nur für ein kleines Stück gelten, bevor irgendeine „Ausnahme" sie durchkreuzt, die selber wieder für einen Kreis anderer Beispiele regelbildend sein kann[2].

Danach müßte also der Volksschüler, – der ja kaum so weit kommen wird, die Historizität dieses merkwürdigen Geflechts so weit zu durchschauen, daß er sich die vielerlei Widersprüche daraus selber verstehend ableiten könnte, – auch wenn er sich von Beispielen aus orien-

---

[1] Diese Situation wird neuerdings wieder deutlich angesichts der Untersuchung von Walter Schultze: Der Wortschatz in der Grundschule, Stuttgart 1957. – Für die Oberstufe müßten G. Ferchlands Untersuchungen weitergeführt werden.

[2] cf. das Gespräch zwischen einem Franzosen und einem Deutschen über deutsche Partizipialformen, das Karl Otto Erdmann im „Kunstwart" vom 1. 12. 1905 dargestellt hat (Wiederabdruck in: Der Unterricht in der Muttersprache, bearb. v. Heinrich Geffert, Quellen z. Unterrichtslehre, hg. v. G. Geißler, H. 5, Weinheim, o. J., 91 ff.). – Ein Kuriosum bleibt, daß das „Unregelmäßige" vielfach das am häufigsten Gebrauchte und Geläufigste ist (etwa das Personalpronomen oder das „anomale" Verbum „sein"); cf. Erich Hofmann: Systematik in der Sprache und ihre Grenzen, in: Studium Generale, X, 1957, H. 2, 106–112. – Als Parallele aus dem Lateinunterricht cf. auch Werner Jäkel: Formale Grammatik und Sprachdenken, in: Der altsprachliche Unterricht, H. 8, Stuttgart 1956, 87-100.

tiert, doch immerhin *alle* Beispiele und Gegenbeispiele seines Sprachbesitzes in extenso durchlaufen, um zur Sicherheit im Sprachgebrauch zu gelangen. Und so bestünde die einzige Stoffersparnis, die das exemplarische Lehrprinzip ihm anbieten könnte, darin, daß ein sprachliches Paradigma jeweils vier oder fünf oder vielleicht auch fünfundzwanzig andere Fälle verträte, während sich schon der sechsundzwanzigste wieder selber als Paradigma unentbehrlich machte. Das alles aber bei einem Wortschatz, der in die Zehntausende geht (die Möglichkeiten syntaktischer Beziehungen, stilistischer Formen und Topen nicht einbegriffen). Die Volksschule könnte nur resignieren, wäre dies die Aufgabe ihres Sprachunterrichts.

Glücklicherweise braucht der Lehrgang des Muttersprachunterrichts seinen Gegenstand nicht erst selbst zu erschaffen. Er kann vielmehr an die in Schule und kindlicher Eigenwelt schon vorhandene Sprache herangehen, um sie schrittweise – einmal hier, einmal dort – zu erweitern, zu säubern und zu differenzieren. Ein mehr oder weniger reiches oder ärmliches, schlichtes oder geziertes, feinfühliges oder schematisches Sprachleben ist immer schon da. Nicht nur die Deutschstunde findet es vor, nimmt es auf und bildet es weiter, sondern auch aller andere Unterricht; und der Umgangston auf dem Schulhof oder beim Wandertag ist an der Bildung dieses Sprachklimas ebenso beteiligt wie der Stil des Verkehrs zwischen Lehrern und Eltern; schließlich ist die Heimstätte für das Kind wohl der wichtigste Sprachraum, der seinerseits wieder mit der Sprache der Straße, der Berufswelt, der Nachbarschaft, aber auch der Presse, des Films und des Rundfunks in dauerndem Austausch steht. Während der Fremdsprachenunterricht in der schwierigen Lage ist, den Stoff, an und mit dem er arbeiten soll, erst kunstvoll herbeischaffen zu müssen (Vokabellernen, Übungstexte, Vorsprechen, „direkte Methode“, Tonbänder, Lehrfilme usw.), braucht der Muttersprachunterricht aus dem vollen Sprachleben ringsum nur „herauszugreifen“ (ex-imere) und „vorzuzeigen“ (*παραδεικνύναι*), was ihm der Klärung wert und bedürftig erscheint. Er braucht sich vor „Lücken“ dabei nicht zu fürchten, weil ja der Strom des Sprachlebens selbst ohnehin kontinuierlich weiterfließt. Sein Kreuz sind vielmehr die falschen und schlechten Gewohnheiten, die von außen kommen, und deren Verhinderung er nur sehr begrenzt in der Hand hat.

Im Sprachleben selbst will allerdings *jedes* Wort und *jede* Form vom Heranwachsenden in eigener Erfahrung erlernt und erworben werden. Da gibt es keine oder nur sehr wenige exemplarische Abkürzungen; aber da gibt es auch keine stofflichen Überforderungen, weil die je individuell zu sammelnden Spracherfahrungen sich auf den ganzen Lebenslauf, auf alle Lebenskreise und Interessengebiete unmerklich verteilen. Für exemplarische Konzentrate besteht kein Bedürfnis. Im Gegenteil: Das sprachliche Leben kann in Familie und Nachbarschaft, Schulleben und Unterricht gar nicht reich und feinfühlig genug gewünscht werden. Erst wo alle diese Sprachkreise produktiv sind, kann auch der Muttersprachunterricht über das ständige Korrigieren und Ausmerzen der gröbsten Sprachsünden erfolgreich hinauskommen.

Doch lassen wir solche Wunschbilder beiseite! In der Volksschule liegt heute das Schwergewicht tatsächlich beim Korrigieren elementarster Fehler, beim Auflockern schablonenhafter Versteinerungen und beim Zurückdämmen primitivster Geschmacklosigkeiten – jedenfalls überall da, wo Boulevardpresse, reißerische Reklame, Comic strips, schlechte Filme, Schlager und ähnliche Einflüsse einen Jargon erzeugen, dessen Leitsterne bis in die feinsten Wendungen hinein die Sensation und die Sentimentalität sind. Regelmäßige Übungsstunden, die nichts anderes bewirken sollen als planmäßig-unentwegte Gewöhnung an richtigen, bescheidenen und formklaren Ausdruck, sind unvermeidlich, um das zu erreichen, was sich in sprachgebildeter Umgebung von klein auf vielleicht auch von selber würde ergeben können: ein Einschwingen und wie selbstverständliches Mitgehen mit dem Leben der Muttersprache in korrekter und einfacher Form. Hier hat die Volksschule durch alle Jahrgänge hindurch einen Lehr- und Übungsgang aufzubauen, der in kleinen Schritten, Stufe für Stufe, von unermüdlichen Wiederholungen ständig durchsetzt, das Hineinwachsen der Schüler in das Sprachleben unterstützt. Auf eine ausstrahlende Wirkung von Paradigmen wird dieser Übungskurs zwar hoffen, sich aber nur in geringem Umfang und für kurze Strecken verlassen können. Sein Voranschreiten kann gar nicht langsam, kontinuierlich, beispiels- und variationsreich genug sein.

Doch mit diesen „sprachregelnden Übungen"[1] ist freilich nur *eine* Funktion des muttersprachlichen Unterrichts umschrieben; noch dazu eine solche, die von geschickten und souveränen Methodikern wenn nicht restlos, so doch zu einem erheblichen Teil mit anderen Unterrichtsgebieten verschmolzen werden kann: Erzählen, Lesen und Zuhören, Darstellen und Beschreiben, das Unterrichtsgespräch, improvisierte

[1] Diesen Ausdruck verwenden die Vorläufigen Richtlinien für die Praktische Oberschule in Hamburg (vom Juli 1952, S. 15) und meinen damit sowohl Übungen in der Lese- und Sprechfertigkeit wie in der Rechtschreibung und im schriftlichen Ausdruck.

oder von langer Hand vorbereitete Spiele, Textabschriften und Protokolle bieten überall echte Sprachanlässe und damit Gelegenheit zur Bildung sauberer sprachlicher Gewohnheiten[1]. Und je reicher und gepflegter dabei das Sprachleben selbst ist, desto entbehrlicher werden besondere Sprachübungsstunden. Freilich wird man wohl niemals ganz auf sie verzichten können, weil selbst eine in dieser Hinsicht denkbar vorbildliche Musterschule heute allemal in einer sprachgefährdeten Umwelt steht. Aber das verselbständigte Einüben muttersprachlicher Formen ist doch – auch in der Volksschule – nur eine Ersatzfunktion. Welche weiteren Funktionen treten hinzu? Und wie ist ihr Verhältnis zur exemplarischen Lehre?

Weisgerbers Unterscheidung zwischen „Sprachlehre" als „Unterricht *in* der Muttersprache" und „Sprachkunde" als „Unterricht *über* die Muttersprache"[2] kann, weil sie in der Didaktik bisher weder ernsthaft angefochten noch durch bessere Kategorien ersetzt worden ist, auch unserer Betrachtung als Richtschnur dienen:

Schon die *„Sprachlehre"*, deren Aufgabe es ist, „die bestmöglichen Wege zum Beherrschen der Muttersprache zu bahnen", kann sich nicht mit der Bildung von Gewohnheiten durch sprachregelnde Übungen allein begnügen. Dem guten Sprechen selbst wohnt allemal auch ein Moment des grammatischen Verständnisses inne. Neben dem unerläßlichen Üben steht damit auch die Pflege der Einsicht, die Besinnung auf den eigenen Sprachgebrauch; steht das Aufmerken auf Wort- und Satzformen, das Abwägen von Ausdrucksmöglichkeiten, die vergleichende Auslegung des Sinngehalts verwandter und scheinbar vertauschbarer Wörter; steht das nachgehende Verstehen von Wortbildern und Redensarten, das zielgerichtete Feilen am formulierten Text, das solange fortgesetzt wird, bis die angemessenste Form in der Klasse gefunden ist, wobei die Ausdrucksmöglichkeiten und Sinnträchtigkeiten grammatischer Formen (etwa eines recht eingesetzten Konjunktivs, einer Partizipialkonstruktion oder eines Relativsatzes) im Bereich

[1] Hierfür gibt es in der neueren Pädagogik, besonders in den Bemühungen um den Gesamtunterricht und das Arbeitsschulprinzip, viele gute Modelle. In jüngster Zeit finden sich für den Bereich des Sachunterrichts wieder Wegweisungen in dieser Richtung bei Karl Stieger (Unterricht auf werktätiger Grundlage, l. c., 1951) oder bei Carl Schietzel (etwa in dem Unterrichtsbeispiel „Die Uhr" in: Westermanns Pädagogische Beiträge, VIII, 1956, 281 ff.).

[2] Leo Weisgerber: Muttersprachliche Bildung, in: Handbuch der Erziehungswissenschaft, hg. von F. X. Eggersdorfer u. a., IV, 2, München 1932, 27-180, bes. 64 ff.

eines jeweiligen Sinnzusammenhangs nachfühlend ertastet werden. All dies und ähnliches ist möglich vom Beispiel aus, vom vorbildlichen wie vom abschreckenden. Die Besinnung bleibt hier dem sprachlichen Tun und Vernehmen noch selbst immanent, tritt nicht oder nur partiell heraus, um darüber zu reflektieren; sie bleibt gleichsam eine Sprachhandwerkslehre, zielt noch nicht auf Wissenschaft von der Sprache.

Die Beispiele, die hierbei den Ausgangspunkt bilden, sind allerdings im Hinblick auf ihre exemplarische Potenz von anderer Art als die bloßen Übungsparadigmen der Wort- und der Formenlehre: Ist von diesen ein jedes nur das stellvertretende Gattungsexemplar einer begrenzten Gruppe von Formen, so sind jene über das bloß Regelhafte hinaus zugleich typische Bemeisterungen je individueller Sprachsituationen und repräsentieren eine jeweilige geistige Haltung in der sprachlichen Welt. Solche Haltungen aber können nicht intensiv und akzentuiert genug vom Schüler durchlebt werden. Sie erlauben nicht nur, sondern sie fordern geradezu eine epochenmäßige Konzentration, wenn ihre Pointe „ein für allemal" erfahren werden und dann unausgesprochen im Sprachleben weiterwirken soll. Wer die unterschiedliche Dynamik etwa der Tempi und Modi deutscher Verben in verschiedenartigen Texten und Sprachsituationen, wer die nuancenreichen Möglichkeiten, einen Brief, ein Gesuch, ein Inserat zu formulieren, *einmal irgendwo* in seiner Schulzeit, dort aber intensiv an variablen Mustern und Modellen erfahren hat, der braucht nie mehr expressis verbis darauf zurückzukommen, wenn nur sein Sprachleben sonst durch tägliche Übung im Flusse bleibt und Gelegenheiten bietet, das einmal Erfaßte selbsttätig zu verwenden. Seine Sprache hat in diesem Punkt „innere Form" (Humboldt)[1] gewonnen, eine Form, deren Entstehung auf dem Erfassen eines „fruchtbaren Moments" beruht und die darum kaum anders als an einmalig-epochemachenden Spracherfahrungen gewonnen werden kann.

Schon im Hinblick auf die „Sprachlehre" sollten deshalb neben unentwegt übender Sprachregelung gelegentliche Unterrichtseinheiten stehen, die sich je einmalig-ausschließlich zentralen Grundfragen des mündlichen wie schriftlichen Sprachgebrauchs widmen. Das könnten kurze „Epochen" sein, vielleicht auch nur einige konzentrierte „Blockstunden"; jedenfalls sollten sie deutlich ihren eigenen Akzent tragen, der sie aus dem zähen Flusse des bloß regelnden Übens heraushebt. Für die Didaktik des Deutschunterrichts bleibt die Aufstellung eines Kata-

[1] cf. Walther Seidemann: Der Deutschunterricht als innere Sprachbildung, Leipzig 1927, 92 ff. (2. Aufl., Heidelberg 1952). – Karl Reumuth: Der muttersprachliche Unterricht, Bd. I, Bonn 1950, 16 ff.

logs solcher zentralen Fragen, innerhalb dessen das Vordringlichste als Minimalplan für die Volksschule an der Spitze stehen sollte, ein dringendes Desiderat.

Aber auch die „*Sprachkunde*" legt exemplarisches Vorgehen nahe. Ihr kommt es nach Weisgerber auf ein „Bewußtmachen des Sprachbaus" an. Sie hat also wie jeder Sachunterricht ihren Gegenstand „vor" sich und betrachtet ihn als objektivierbares Phänomen. Das Ganze dieses Phänomens ist allerdings ein so kompliziertes Beziehungsgeflecht, in welchem sich systematische und sporadische Ansätze so verschiedener Herkunft überlagern, neu entstehen und wieder vergehen oder wie erratische Blöcke aus dem historischen Strom herausragen, daß selbst die Jugend der Gymnasialoberstufe sich für einen so spröden Stoff nur gewinnen läßt, wenn es gelingt, ihre Beschäftigung damit – wie Wilhelm Flitner es ausdrückt – „auch als eine freie theoretische Geistesbeschäftigung, als Liebhaberei" zu behandeln. „Denn der Sprachbau ist eines der seltsamsten Geistesphänomene, die Betrachtung dieser zwangübenden inneren Urteilswelt ist der Betrachtung mathematischer, astronomischer Phänomene verwandt und hat einen philosophischen Charakter."[1] Die Volksschule kann angesichts dieses Tatbestands – nach den Erfahrungen vieler Schulmeistergenerationen und nach dem nun schon anderthalb Jahrhunderte währenden Streit um den Wert der Beschäftigung mit „formal-logischen" Sprachgesetzen – nur klar und entschieden darauf verzichten, die systematischen oder historischen Intentionen der Sprachwissenschaft in irgendeiner Weise nachahmen zu wollen. Der Bau unserer eigenen Sprache, in der wir leben, kann dem Volksschüler (und übrigens auch dem Gymnasiasten der Mittelstufe) als System oder gar als historisch sich wandelndes Ganze schlechthin nicht zu Gesicht gebracht werden. Sprachsystematik ist so wenig wie Sprachgeschichte ein Volksschulunterrichtsgegenstand. Die Kunde von der Sprache kann hier nur so viel bedeuten wie Kennerschaft in dem bescheidenen Bereich, der dem eigenen Sprechen und Mitleben des Volksschülers zugänglich ist. Irgendeine Theorie über Lautverschiebungen oder etymologische Entwicklungen ist als Schulgegenstand sinnlos, solange die empirischen Fakten, aus denen solche Theorien abstrahiert worden sind, nicht auch selber sprachlich erworben werden können. Sonst bleibt es bei einer bloßen Popularisierung und Orientierung im journalistischen Stil, für die, weil sie kein Ver-

[1] Wilhelm Flitner: Grundlegende Geistesbildung, in: Grund- und Zeitfragen der Erziehung und Bildung, Stuttgart 1954, 85.

stehen „von Grund auf“ ist, die Stunden einer Schule der grundlegenden Bildung zu kostbar sein sollten.

Es kann also auch in der „Sprachkunde“ nur um ein Vertrautwerden mit einzelnen ausstrahlenden Grundphänomenen gehen: hier um den Bedeutungswandel eines vertrauten Worts (wohlgemerkt: um ihn selbst, nicht um eine Theorie darüber!), dort um eine merkwürdige grammatische Beziehung oder um ein sprachliches Bild, das wir nicht mehr verstehen, das aber wieder lebendig wird, wenn wir seine Geschichte kennenlernen; oder der Sammeleifer des Volksschulalters wird in den Dienst von Wortschatzbeobachtungen gestellt, die ihrerseits volkskundliche und kulturgeschichtliche Einzelentdeckungen anregen. Aber bei alledem gibt es wesenhaft keine Vollständigkeit, nicht einmal ein vollständiges Kategoriensystem, sondern wieder nur – wie in der Sprachlehre und in wechselseitiger Durchdringung mit ihr – typische Grundfragen und Grundverhaltensweisen gegenüber der Sprache, die mit bildendem Tiefgang nur dann erfahren werden können, wenn man sie an je *einer* Stelle „ein für allemal“ durchlebt, im übrigen aber darauf vertraut, daß sie dann selbsttätig wirken werden. Bescheidenheit in der Zielsetzung der Volksschule wird hier weiterführen als pseudowissenschaftliche und scheinsystematische Hochstapelei. Das didaktisch offene Problem bleibt wieder ein Katalog des Möglichen wie des Dringlichen, wobei die methodische Literatur seit der Arbeitsschul- und der Deutschkundebewegung für das Mögliche eine Fülle von Anregungen bietet.

Eine weitere Aufgabe des Deutschunterrichts, die sich weder in Sprachlehre noch in Sprachkunde auflösen läßt, ist die Hinführung der Jugend zur *Literatur.* Es geht dabei nicht nur um eine „formale“ Anleitung zum rechten, auf die Sprache achtenden Lesen und Hören[1], für das schon die Sprachlehre reichlichen Anlaß bietet, sondern vor allem um eine inhaltliche Einführung in die Geistes- und Gemütsgemeinschaft des Volkes, dessen Sprache wir sprechen und dessen Erben wir sind[2]. Es geht um das Heimischwerden in einer Phantasie- und Bilderwelt, deren Wurzeln bis auf „archetypische“ Urbilder der Menschheit hinabreichen, deren Verzweigungen sich mit den Literaturen anderer Völker und Kulturen nehmend und gebend verbinden, und deren nationale Tradition einen geistig-sittlichen Kosmos eigentümlicher Art erzeugt

[1] cf. Werner Jäkel: Lesen und Hören, in: Die Sammlung, XI, 1956, 381–387.

[2] cf. Joseph Antz: Führung der Jugend zum Schrifttum, 2. Aufl. Ratingen 1950.

hat, in dem sich bewegen zu können nicht nur Genuß, sondern auch Lebenshilfe bedeutet. Wer sich von den Gestalten und Bildern dieses Kosmos verzaubern läßt, weitet nicht nur seine Erlebnisfähigkeit, sondern schärft auch, indem er sich unausgesprochen und fast unbemerkt mit dem Autor auf eine gemeinsame ethische Urteilsbasis stellt[1], seinen Blick für menschlich-sittliche Verhältnisse, die ihm kein anderer Bereich der geistigen Welt so durchsichtig spiegelt. Die Gestalten aus dieser erdichteten Welt können ihm vertrauter als mancher seiner leibhaftigen Mitmenschen sein; sie können zu Leitbildern werden, nach denen er die Situationen des Lebens bewertet; sei es, daß er sich, in naiver Freude mit Vorstellungen spielend, gleichnishaften Abbildern des Lebens hingibt, angesichts derer alle Gefühle reiner und klarer als im Alltag sind; sei es, daß er sich ernsthaft in seiner Wesensmitte von einer läuternden Unruhe packen läßt, die sein Gemüt in Bewegung bringt und zu bedeutenden Inhalten hinzieht. Daß diese Bilderwelt auch zu einem Fluchtgebiet werden kann, in das man sich aus der rauheren Wirklichkeit ausweichend zurückzieht, ist eine Gefahr, auf die in jüngerer Zeit vor allem im Hinblick auf die humanistische Bildung mehrfach hingewiesen wurde[2]. Man sollte aber auch die „existentielle Betroffenheit", von der zu reden ein wenig Mode geworden ist, angesichts der Dichtung in der Schule nicht überbetonen. Denn schon die freudige Hingabe an das Spiel der Bilder, die zum Vertrautwerden mit ihrem Gehalt führt, ist, wenn sie im Literaturunterricht wirklich gelingt, für die Schüler der Volksschule sehr viel. Auch ist ja die vielberufene „Ergriffenheit" bei Vierzehn- und Fünfzehnjährigen, so feierlich ernst und lauter ihr Fühlen auch gelegentlich schon beschaffen sein kann, doch noch mehr ein „ernstspielhaftes" Durchkosten von Lebensmöglichkeiten als schon ein Entschiedensein im existentiellen Verstand[3]. So rein, so rigoros und zugleich doch so unverbindlich zu fühlen, ist ein Vorrecht und vielleicht notwendiges Durchgangsstadium des anbrechenden Reifealters. Ein Vorrecht allerdings, das sich oft auch schamhaft verbirgt, sich gern in unverstandene Einsamkeit zurückzieht und vor der Klasse eine rauhe und burschikose Maske aufsetzt. Man lasse also wenigstens im

[1] cf. Wilhelm Flitner: Vom Kanon der literarischen Bildung, in: Grund- und Zeitfragen der Erziehung und Bildung, Stuttgart 1954, 62 f.

[2] cf. etwa Theodor Litt: Das Bildungsideal der deutschen Klassik und die moderne Arbeitswelt. Schriftenreihe der Bundeszentrale für Heimatdienst, Heft 15, Bonn 1955, 112 ff. – Fritz Blättner: Die Dichtung in Unterricht und Wissenschaft. Weltbild und Erziehung, Heft 17, Würzburg 1956, 9 ff.

[3] cf. William Stern: Das Ernstspiel der Jugendzeit, in: Zeitschrift für pädagogische Psychologie, XXV, 1924, 241-252, und XXX, 1929, 9-16.

Unterricht die existentiellen Ambitionen zunächst aus dem Spiel und freue sich, wenn es glückt, Volksschüler in einer Großstadtklasse oder auf dem Lande überhaupt einmal die ursprüngliche Freude an jener reinen Gefühls- und Bilderwelt spüren zu lassen, sie in ein unmittelbares Verhältnis zu den Gestalten dieser „inneren Außenwelt" (Novalis) zu bringen.

Wie kann das geschehen und von welchen Punkten aus? Wie kann den Jugendlichen, die schon bald in eine vielerorts geist- und sinnentleerte Arbeitswelt hinausgehen, der Antrieb vermittelt werden, später selber weiterzulesen, sich in Volksbücherei und Theater umzutun, Echtes von Schund, wahre Leitbilder von modischen Massenidolen wenigstens ahnend zu unterscheiden?

Man erreicht es sicher nicht, indem man von der Literaturgeschichte oder einer Poetik ausgeht. Denn beide setzen als Theorien *über* die Sache das Vertrautsein mit der Sache selbst schon voraus, zumindest nach Art der Kennerschaft und in einem Grade, der selbst bei den gewecktesten und belesensten Kindern im Volksschulalter nicht erreicht werden kann. Wo aber die eigenen literarischen Erfahrungen fehlen, käme beim systematischen oder historischen Vorgehen bestenfalls eine popularisierte Verdünnung wissenschaftlicher Gedankengänge, die selber unzugänglich bleiben, heraus, und das unmittelbare Verhältnis zur Literatur wäre nicht nur nicht gekräftigt, sondern sogar durch Vorurteile belastet. Das Einordnen und Etikettieren literarischer Werke ist ein letzter, immer bedenklicher, allenfalls heuristisch entschuldbarer Abstraktionsschritt, der das Individuelle der Dichtung abblendet, wo dem geistesgeschichtlich oder philosophisch geschulten Auge übergreifende Beziehungen als solche interessant werden. Dazu muß man aber schon mit vielen einzelnen Werken seine je individuellen, möglichst intensiven Erfahrungen gemacht haben, – eine Aufgabe, welche Zeit und Kraft schon der Höheren Schule reichlich beansprucht. Die Volksschule kann nur das Tor aufstoßen. Da es dabei um einen Geistesbereich geht, in dem es wieder – wie bei der Sprache selbst – auf Fülle, Nuancenreichtum und Intensität bildhafter Erfahrungen ankommt, wäre der Weg voreiliger Abstraktion oder historischer Relativierung keine Abkürzung, sondern ein Abweg[1]. In dieser Richtung kann das Exemplarische also nicht liegen.

Wie die Sprachlehre, so steht auch der Literaturunterricht einer offenen, unabschließbaren Welt gegenüber, die kein System, sondern

---

[1] cf. W. Flitner: Grund- und Zeitfragen, l. c., 59 f. und 88. – F. Blättner, l. c., 29 f.

ein lebendiger Strom und damit auch voller Gegensätze und Spannungen ist; einer Welt, die sich nur erschließt, wenn man einige ihrer Kerne selber aufschließt und sich von ihnen aus weitertastet. Gelingt dies nur an einigen Stellen, so ist das schon viel. Denn „... wenn nur auf handbreiter Fläche sinnvolle Muster aufzuleuchten beginnen, können weite Gebiete anschießen ... Im Kunstwerk liegt eine ungeheure Richtungskraft", schreibt Ernst Jünger[1]. Kunstwerke sind ihrem Wesen nach Paradigmata, Chiffren, Gleichnisse und wollen es sein. An die Stelle der Reflexion, der logischen Begründung und Einordnung tritt „das Zeigen, das Hinweisen", das sich jeweils „auf eine exemplarische Erfahrung stützt". So beschreibt es Johannes Pfeiffer, der durch seine eigenen Interpretationen viel für die Bildung einer volkspädagogischen Auslegungskunst getan hat; er sagt: „Eben deshalb wird jeder literar-pädagogische Versuch so vorgehen, daß er bei irgendeinem besonders aufschlußreichen Beispiel einsetzt, daran das Wesenhaft-Dichterische klärt, durch neue Beispiele das Gefühl kräftigt, es dann an Gegenbeispielen erprobt – und dabei jeweils anknüpft an das, was durch vorbildliche Kunstkenner und Deuter gesehen und aufgeschlossen ist."[2]

Also: Ein Ausgehen vom Beispiel, – soviel ist gewiß.

Doch der Beispiele sind viele. Wofür sollen sie beispielhaft sein? Für poetische Gattungen? Dann wäre das Fernziel und der heimliche Ausgangspunkt doch wieder ein System der literarischen Ästhetik. Oder für Epochen und Stile? Dann stünde wieder die für das Volksschulkind als grundlegender Bildungsinhalt ganz unwichtige Literaturgeschichte dahinter. Es kann sich nur um Beispiele für Lebensdeutungen, Weltaspekte, Grundformen und Auffassungsweisen menschlichen Schicksals handeln. Um eine Art Schaubühne des inneren Lebens als Erweiterung und Deutungshilfe für die Phantasie- und Wertwelt unserer Jugendlichen. Der Alltag und seine Maßstäbe werden überhöht durch Bilder von sittlicher, religiöser, politischer Haltung, von Größe und Tragik, Glück und Versagen; seine Zufallserfahrungen werden ergänzt, erweitert und durchsichtig gemacht durch Paradigmata harmonischen oder gebrochenen Lebens, von Erfüllung und unerfüllbarer Sehnsucht. Die Dichtung wäre genommen als das, was sie ursprünglich sein will: als Organ der Weltdeutung; einer Deutung, die nicht nur in der Fülle der Gestalten und Schicksale, sondern auch in Blickwinkel und Darstellungsweise des Dichters liegt (wobei zu den Dichtern auch noch solche

[1] Ernst Jünger: Strahlungen, 4. Aufl., Tübingen 1955, 11.

[2] Johannes Pfeiffer: Wege zur Dichtung, 3. Aufl., Hamburg 1953, 10 f.

historischen Erzähler, Biographen, Verfasser von Briefen, Selbst- und Sachdarstellungen hinzuzurechnen wären, denen in der Prosaliteratur Werke von literarischem Rang und welterhellender Kraft geglückt sind). Doch wo gibt es da auf der Seite der Gegenstände wie der Autoren einen Anfang und wo ein Ende? Daß nicht alles, was für das innere Leben jemals urbildlich-wesenhaft werden kann, und nicht alles, was ein hohes Ethos und eine bedeutende Sichtweise enthält, durch ein entsprechendes Werk in der Schule vertreten sein kann, versteht sich am Rande. Nicht einmal für alles „Klassische" reichen Zeit und Kraft aus. Und gar in der Volksschule! So bleiben nur Verzicht und Bescheidenheit?

Eine gewisse Entlastung, die darin besteht, daß man sich auf Ausschnitte, Episoden und Proben beschränkt, ist da möglich, wo eine verallgemeinerungsfähige Sehweise, wo das Ethos einer typischen Weltbeurteilung oder die „innere Sprachform" eines Dichters sich relativ unabhängig vom Gesamtaufbau eines literarischen Werks verdeutlichen lassen. Das Prinzip des „pars pro toto" kann in der Welt des Geistes und der Künste durchaus legitim sein, sofern nur das „totum" im „pars" wirklich anwesend ist:[1] Einige Takte Musik können den „ganzen" Mozart enthalten, sofern man nämlich mit „ganz" nicht die je einmaligen Aussagen in dessen Lebenswerk meint, sondern nur seinen typischen Stil, seine „innere Form". So können auch einige Briefzeilen von Goethe die ganze gebändigte Kraft und Klarheit seiner Sprache und Weltansicht demonstrieren, aber sie ersetzen natürlich die Iphigenie oder den Götz so wenig wie irgendeines seiner Gedichte. Lesebücher und Anthologien, die in der Hand dessen, der auch mit „ganzen" Werken seinen Umgang pflegt, eine hilfreiche Ergänzung und Erweiterung sein können, lösen also unser Problem nicht, sondern verschieben es nur, zumal sie ja selber durch die Verlockungen einer historischen oder gattungssystematischen Vollständigkeit gefährdet und damit nicht weniger von Überlastung bedroht sind als „Ganzschriften"-Reihen. Sind sie als Lesebücher für den Hausgebrauch gedacht, so ist Vielseitigkeit und Fülle willkommen. Doch der Lehrgang, der literarisches Verständnis anbahnt, kann seine Exempla nur im Hinblick auf das wählen, was fundamental ist. Das aber sind vor allen Feinheiten des goethischen Früh- oder Spätstils, die dem Kennerblick Freude machen, zuerst einmal Werke, die als ganze in sich ruhen; zumindest selbständige Einheiten, die als Episoden geschlossen und aus einer Rahmenhandlung relativ unversehrt herauslösbar sind.

[1] cf. Wilhelm Flitner: Zur Lesebuchfrage, in: Überlieferung und Neubeginn (Ehrengabe für Joseph Antz), hg. von Oskar Hammelsbeck, Ratingen 1957, 263 ff.

Wo es aber um das geprägte Werk als je individuellen, auf seine Art gleichnishaften, verdichteten Kosmos geht, der sich nur ganz oder gar nicht erschließt, da versagt das Prinzip der stellvertretenden Proben, Auszüge und Verdichtungen. Es muß nach Wilhelm Flitners Worten versagen, „wie überhaupt jede didaktische Erwägung, die es mit dem Stoffquantum zu tun hat. An ihre Stelle tritt die Frage der *Auswahl* der Gegenstände, in die sich die Jugend vertiefen soll, weil jeder von ihnen in sich wertvoll und grundlegend ist." Nur „durch Erfahrung und Übereinstimmung der Lehrenden" kann nach und nach „ein Konsensus über den *Kanon* solcher in sich wertvoller, klassischer Gegenstände" entstehen, dessen alleinige Norm die der „*Wertvordringlichkeit*" sein kann. Es kommt darauf an, „weise oder doch wenigstens vernünftig" zu sein[1]. In der Tat hat sich ein Kanon des in der Volksschule Möglichen im Lauf der Geschichte teils wie von selbst, teils in langen Kämpfen und literarpädagogischen Debatten allmählich herausgebildet. Man braucht nur einmal die Verzeichnisse der heute gängigen Schulschriften-Verlage miteinander oder mit den Lektüreplänen zu vergleichen, die sich in den einschlägigen Methodiken finden[2]: Möglich ist viel, – mehr als innerhalb der Ökonomie eines sinnvollen Lehrgangs verarbeitet werden kann. Wie und im Hinblick auf welche Bezugspunkte kann aus dieser Fülle des Schönen, Eindrucksvollen, Charakteristischen, Erregenden oder ruhig Erhellenden das herausgefunden werden, was für den Lehrgang die im bildenden Sinne am meisten ausstrahlende Kraft hat?

In den Diskussionen der Kunsterziehungsbewegung traten vor dem ersten Weltkrieg zwei Gesichtspunkte in den Vordergrund, die für die Begrenzung des heute Üblichen grundlegend blieben: Die Frage nach dem „künstlerischen Wert" und die nach der „Kindertümlichkeit" oder „Jugendgemäßheit"[3]. Beide Kriterien reichen aber nicht aus. Sie wehren zwar den Schund und den sentimentalen, pseudo-kindertümlichen Kitsch ab sowie alles, was in der Kunst noch zu weit über die

---

[1] W. Flitner: Der Kampf gegen die Stoffülle: Exemplarisches Lernen, Verdichtung und Auswahl, in: Die Sammlung, X, 1955, Heft 11, 561.

[2] cf. etwa den Plan bei Joseph Antz: Führung der Jugend zum Schrifttum, l. c., 160 f.

[3] cf. den Sammelband: Kunsterziehung. Ergebnisse und Anregungen des zweiten Kunsterziehungstages in Weimar vom 9. bis 11. Oktober 1903: „Deutsche Sprache und Dichtung". Leipzig 1904. – Heinrich Wolgast: Das Elend unserer Jugendliteratur, (1896), 7. Aufl. Worms 1951. – Ernst Linde: Kunst und Erziehung, Leipzig 1901. – Ders.: Moderne Lyrik in schulgemäßer Behandlung, Leipzig 1905. – Severin Rüttgers: Die Dichtung in der Volksschule, (1914), 2. Aufl. Bonn 1923.

Verstehensmöglichkeiten der Jugend hinausgeht; damit sind sie unentbehrliche Gesichtspunkte zur Bestimmung des äußersten Kreises. Aber sie begrenzen sich dabei nicht nur wechselseitig, sondern sind auch jedes in sich nur begrenzt brauchbar: das Ästhetische findet seine Grenze im „l'art pour l'art" und das Kindertümliche oder Jugendgemäße die seine im Prinzip der „Mehrdarbietung"[1]. Will man in dem äußersten Kreise des Möglichen den inneren Kreis des Vordringlichen finden, so bedarf es hierzu weiterer, der Ästhetik wie der Psychologie gegenüber selbständiger, pädagogischer Kriterien:

Man wird einmal für den Lehrgang „solche Autoren und Werke suchen, von denen aus sich ganze Reihen anderer von selbst erschließen"[2]. Das ist zunächst ein formal-methodischer Gesichtspunkt: Das verstehende Eindringen in ein individuelles Werk ist zugleich exemplarisch, insofern es das Beispiel gibt für das verstehende Eindringen auch in andere Werke, und indem es so zum Modell wird für die Methode einer „volkstümlichen Auslegungskunst"[3]. Der Schüler soll erfahren, wie man an ein Gedicht, eine Erzählung oder ein Drama herangehen muß, wie man das macht. Er soll lernen, wie man sich diesen Gebilden gegenüber verhalten, auf sie sich einstimmen und einstellen, wie man in sie hineinlauschen und geduldig sein muß, damit die Kraftströme des Kunstwerks zu kreisen beginnen. Dazu wählt der Lehrgang solche Werke heraus, die sowohl der Auslegung wert wie ihrer bedürftig sind; denn was sich auf Anhieb von selbst versteht, bedarf keines literarischen Unterrichts und kann der freien Lektüre überlassen bleiben. Anderseits darf die „volkstümliche Auslegungskunst" freilich auch nicht zu hoch angesetzt werden: Es geht in ihr nicht um Philologie, nicht um die methodisch durchgebildete Interpretationskunst geistesgeschichtlicher oder philosophischer Hermeneutik; es geht ganz schlicht darum, daß der Volksschüler lernt, einfachste Anspielungen und Metaphern im Text zu verstehen, Gleichnissen oder Bildern suchend und prüfend nachzugehen, Bauelemente und Rankenwerk zu unterscheiden, den „roten Faden" zu finden und festzuhalten, die rhythmischen und symbolischen Potenzen, die in poetischen Werken enthalten sind, einmal wirklich zu realisieren und dabei Erfahrungen zu machen, die sich besser in der gründlichen Bemühung um *ein* Werk als in der „Durchnahme" vieler eröffnen. Es geht um eine geistige Haltung und Zucht, die dem Heranwachsenden nicht durch noch so viel

---

[1] cf. Ottomar Wichmann: Eigengesetz und bildender Wert der Lehrfächer, Halle a. d. S. 1930.

[2] W. Flitner: Grund- und Zeitfragen, l. c., 59.

[3] ib., 87.

Lesen von selbst in den Schoß fällt, sondern der er im „sinnaufschließenden Gespräch der Lebensalter"[1] und in gemeinsamer Bemühung einmal irgendwo begegnet sein muß.

Neben den Gesichtspunkt einer solchen mehr formal-methodischen Modellhaftigkeit tritt dann sogleich aber auch die kategorial-inhaltliche Auswahlfrage: In der unendlichen Polyphonie der Gestalten und Sichtweisen, die uns in der Literatur unseres Sprachraums (nicht nur in Originalen, sondern auch in selbst schon klassisch gewordenen Übersetzungen) entgegentritt, spiegelt sich die ganze Vielschichtigkeit, Widersprüchlichkeit und Konfliktsfülle des geistigen Lebens unserer Epoche und Tradition. Es gibt hier kein Kategoriennetz von der Vollständigkeit eines übersehbaren Gattungsschemas, dem wir einfach Exemplare entnehmen könnten. Formal können wir uns in diesem unendlichen Meer nur an typische Verdichtungen halten, an mehr oder weniger „reine Fälle" der Gestaltwerdung je eines der großen Menschheitsthemen. Inhaltlich aber müssen wir uns entscheiden für das, was im Selbstbewußtsein unserer Epoche als das Grundlegende unserer Gesittung und unserer Geisteswelt gilt. Hierüber gibt es noch kaum Untersuchungen. Einer der wenigen Ansätze ist Wilhelm Flitners knappe Betrachtung über den „Kanon der literarischen Bildung"[2], ein Entwurf, der vorwiegend an der Situation des Gymnasiums orientiert ist, dabei aber doch manchen Hinweis enthält, in welcher Richtung auch die Didaktik des Literaturunterrichts der Volksschule weiterzuarbeiten hätte:

„Vier Gruppen des literarischen Ethos" werden von Flitner als typisch und konstitutiv für die Geisteslage Europas hervorgehoben: Der Gedankenkreis der Bibel und des Schrifttums, das sie auslegt oder sich ihr anschließt und dabei ein relativ einhelliges Ethos repräsentiert, dessen Verständnis auch für den Nichtchristen unentbehrlich ist. Sodann die Literatur der „Alten", unserer Vorfahren wie der Antike, die teils Urbilder, teils Gegenbilder des Heutigen enthält, und deren Gestaltenfülle uns die Romantiker neu erschlossen und unserer Vorstellungswelt volkspädagogisch einverleibt haben. Drittens der moderne Realismus im weitesten Sinn, der unsere Kenntnis der Welt und des Menschen ungeheuer bereichert, dabei aber meist arm an Symbolgehalt ist, es sei denn in Richtung auf die Ungesichertheit und „Geworfenheit" des Daseins hin, dessen Beurteilung von der atheistischen Verzweiflung bis zum eschatologischen Hoffen alle Spielarten

[1] cf. F. Blättner, l. c., 23 ff.
[2] Wilhelm Flitner: Grund- und Zeitfragen, l. c., 57–75.

durchläuft. Schließlich viertens der Kreis der humanistisch-klassischen Literatur mit ihrem hohen Ethos edler und maßvoller Menschlichkeit, eine reiche Kraftquelle, die unserem Zeitalter schon wieder fremd zu werden beginnt, einer gesteigerten Interpretationskunst bedarf und daher am Beginn des Jugendalters nur in Anfängen erschlossen werden kann. Soll es gelingen, den Schüler „zum Mitgenossen der abendländischen Geisteslage" zu machen, so dürfen ihm beim Hinaustreten aus der Kindheit auch die Gegensätze nicht verborgen bleiben, die zwischen diesen vier Ansätzen bestehen und das Spannungsfeld unseres geistigen Lebens beherrschen[1].

Es versteht sich, daß es der Volksschule nicht darum gehen kann, alle diese Gedanken- und Beurteilungskreise „bewußt" zu machen oder gar „über" sie zu reflektieren. So wenig, wie es ihr um Literaturgeschichte oder Ästhetik geht, kann es ihr auf Geistesgeschichte oder auf eine Systematik von Weltanschauungsformen ankommen. Die Paradigmata des Literaturunterrichts sollten nur so gewählt sein, daß auch der Volksschüler wenigstens einmal an irgendeiner Stelle eintaucht in die ethische Sphäre eines jeden dieser Bezirke. Dafür die typischsten, die prägnantesten Werke innerhalb des Umkreises derjenigen Literatur aufzusuchen, die dem Volksschüler mit Hilfe einer schlichten Auslegungskunst zugänglich ist, bleibt dringende Aufgabe der Literaturdidaktik.

Daß in den literarischen Bereich, der ein Feld der individuellen Prägungen par excellence ist, eine exemplarische Einführung überhaupt möglich ist, beruht auf einer Antinomie: Das einzelne Werk ist ganz individuell[2], ein in sich Ruhendes, ein Kosmos von innerer Unendlichkeit. Will ich es in der Tiefe erfahren, so muß ich alle übrige Welt und mich selbst vergessen können, um ganz einzutauchen in seine Sphäre, – eine Haltung, die zu wecken und darzuleben für den Literaturunterricht der Volksschule eine methodisch schwere, selten glückende, aber unaufgebbare Forderung ist. Er muß die Bilder lieben lehren um ihrer selbst willen. – Zugleich aber ist jedes dieser individuellen Bilder und Werke auch Ausdruck eines Allgemeineren; es ist

---

[1] ib., 65 ff.

[2] Selbstverständlich gibt es auch hier Gradunterschiede: Legenden, Sagen, Mythen, Märchen, Volkserzählungen und -lieder (cf. André Jolles: Einfache Formen, Halle a. d. S. 1930) können relativ leichter als Tragödien, Romane oder Balladen wie „Exemplare" für eine „Gattung" einstehen. Genaugenommen handelt es sich aber auch bei ihnen allemal um je einmalige Gebilde, so grundsätzlich ähnlich ihre Topen auch immer wiederkehren mögen. Auch sie sind daher nicht als „Exemplare", sondern als „Typen" repräsentativ.

Spiegel und Gleichnis[1] der Welt, Verdichtung und Beurteilung ihrer Wirklichkeit, Steigerung ihrer Form, Symbol ihrer Wahrheit[2]. Das Einmalige will gültig und typisch sein. Nur als Gültiges erweckt es überhaupt unser Interesse. Ich erfasse und verstehe es also bei aller selbst- und weltvergessenen Versenkung doch um so tiefer, je mehr ich von der Welt und mir selbst schon erfahren habe, erfahre aber auch mich selbst und die Welt dann wieder um so tiefer im Werke. Ohne diese Doppelheit, diesen Zirkel des Verstehens, ist der „Einstieg" in die Welt der Kunstwerke nicht zu vollbringen. Man erfährt das einmal für immer, oder man erfährt es nie. Die ästhetische Welt, nach Schiller mit der Welt des Spiels wie mit den letzten und höchsten Dingen verwandt, ist nur durch einen *Sprung* zu erreichen: „Einen Sprung muß man es nennen, weil sich eine ganz neue Kraft hier in Handlung setzt"[3]. Diese „ganz neue Kraft" gilt es an einigen Stellen beispielhaft zu realisieren.

Sachunterricht, Welt- und Lebenskunde

Der Sachunterricht, seit dem 16. Jahrhundert aus den „artes reales" heraus und in deren Ergänzung entwickelt[4], kann als die eigentliche Domäne des exemplarischen Repräsentationsprinzips gelten. Denn die „Sachen", die „Gegenstände", die als „Bildungsgüter" aufgefaßten Phänomene sind es, welche mit der ungeheuren Horizonterweiterung des modernen Bewußtseins das Problem der Stoffülle und damit auch den Ruf nach Abkürzung, Verdichtung und Entlastung haben entstehen lassen. Vorher war die Kunde von der Welt mehr beiläufig in den Texten repräsentiert, die der Grammatik und der Autorenlektüre zugrunde lagen. Erst seit der didaktischen Reform des Ratke und des Comenius wurden die „res", die „Realien", zu einem eigenen Lehrgegenstand neben dem Studium der „verba", die von ihnen reden. Comenius[5] ging es noch darum, ein Gleichgewicht herzustellen: „verba

---

[1] cf. Romano Guardini: In Spiegel und Gleichnis, Mainz 1932.

[2] cf. Herman Nohl: Zur Charakterologie des Kunstwerks, in: Deutsche Vierteljahresschrift für Literaturwissenschaft und Geistesgeschichte, VI, 1928, 391 ff.

[3] Friedrich Schiller: Über die ästhetische Erziehung des Menschen in einer Reihe von Briefen, (1793/94), in: Sämtl. Werke, Säkularausgabe, Band 12, Stuttgart und Berlin o. J., 27. Brief.

[4] cf. Wilhelm Flitner: Die vier Quellen des Volksschulgedankens, l. c., 44 ff. – Derselbe: Grund- und Zeitfragen, l. c., 93 ff.

[5] J. A. Comenius: Große Didaktik, deutsch von A. Flitner, Päd. Texte, Düsseldorf und München 1954, 22. Kap., Abschnitt 3, S. 148.

et res". Seitdem ist die Fülle der „res", die man für wissenswert und unentbehrlich hält, so angewachsen, daß nun die „verba" ihrerseits in Gefahr gekommen sind, in die Rolle der Beiläufigkeit abgedrängt zu werden.

Nach welchen Ordnungsgesichtspunkten lassen die „res" sich gliedern? Auf welche Kategorien kommt es bei ihnen an? Möglichkeiten und Auswahl des Exemplarischen hängen an dieser Frage.

Zunächst bietet sich das System der Wissenschaften als Grundschema an. Es entstehen Schulfächer, die nicht nur die gleichen Namen wie Wissenschaften tragen, sondern auch deren inneren Aufbau und deren Methode en miniature zu spiegeln versuchen: Physik und Chemie, Biologie und Geographie, Geschichte und – als jüngstes Glied dieser Kette – Sozialkunde. Dabei ist jedoch bemerkenswert, daß der Kanon der Schulfächer auch im Zeitalter der größten Triumphe des Spezialistentums immer in einem mittleren Aufgliederungsstadium stehengeblieben ist und durchaus nicht alle Spezialisierungen mitgemacht hat: Mineralogie oder Meteorologie, Prähistorie, Ethnologie oder Kunstgeschichte sind zwar ihren Gegenständen nach zumindest in Ausschnitten auch in der Schule immer einmal irgendwo vorgekommen, haben es aber ebensowenig vermocht, eigene Schulfächer zu begründen, wie die alten Disziplinen der „oberen" Fakultäten, also der Jurisprudenz, Medizin und Theologie, oder wie manches modernere Lehrgebiet, etwa Psychologie, Nationalökonomie oder Maschinenbau. Offenbar wird das heute an Universitäten und Hochschulen übliche Nebeneinander von (im Hinblick auf die Forschung) prinzipiell gleichrangigen Wissensgebieten doch didaktisch von einer Stufenfolge durchkreuzt, die auch der Positivismus nicht aufheben kann: Einzelne Wissenschaften sind für die Bildung fundamentaler als andere. Zum Vergleich bietet sich zunächst das Bild eines Baumes mit seinen Ästen und Zweigen an: Verschiedene Schultypen führen verschieden weit in die Spezialität hinein. Die Jugendbildung begnügt sich dabei mit den gröberen Ästen, gibt bestenfalls auf der Gymnasialoberstufe auch einmal Ausblicke, wohin die Verzweigungen weiterführen. Die Volksschule muß sich mit dem Erklimmen der untersten Astgabeln am Stamme begnügen. Aber auch ihre Exempla sind nach diesem Bilde schon von den Kategorien und Methoden der späteren Verzweigung bestimmt. Zwar ist ihre Art der Weltbetrachtung in vielem noch „ungefächert", aber sie bereitet die Möglichkeit späterer Differenzierungen doch im stillen schon vor. Es erübrigt sich, für diese Auffassung, die fast überall in der öffentlichen Meinung das landläufige Grundschema darstellt, Belege zu zitieren.

Doch an diesem Bilde ist nur einiges richtig, das meiste unzulänglich und vieles falsch. Zunächst ist die Gliederung der Wissenschaften selber mit dem Bild eines Baums nicht erfaßt: Wo sollte nach dem Verlust des Zentrums in der Philosophie heute der Stamm dieses Baums noch gesucht werden? Sind da nicht mehrere verschiedenartige Stämme, die sich „radikal", von der Wurzel her, unterscheiden, – möglicherweise ein ganzer Wald? Am bekanntesten ist die Differenz zwischen den Natur- und den Geisteswissenschaften. Aber das ist nur ein besonders auffälliger Gegensatz. Jede Einzelwissenschaft kann, sobald man ihr Verhältnis zu den jeweiligen Nachbar- und Hilfswissenschaften ins Auge faßt, Belege dafür bieten, daß das Bild einer einfachen Verzweigung nicht hinreicht. Was hier als Fundament erscheint, wird dort zur Fragwürdigkeit eigener Art. Überall Mehrdeutigkeiten, rational bodenlose Axiome, schwebende Zirkel. Überall divergierende Aspekte in nahezu beliebig vermehrbarer Zahl, zwischen denen es keine allgemein anerkannten Gerüste, keine festen Grenzen und oft nicht einmal fließende Übergänge gibt, sondern nur Vakuum und Sprünge. So bliebe einem Unterricht, der propädeutisch auf die Wissenschaft hinzielen wollte, nur die Entscheidung für solche Aspekte und Gegenstände, die sich wenigstens je in sich selbst durch ihre innere Einheit und Kontinuität als relativ „rein" destillierbar auszeichnen. Es bliebe nur die Entscheidung für *Typen* von wissenschaftlichen Erfahrungs- und Denkweisen (einschließlich der sich unter deren jeweiligem Aspekt konstituierenden Gegenstandsbereiche), die innerhalb der Wissenschaft selbst weder über noch unter sich ein unanfechtbares Verzweigungssystem kennen.

Aber geht es in der grundlegenden Sach- und Weltorientierung der Schule überhaupt um das wissenschaftlich spezielle und damit immer nur methodisch isoliert erweisbare Wissen als solches? Schon für die Gymnasien, die auf die Reife für wissenschaftliche Studien hinzielen, ist dies längst problematisch geworden[1]. In der Volksschuldidaktik, wo es auf die Reife für wissenschaftliche Studien nicht ankommt, hat man seit langem empfunden, daß der (vermeintlich) systematische Zusammenhang der Wissenschaften nicht nur methodisch unerreichbar bleibt, sondern der eigentlichen Volksschulaufgabe als Lehrgangsziel sogar hindernd im Wege stehen kann. Wo Volksschulkinder auf ihre Berufslehre und Lebensbemeisterung vorbereitet werden sollen, geht es zu eindeutig um eine Lebensorientierung unmittelbar praktischer und emotionaler, sozialer, politischer und sittlicher Art, als daß man die

[1] cf. W. Flitner: Grund- und Zeitfragen, l. c., 78 ff. – Max Zollinger: Hochschulreife, Zürich und Leipzig 1939.

dafür erforderliche Weltkenntnis erst auf dem Umweg über die zunächst zerstreuenden und dann wieder sammelnden Prismen wissenschaftlicher Reflexionen gewinnen könnte, die so komplizierte und fremdartige Bilder erzeugen.

So weit, so gut. Doch welche Realkenntnisse sind dann für die Lebensbemeisterung des Volksschülers in der heutigen und morgigen Welt gut, welche wichtig, welche unentbehrlich? Wie soll man das Wesentliche vom Unwesentlichen, das Repräsentative vom Beiläufigen scheiden, wenn es kein wissenschaftlich einheitliches Verzweigungssystem gibt, das durch sich selbst die Hinsichten auswählt, auf welche die Exempla zu beziehen sind?

Seit dem Ende des vorigen Jahrhunderts haben Pioniere der Volksschuldidaktik begonnen, nach eigenen, „lebensnäheren" Kategorien für die Auswahl der Realien zu suchen, als sie die immer tiefer in die Spezialität sich verstrickenden Wissenschaften liefern konnten. So hat J. Königsbauer[1] vorgeschlagen, unmittelbar von menschlichen Interessen auszugehen; er versuchte, einen Katalog von 19 Hauptgliedern zusammenzustellen, der mit den Interessen der „Nahrung", „Kleidung" und „Wohnung" beginnt und über „Landschaft", „Wetter" und „Gestirne" zu künstlerischen und geschichtlichen Interessen hinüberleitet. Ein Jahr später veröffentlichte Richard Seyfert die erste Auflage seiner „Arbeitskunde"[2], die sich an ähnlichen Ausgangspunkten orientiert, dann aber mit den „physikalischen und technischen Grundlagen" der „Kulturarbeit", der „Großindustrie" oder des „Fernverkehrs", mit den Gesetzen und Grundstoffen der „Chemischen Industrie" oder mit der „Elektrizität im Dienste des Menschen" auch wieder wissenschaftlich gegliederte Fragenkreise mit hereinzieht. In die Zeit um die Jahrhundertwende fällt auch der Plan des belgischen Arztes Ovide Decroly, der, ausgehend von seinen Erfahrungen an entwicklungsgehemmten Kindern, die in der damaligen „alten Lernschule" geistig verkümmern mußten, in Brüssel seine berühmt gewordene „Ecole pour la vie par la vie" (1907) begründete, in welcher er die „Interessenkomplexe" seines Unterrichtsaufbaus auf vier Grundbedürfnisse

[1] J. Königsbauer: Zur Reform des Unterrichtsbetriebes in Volksschulen, Bamberg 1894.

[2] Richard Seyfert: Die Arbeitskunde in der Volks- und allgemeinen Fortbildungsschule. Ein Vorschlag zur Vereinheitlichung der Naturlehre, Chemie, Mineralogie, Technologie usw. 1. Auflage Leipzig 1895; spätere Auflagen unter dem Titel: Arbeitskunde als Bildungsmittel zu Arbeitssinn und Arbeitsgemeinschaft, zuletzt die 12. Auflage, hg. von F. Pasternak, Worms 1954.

des Menschen zurückführte: Nahrung, Schutz vor Witterung, Schutz vor Feinden sowie Arbeit, Emporkommen und Erholung in der Gemeinschaft[1].

Diese Versuche, ein eigenes Kategoriengefüge der für die Volksschule wesentlichen Problemfelder darzustellen, haben unterrichtsmethodisch auflockernd und befruchtend gewirkt. Jedoch: Über die didaktischen Inhalte, die in solchen modellhaften Sachstunden oder Epochen zu repräsentieren sind, oder gar über deren zyklischen oder gestuften Zusammenhang vermochten auch die produktivsten Reformer weder untereinander noch in der pädagogischen Öffentlichkeit den für die Aufstellung eines Bildungsplans notwendigen Konsensus herbeizuführen. Allzusehr haftet allen diesen Plänen das Merkmal des an die Person gebundenen genialischen Schwungs, der Improvisation, ja der Willkür an, die zudem trotz betonter Abkehr von der Wissenschaft vielfach deutliche Züge wissenschaftlicher Zeitströmungen trägt.

Ein neuerer Versuch, über die Ansätze der Jahrhundertwende hinauszukommen, wurde von Carl Schietzel unternommen, der von einer eigens entwickelten Theorie des „volkstümlichen Denkens" aus zunächst sechs Wirklichkeitsbereiche, die der Volksschule zuzuordnen sind, beschrieb. Es sind dies:

1. Der menschliche Leib;
2. Die technische Welt;
3. Zucht von Tieren und Pflanzen;
4. Die freie Tier- und Pflanzenwelt;
5. Das Wetter (der Himmel);
6. Die Natur: Landschaft, Siedlung, Bodenschätze.

„Diese Welten begegnen im Leben, in ihnen denkt das Volk, und aus ihnen müssen Arten der klärenden Kunde entstehen."[2] In einer späteren Schrift reduzierte er diesen Katalog auf drei zentrale Bereiche: auf den „Leib und die Leibesnotdurft", die „Arbeit" und die „Natur" als „die aus dem Denk- und Lebenskreis des Volkes entwickelten Interessen, denen die Schule genügen muß"[3]. Doch auch hier ist alles noch Anfang. Die „elementare Phänomenologie des Vorhandenen", von der

---

[1] cf. Amélie Hamaïde: Die Methode Decroly, deutsch Weimar 1928, 17.

[2] Carl Schietzel: Das volkstümliche Denken und der naturkundliche Unterricht in der Volksschule. Volkstum und Erziehung, hg. von W. Flitner, 3. Band, Hamburg 1939, 100.

[3] Derselbe: Das volkstümliche Denken und der sachkundliche Unterricht in der Volksschule, Hamburg 1948, 87 ff.

Schietzel in einem späteren Aufsatz spricht[1], bleibt bei aller methodischen Überzeugungskraft, die sie am einzelnen Unterrichtsbeispiel entfaltet, in ihren Gesamtumrissen noch zu sehr Forderung und Programm, als daß sie als Antwort auf unsere Frage schon ausreichen könnte. Die Kategorien, für welche die Exempla zu suchen sind, bleiben vorerst noch undeutlich. Wir stehen vor einem offenen Feld.

Auch in dem Beispiel eines möglichen Bildungsgangs der Sachkunde, das die Hamburger Schulbehörde in ihren Vorläufigen Richtlinien für die Praktische Oberschule vorlegt[2], sind die Prinzipien der Auswahl nicht eindeutig formuliert. Dort heißt es zwar, daß „aus der verwirrenden Vielfalt des Stoffes ... einige wenige und typische Erscheinungen ausgewählt und gründlich erforscht werden" müßten. Wofür sie aber typisch sein sollen, bleibt unbestimmt: „An ihnen muß beispielhaft das Wesen und die Struktur des Lebens und der Dinge deutlich werden", – des Lebens und der Dinge! Das ist viel; das ist beinahe alles, was es in der Welt gibt. So werden als Beispiele für das 7. Schuljahr etwa genannt: Primitive Völker; Jäger, Fischer und Sammler in der Vorgeschichte; das bäuerliche Leben, das Gehöft, das Dorf; der Reisbauer in Indien, der Fellache in Ägypten, Weizenbau in Kanada; Besiedlung des Ostens, Bauernkrieg; die Erforschung Afrikas; das Feuer; der Wagen; einige Grundnahrungsmittel; der Garten; die Großwildjagd und mancherlei anderes. Das Problematische dieses als bloße Anregung gedachten Bildungsplans besteht nicht etwa darin, daß er sich abwechselnd in heterogenen Kategorien bewegt, einmal „Anschlußstoffe" im Zusammenhang ausschreitet, ein andermal von Epoche zu Epoche springt. Aus alledem kann sich bei methodischer Kunst, Freiheit und Zucht durchaus ein lebendiger, auch für den „Rest" der Volksschüler interessanter und gründlicher Unterricht ergeben. Problematisch ist vielmehr der Umstand, daß die Lehrer, denen dieser Plan als Anregung übergeben ist, über die Gegenstandskategorien und Sichtweisen, die durch die genannten Beispiele repräsentiert werden sollen, im unklaren belassen bleiben. Was sollte für sie näherliegen, als in der begrifflichen Ratlosigkeit sich entweder subjektiver Willkür in die Arme zu werfen, wobei ganze Felder des geistigen Lebens (auch des „volkstümlichen") unbemerkt zu kurz kommen können, oder aber doch wieder auf die alten Fächereinteilungen zurückzugehen, zumal ja die

---

[1] Derselbe: Die Welt der Sterne, in: Westermanns Päd. Beitr. VIII, 1956, 55. – cf. auch: Derselbe: Die Technik als Unterrichtsgegenstand der Volksschule, ib., 1956, 281–291.

[2] Vorläufige Richtlinien für die Erziehung und den Unterricht in der Praktischen Oberschule, Hamburg 1952, 9 ff.

meisten der Beispiele sich der Stiftung solcher Beziehungen kaum widersetzen.

Solange der „Kanon des durch die Schule zu garantierenden Sachwissens"[1] kategorial keine präzisere Formulierung erfährt, ist auch seine exemplarische Repräsentation nicht vollziehbar.

Fassen wir das Bisherige zusammen: Wir haben gesehen, daß das System der Wissenschaften als solches nicht hinreicht für eine Bestimmung und Gliederung der Realien, mit denen vertraut zu werden für den Volksschüler wesentlich ist. Wir mußten ferner erfahren, daß die methodisch fruchtbaren Ansätze zur Entwicklung einer eigenständigen Volksschul-Sachkunde didaktisch noch nicht weit genug abgeklärt sind, um schon einen planvollen und in der exemplarischen Zielsetzung eindeutigen Bildungsgang begründen zu können. Sie geben der Improvisation und der methodischen Initiative zwar einen begrüßenswerten Spielraum, lassen aber im extremen Gegensatz zu den alten gefächerten Lehrplänen jede Verbindlichkeit im Hinblick auf den Lehrgehalt missen. So vermögen sie zwar der sogenannten „Formalbildung", der Methode des geistigen Arbeitens eine allgemeine Richtschnur zu geben. Aber hier geht es ja um die „res", um die verbindlichen Sachkategorien, die in der Schule aufzuschließen sind. Ihnen gegenüber wird es vermutlich gerade auf verschiedene Methoden, Arbeitsweisen und geistige Grundeinstellungen ankommen. Doch auf welche? Wo zeigt sich ein Ausweg?

Es erhebt sich die Frage, ob nicht die ganze in der Volksschuldidaktik seit Jahrzehnten entwickelte Polemik gegen die „Fächerung"[2] von dem Augenblick an ins Leere stößt, in dem man unter den „Fächern" nicht mehr wissenschaftlich spezialisierte (Pseudo-)Forschungsdisziplinen versteht, deren Ziel die systematische oder gar vollständige Ausbreitung des jeweils letzten, vermöge methodischer Isolierung gesicherten Fachwissens nach neuestem Stand ist. Sieht man in den Schulfächern vielmehr akzentuierte Glieder eines Kanons von menschlichen Grundfragen an die Welt, so ist auch die Möglichkeit ihrer exemplarischen Erschließung gewährleistet. Man wird sie in Tragweite, Inhalt und Umfang weder mit den wissenschaftlichen Disziplinen gleichen Namens verwechseln noch ganz von ihnen ablösen wollen. Schon Kerschensteiners Kritik an Königsbauers „Inter-

[1] Vorläufige Richtlinien für die Erziehung und den Unterricht in der Technischen Oberschule, Hamburg 1952, 8.

[2] Hierunter sind *nicht* die berechtigten *methodischen* Argumente zu verstehen, die gegen die Buntscheckigkeit der Stundenpläne und für den Epochenunterricht vorgebracht wurden!

essen"-Plan enthält den Hinweis, daß allein die Existenz und Lebensdauer der Schulfächer dafür spreche, daß es sich bei ihnen gleichsam um ungewollte Produkte des menschlichen Geistes handle[1]. Man wird sie zwar kaum, wie Kerschensteiner meint, als „psychologische Notwendigkeit" auffassen dürfen. Aber jedes Schulfach ist doch eine historisch mächtige Realität eigener Art. Gerade den Unterschied zwischen seiner Bildungsfunktion und der ganz andern Funktion der ihm zugeordneten Fachwissenschaften wird man schärfer, als dies noch für Kerschensteiner möglich war, ins Auge zu fassen haben. Die Begriffe der „Kunde"[2], des „Umgangs"[3] und der „Zwischenwelt"[4], die als pädagogische Kategorien erst in der neueren Diskussion präzisiert worden sind, bieten dafür einige brauchbare Handhaben. Von einer systematischen Klärung und Ordnung dieses ganzen Fragenkomplexes, der das Wechselverhältnis zwischen „Schulstudien" und „Forschungsdisziplinen" betrifft[5], sind wir freilich noch weit entfernt.

In unserem Gedankengang mag daher die Feststellung genügen, daß die „Fächer" ihren Schrecken verlieren, sobald man sie aller pseudowissenschaftlichen Ambitionen entkleidet und nicht als lückenlos vollgepackte Schubladen versteht, sondern als grundsätzliche Fragemöglichkeiten an die Wirklichkeit, die uns bei der Sichtung und Ordnung der „res" zu helfen vermögen. Sie alle haben einmal in der Geschichte entdeckt werden müssen und sollten, nachdem sie Allgemeingut unserer Kulturwirklichkeit geworden sind, nicht ohne Not und nicht ohne besseren Ersatz wieder preisgegeben werden.

Auf der anderen Seite sind auch die „Interessen" und „Bedürfnisse" des Menschen in ihrer Inhaltlichkeit historisch bestimmt, weil der Mensch selber ein geschichtliches Wesen ist. Ihr Zusammenspiel ist so wenig wie der Zyklus der „Fächer" zu einem erschöpfenden System perfektionierbar. Wir müssen einsehen lernen, daß die Didaktik eine

---

[1] Georg Kerschensteiner: Betrachtungen zur Theorie des Lehrplanes, 2. Aufl. München 1901, 75 ff.

[2] cf. Herman Nohl: Pädagogische Menschenkunde, in: Päd. Aufsätze, 2. Aufl., Langensalza 1929, 201 f. – Ders.: Schule und Alltag, in: Pädagogik aus dreißig Jahren, Frankfurt 1949, 112 ff. – Elisabeth Heß-Krug: Die Kunde in der Pädagogik. Göttinger Studien z. Pädagogik, hg. v. H. Nohl, 1934.

[3] cf. Theodor Litt: Das Bildungsideal der deutschen Klassik und die moderne Arbeitswelt. Schriftenreihe der Bundeszentrale für Heimatdienst, Heft 15, Bonn 1955, 132 ff.

[4] cf. Eduard Spranger: Der Eigengeist der Volksschule, Heidelberg 1955, 29 ff.

[5] cf. Wilhelm Flitner: Grund- und Zeitfragen, l. c., 78 ff.

Kunst des Möglichen ist, in welcher es auf Kompromisse ankommt, die nicht „faul“ zu sein brauchen. Je deutlicher man darauf verzichtet, alles aus einem Baum wachsen und sich verzweigen lassen zu wollen, je klarer man zugibt, daß es verschiedener Einsatzpunkte und „Einstiege“ bedarf, um die Fülle und Vielschichtigkeit der Realwelt auch nur annähernd erfassen zu können, desto ehrlicher wird der Kompromiß, desto tragfähiger die „Brücke“ zwischen den „Eigenwelten“ der Jugend und der „einen maßgebenden Kulturwirklichkeit“ (Spranger) sein.

Daß auch für den Volksschüler (und sogar für den „Rest“ der sogenannten „uninteressierten“, „dummen“, „faulen“ und „schwierigen“ Schüler) solche Brücken methodisch möglich sind, hat Karl Stieger mit seiner Modellschule in Rorschach gezeigt: In Werkstatt und Haushalt, Nähstube, Küche und Garten weckt und pflegt er die alterstypischen Interessen seiner Primarschüler durch Umgang mit den Dingen und durch Selbertun. Aber er leitet sie von da aus dann weiter, indem er sie an „thematischen Stoffreihen“ entlang unter beständigem Rückgriff auf eigenes Versuchen, Beobachten, Experimentieren und Forschen „inneren Sachzusammenhängen“ nachspüren läßt, die nicht anders als durch „fachliche“ Beschränkung der Fragestellung sichtbar werden können. Deshalb lehnt er den „Gesamtunterricht“ als Ordnungsprinzip für die Sach- und Weltkunde entschieden ab[1] und sucht in akzentuierter Trennung der Sichtweisen vom Schulgarten aus zu biologischen und geographischen, von der Küche aus zu chemischen, gesundheitskundlichen und physikalischen, von Werkstatt, Küche und Garten aus zu physikalischen, aber auch zu staatskundlichen, sozial- und kulturgeschichtlichen „Arbeitsreihen“ zu kommen. Das heißt, er gliedert die Gesamtheit des Sachunterrichts und der Weltorientierung nach Aspekten auf und schlägt von seinen methodisch bereitgestellten „Erfahrungsgrundlagen“ aus verschiedene Brücken zu den „Fächern“ hinüber, ohne daß er den Ehrgeiz hätte, diese „Fächer“ in pseudowissenschaftlicher Manier systematisch erschöpfen zu wollen.

Stiegers Grenze dürfte da liegen, wo Sinnzusammenhänge eigener – etwa geschichtlicher – Art ebenfalls an solche „Reihen“ angeschlossen werden sollen, die sich aus methodisch organisierten Erfahrungsgrundlagen ergeben. Der freie Gesprächskreis ist aber eine Inter-

---

[1] Karl Stieger: Unterricht auf werktätiger Grundlage, Olten (Schweiz) und Freiburg i. Br. 1951, 63 ff. – cf. auch das Schulmodell, das Franz Josef Vogt in seinem „Werkhof Hangenmeilingen“ bei Limburg (Lahn) nach sehr ähnlichen Prinzipien aufgebaut hat (Hessische Beiträge zur Schulreform, V. Jg., 1953, Heft 1: „Vom Werken zur Bildung – in allen Schularten“).

essen- und Erfahrungsgrundlage besonderer Art, in welchem die Kunde aus der Ferne wie aus der Vergangenheit ihre eigenen Ordnungsprinzipien entfaltet, die oftmals die sonstigen Ordnungen der Sachwelt überspringt und durchkreuzt. Auch ist innerhalb der Sachwelt das den Hamburger Bemühungen entwachsene Argument Fritz Stückraths zu beachten, daß die technische Welt ein Bereich sui generis ist, der durch physikalische und chemische Reihen allein nicht erschöpfbar ist, weil seine Gebilde den Unterricht vor Komplexe stellen, die „quer zu den Kategorien der Naturwissenschaft" liegen, dabei oft elementarer und kindnäher als diese und keine bloßen Fälle der „Anwendung wissenschaftlicher Erkenntnis" sind[1].

Dem Stiegerschen Plan wären deshalb Ergänzungen zu wünschen: Einmal nach der Seite des besinnlich-kontemplativen Gesprächskreises hin, der auch einmal getrost auf schulisch organisierte Erfahrungsgrundlagen verzichtet, ohne sogleich wie ein mißverstandener „Gesamtunterricht" zu einem „oberflächlichen Schwatzen" führen zu müssen[2]. Andererseits wäre in die Stiegerschen Reihen ohne Schwierigkeiten auch ein epochenmäßiger Unterricht einblendbar, der „das Technische in den Mittelpunkt rückt"[3]. Da es dabei so wenig um einen kompletten Lehrgang der Technologie gehen kann, wie es in Stiegers thematischen Reihen um komplette Lehrgänge der Physik und Chemie geht, bedürfte es unter der Einsicht, daß hier ein eigenständiger wesentlicher Aspekt unserer modernen Welt vorliegt, nur einer gelegentlichen Akzentverschiebung[4]. Der Hamburger Plan andererseits könnte aus Stiegers Anregungen Gewinn ziehen, wenn er seinen (nach Art des Gesamtunterrichts zugleich inselhaften wie allseitig offenen) Beispielthemen deutlich zugespitzte Fragestellungen überordnete, die den Grundaspekten alter und neuer Schulfächer nicht ausweichen, sondern sie beim Namen nennen[5]. Wenn man von vornherein im Bewußtsein behält, daß Perfektion von keinem Ansatz her

---

[1] Fritz Stückrath: Die geistige Entwicklung des Kindes in der technischen Wirklichkeit, in: Westermanns Päd. Beiträge, VIII, 1956, 219.

[2] Stieger, l. c., 64.

[3] Stückrath, l. c., 218.

[4] Stiegers physikalische Reihen sind ohnehin stark an technischen Geräten orientiert (cf. etwa sein Beispiel l. c., 47 f.).

[5] So tun es u. a. die „Bildungspläne für die allgemeinbildenden Schulen im Lande Hessen", die in ihrem Volksschulteil einen als Diskussionsgrundlage brauchbaren Kompromiß der Prinzipien erreicht haben (cf. Amtsblatt des Hessischen Ministers für Erziehung und Volksbildung, Jg. 9, Sondernummer, Wiesbaden, März 1956, 92–100).

möglich ist, sondern daß es darauf ankommt, Türen zu öffnen, wird hier in puncto Stoffüberlastung nichts zu befürchten sein.

Fragen wir also, welche Türen es sind, die wir dem Volksschüler zu öffnen haben, und wie die Gemächer aussehen, die sich dahinter auftun!

Es entspricht einer alten Tradition, in der Volksschule „Naturkunde“ und „Naturlehre“ einerseits, „Erdkunde“ und „Geschichte“ andererseits als die grundlegenden Fächer der Weltorientierung einander gegenüberzustellen. Während die beiden ersten auf eine vorwiegend allgemeine (wissenschaftlich würde man sagen: systematische) Orientierung gerichtet sind, auf relativ orts- und zeitunabhängige Strukturen, haben die letzteren zunächst einen je einmaligen Zusammenhang zum Inhalt: den räumlich-topographischen und den zeitlichen. Freilich wird diese Einteilung in der Realität sogleich tausendfältig durchbrochen: Die Naturkunde geht etwa methodisch von heimatlichen Gegebenheiten, also je einmaligen Konstellationen aus und hat es auch immer wieder einmal mit zeitlich und räumlich lokalisierbaren Gegebenheiten zu tun. Erdkunde und Geschichte anderseits stoßen auch immer irgendwo auf wiederkehrende Strukturen, die Erdkunde in ihrem allgemeinen Teil, dessen Gegenstände mit denen der Naturkunde gelegentlich identisch sein können, und die Geschichte da, wo sie zu sozial- und menschenkundlichen Einsichten hinüberleitet. Dennoch darf man die Verschiedenheit jener Grunddimensionen doch wenigstens heuristisch und vorläufig zum Ansatz für weitere Unterscheidungen nehmen.

Unter „*Naturkunde*“ wollen wir hier die Kunde von der Natur in ihrer ganzen Breite verstehen, wie sie dem realistischen Weltblick naiv gegeben ist: Steine und Sterne, Erde, Wolken und Winde, Sonne und Regen, Pflanzen und Tiere, der menschliche Leib. Wie verhält sich das exemplarische Repräsentationsprinzip zur material unabschließbaren Fülle dieser Erscheinungen?

Zunächst ist in Analogie zur Sprachbildung festzustellen, daß die naturkundliche Bildung eines Menschen in der Ebene der Anschauung und Umgangserfahrung gar nicht reich und differenziert genug gewünscht werden kann. Die Volksschulen haben hier in früherer Zeit, etwa in den ländlichen und kleinstädtischen Verhältnissen des vorigen Jahrhunderts, eine Fülle und Feinheit des Wissens zu pflegen vermocht, die unserer modernen Welt, vor allem in den Großstädten, weitgehend verlorengegangen ist. Wer unterscheidet noch Vogelstimmen, wer hat noch Namen für die Gräser und das Gesträuch, wer weiß die Gestirne zu nennen? Solch ein Benennen ist mehr als ein leerer Wortgebrauch.

Indem unsere Sprache auf diesem Gebiete verarmt, verarmt auch unsere Kunde von der Sache selbst, und die Sprachverkümmerung ist nur das Symptom einer Wandlung unseres Weltverhältnisses überhaupt: Wir stehen nicht mehr mit dem gleichen geborgenen Vertrauen in der „natürlichen Natur" wie noch die Generation unserer Groß- oder Urgroßeltern[1]. Darüber wird heute viel geklagt. Doch man darf den Einfluß der Schule hier so wenig überschätzen und überfordern wie im Bereich der muttersprachlichen Bildung: Ihr Unterricht erschafft die umgebende Natur nicht erst neu für das Kind, sondern vermag die Besinnung nur hier und da beispielhaft auf „gelebtes Leben" zu lenken. Wo die Umgangserfahrungen verkümmert sind, erwächst ihr freilich die Pflicht, im Schulleben, im Schulgarten und im Schulhause selbst, durch die Pflege von Pflanzen und Tieren, aber auch auf Wanderungen und im Heimaufenthalt, bei planvollen Beobachtungen des Wetters oder im Aufblick zur Sternenwelt immer neue eigene Kontakte zur Natur zu suchen und zu stiften, wofür etwa Ovide Decroly[2], aber auch Schietzel und Stieger realisierbare Beispiele schildern[3]. Damit diese Kontakte echt und nicht nur äußerlich sind, müssen sie „wesentlich und andauernd" in das Schulleben einbezogen werden, d. h. sie brauchen Zeit und Geduld, bedürfen der ständigen achtsamen Pflege, der häufigen Erneuerung und Wiederholung[4]. Mit bloß einmaligen „Einstiegen" ist hier, wo es auf Fülle ankommt, nichts getan. Wir befinden uns auf einer Ebene, die noch diesseits fortschreitender Lehrgänge liegt, einem Boden, der, wo er nicht vorgefunden wird, von der Schule erst mühsam geschaffen und angereichert werden muß, damit naturkundliche Lehrgänge überhaupt eine Grundlage haben. Wir haben es hier mit einer Ersatz- und Hilfsfunktion der Schule für das Leben zu tun, die derjenigen der „sprachregelnden Übungen" für das verkümmerte Sprachleben in gewisser Weise analog ist (s. o., S. 108 ff.).

Freilich werden auch diese Maßnahmen unter dem Gesichtspunkt ihrer „ausstrahlenden" Wirkung erfolgen. Insofern kann man auch sie „exemplarisch" nennen, obwohl das Prinzip des „Ein für allemal" dem der Kontinuität und Wiederholung den Vorrang läßt. Aber die „Ausstrahlung" ist hier doch noch so allgemein auf den Umgang mit Lebewesen und Erscheinungen der Natur überhaupt gerichtet, auf Pflege,

---

[1] cf. Romano Guardini: Das Ende der Neuzeit, Basel 1950, 85.

[2] Amélie Hamaïde: Die Methode Decroly, deutsch Weimar 1928, 13.

[3] Schietzel, l. c. (1939), 104 ff. – Derselbe: Die Welt der Sterne, in: Westermanns Päd. Beitr., VIII, 1956, 54 f. – Stieger, l. c., 21 ff.

[4] cf. Schietzel, l. c. (1939), 106 und 108.

Wartung und staunendes Entdecken als personelle Grundhaltungen gegenüber der Natur als einem Ganzen, daß von einem verbindlichen Kanon oder einem zu repräsentierenden sachlichen Kategoriengefüge noch nicht die Rede zu sein braucht. Es ist gleich, ob man Hamster, Molche oder Zierfische hegt, Bohnen oder Nachtschattengewächse züchtet, wenn man nur überhaupt mit Tieren und Pflanzen angemessen umgehen und leben lernt, sie mit der Klasse aufwachsen sieht, und dies nicht nur am Rande, mehr schlecht als recht von „Ordnungsschülern" betreut[1], sondern in einem „Naturrahmen"[2], der den örtlichen Verhältnissen entsprechend ein an Charakterzügen reiches Gesicht hat.

Dies ist die Grundlage. Doch nun setzen naturkundliche Lehrgänge ein – entweder schrittweise über lange Zeiträume hinweg oder (besser) in zeitlich und thematisch begrenzten, akzentuierten Epochen. Es setzt die planvolle Besinnung auf das im Alltag und im Schulleben durch Umgang Erfahrene ein, das durch Kunde von nicht mehr selber zu beobachtenden Erscheinungen ergänzt und bereichert wird: Tiergeschichten, Jagdschilderungen, Reiseberichte, die manchmal anschaulicher und lebendiger sein können als die verkümmerten, freilich immer noch wertvollen Begegnungsweisen im zoologischen oder botanischen Garten, erweitern das naive Naturbild. Sie reichern gleichsam eine noch diffuse Lösung unaufhörlich an, in die nun durch besinnliche Lehrgänge Kristallisationsfäden gelegt werden, die wachsende Kristallisationskerne stiften.

Sogleich entsteht die Frage, welche „Fäden" und „Kerne" für Volksschulverhältnisse die günstigsten sind, welche sich für die Lebensorientierung als empfehlenswert, welche als unentbehrlich herausstellen. Denn hier kann es ja nicht mehr einfach auf eine beliebige Fülle ankommen. Die Liebhaberei eines Fachlehrers, der auf seinem Studiengebiet unendlich viel kann und weiß, darf das Maß ebensowenig bestimmen wie die zufälligen Vorstellungen eines pädagogisch enthusiasmierten, naturkundlich aber dilettierenden Laien. Es gibt eine obere und eine untere Grenze, jenseits derer die Verkettung der Tatsachen entweder für das kindliche Bewußtsein verwirrend oder einseitig schematisiert bleibt. Die „Fäden" müssen klar voneinander abgehoben und dürfen doch nicht ohne Zusammenhang sein; sie müssen sich berühren und kreuzen, ohne sich für das Verständnis des Schülers allzusehr zu verschlingen.

Die Mannigfaltigkeit sowohl der Lebenserscheinungen selbst als

---

[1] ib., 106 f.

[2] A. Hamaïde: Die Methode Decroly, l. c., 13 und 16.

auch der ihnen gegenüber anwendbaren Fragestellungen ist so unabsehbar, daß selbst die biologischen Wissenschaften von einem „geschlossenen Lehrsystem“ weit entfernt sind. Ihre Zusammenschau in der „allgemeinen Biologie“ vollzieht sich auf einer hohen Abstraktionsstufe, die für Volksschulkinder auch als Fernziel unerreichbar bleibt[1]. Gleichwohl haben einzelne wissenschaftliche Fragestellungen, die zu bestimmten Zeiten vorherrschend waren, schon immer auf den Schulunterricht zurückgewirkt und wertvolle Anregungen gegeben[2]. Auch die Volksschul-Naturkunde verdankt ihnen viel und braucht sich von ihnen nicht abzuschnüren. Sie darf nur nicht vergessen, daß sie den methodischen Gang aktueller Forschung im Unterricht nicht nachvollziehen kann, und daß auch der bestorganisierte Arbeitsunterricht, der die Schüler zu ernsten kleinen Forschern macht, die Einsichten der Wissenschaft nicht „erschleichen“ kann[3]. Unter dieser Einschränkung kann sie durchaus Anregung und Nutzen aus all jenen Sehweisen ziehen, die, nachdem sie einmal von produktiven Forschern und Denkern entdeckt worden sind, in unserer Kulturwirklichkeit zugleich bewährte Ordnungsweisen der gegenständlichen Welt und Konstituenten geistiger Horizonte geworden sind.

Welche Perspektiven sind für die Schule brauchbar? Walther Schönichen hat für den „naturgeschichtlichen“ Unterricht der höheren Schulen die folgenden Auffassungsweisen, die alle in der Wissenschaft ihre Entsprechung haben, als grundlegend dargestellt:

Morphologie;

Systematik;

---

[1] cf. Philipp Depdolla, in: Walther Schönichen: Methodik und Technik des naturgeschichtlichen Unterrichts, Leipzig 1926, 292. – Sodann neben Schietzels genannten Untersuchungen Fritz Stückrath: Das Tier in der Welt des Kindes, in: Ztschr. f. angew. Psychol., 1940. – Ders.: Kindeseigene Zoologie, in: Westermanns Päd. Beitr., 1952. – Fritz Plötz: Kind und lebendige Natur, München 1955.

[2] So begann nach der Herrschaft des Linnéschen Systems der genetische Gesichtspunkt der Deszendenztheorie auf die Schule zu wirken. Nachdem K. Möbius die Perspektiven der „Biocönose“ entwickelt hatte, gelangten sie in vereinfachter Form durch Fr. Junge als Frage nach den „Lebensgemeinschaften“ in die Volksschul-Naturkunde. Otto Schmeils bionomisch-ökologische Betrachtungsweise war von vornherein zugleich wissenschaftlich und didaktisch orientiert. Und Jakob von Uexkülls Umweltlehre blieb ebensowenig ohne Wirkung auf die Schulbiologie, wie die neueren Forschungen von Lorenz, Portmann, Tinbergen u. a. ohne Spuren bleiben werden.

[3] cf. Ottomar Wichmann: Eigengesetz und bildender Wert der Lehrfächer, Halle a. d. S. 1930, 30 ff. und 129 ff.

Biologische Naturauffassung (enthaltend funktionelle Gesichtspunkte wie: Stoffwechsel, Fortpflanzung, Bewegung, Reiz- und Sinnesleben);

Lebensgemeinschaften und Genossenschaftsleben;

Abstammungslehre.[1]

Eine spezielle Didaktik der Volksschul-Naturkunde, die das exemplarische Lehrprinzip verwirklichen will, hätte diesen (oder einen ähnlichen) Katalog daraufhin zu prüfen, ob und wie weit seine verschiedenartigen Perspektiven – ohne allen Anspruch auf lückenlose Begründbarkeit, die ja immer erst auf der (utopischen) Stufe vollendeter Wissenschaftlichkeit möglich ist, – auch schon Gesichtspunkte für ein laientümliches Verständnis der mannigfaltigen Welt des Lebendigen enthalten. Es geht gleichsam um Scheinwerfer, die von verschiedenen Seiten her ein je eigenes Relief aus dieser Welt herausheben. Mehr als solch ein „Anstrahlen" von Zusammenhängen, die man an einzelnen überschaubaren Gegebenheiten genau verfolgt, wird ohnehin nicht möglich sein. Wichtig ist nur, daß auch bei aller Beschränkung des „Stoffs" die Mannigfaltigkeit der „Aspekte" nicht zu kurz kommt. Keine der Perspektiven kann die andere ersetzen, keine kann ganz ohne die andere bestehen. Keine nützt etwas, wenn sie sich – etwa im Gefolge einer wissenschaftlichen Modeströmung – usurpatorisch in den Vordergrund spielt, keine, wenn sie als bloßer „Überblick" schon meint, das „Ganze" erfaßt zu haben.

Wenn das Verständnis der natürlichen Welt auch nicht abschließbar ist, versuchen wir wenigstens, es in Ansätzen aufzuschließen! Wie diese Ansätze in einem höheren und abstrakteren System sich dereinst einmal zusammenordnen lassen, mag für die Volksbildung gleichgültig bleiben, wenn nur von jedem Ansatz her ein in sich stimmiges Stück elementaren Naturverständnisses aufgebaut werden kann. Geschieht dies von dem Boden eines soliden Umgangs mit Lebendigem aus, erweitert durch eine reiche und vielseitige Kunde, so mögen die logischen Verknüpfungen der übergreifenden Horizonte auf sich beruhen.

Man braucht also nicht alle Zweige des „Systems" durch je ein „Exemplar" zu repräsentieren; es genügt, wenn die Weise des Zusammenhangs zwischen Exemplaren, Arten, Gattungen, Familien und Ordnungen überhaupt einmal irgendwo ein Stück weit erfahren wird. Man braucht nicht alle und nicht einmal sehr viele morphologische „Typen" in ihrer anschaulich gegebenen Gestalt zu durchschauen, um

[1] Walther Schönichen: Methodik und Technik des naturgeschichtlichen Unterrichts, Leipzig 1926, 153 ff. u. 245 ff.

wenigstens potentiell für alle Zukunft einen spezifischen Blick gewinnen zu können, der die Erfahrungen des Umgangs und der Kunde tausendfältig bereichert und klärt. Jede Genossenschaft und jede Lebensgemeinschaft kann ebenso wie jede einmal durchschaute biologische Funktion, als „einfacher" oder „typischer Fall" betrachtet, „Modell" für zahllose andere sein. Mit einer Handvoll solcher nicht weiter ineinander auflösbarer Grundfragen, die in der lebendigen Welt je eigene Ordnungen stiften, und mit einigen Dutzend von Exemplaren, Typen und Fällen sollte die Volksschuldidaktik in ihren naturkundlichen Lehrgängen auskommen können. Mehr ist ja auch dem gebildeten Laien, der nicht zufällig gerade Biologe von Beruf ist, bei seiner Weltorientierung kaum bewußt. Zwei oder drei naturkundliche Epochen in jedem Jahr während der ganzen Volksschulzeit sollten genügen, um eine Grundbildung zu schaffen, die „ausstrahlend" wirkt. Was darüber hinaus noch an Zeit und an Kräften übrigbleibt, solle man besser für die Anreicherung der Basis des Umgangs verwenden.

Freilich bleiben gerade in einem beweglichen Unterricht auch Fragen nicht aus, die nur vermöge von „Überblicken" und in größeren Zusammenhängen beantwortbar sind (etwa die Abstammungslehre führt unausweislich zu solchen Fragen). Hier bleibt nichts übrig, als daß der Lehrer die Zusammenhänge einfach erzählt, die auch er selber der Forschung nur „glauben" kann, ohne sie im einzelnen demonstrieren oder gar prüfen zu können. Doch sollten solche Fragen nicht Gegenstand exemplarischer Lehrgänge sein. Für sie ist außerhalb der Lehrgänge im gesamtunterrichtlichen Klassengespräch, das auf weitere Orientierungsmittel hinweisen kann, der gegebene Ort. Nicht alles, dessen ein interessierter Mensch „kundig" sein möchte, kann und braucht eigenen Lehrgängen überantwortet zu werden.

Nun gehören zur unmittelbaren „Natur" freilich auch Dinge und Relationen, die außerhalb des Bereichs liegen, den die biologischen Sichtweisen decken: der Boden, die Landschaft; die Atmosphäre, das Wetter; Sonne, Mond und Gestirne. Auch diese Bereiche, deren Betrachtung gewöhnlich einerseits der „Naturlehre", also der Physik und Chemie, anderseits der Geographie zugewiesen wird, sind zunächst fundamental auf einer Ebene des Umgangs und der Kunde erfahrbar, die man in der Unmittelbarkeit ihrer Anschauungen nur so reich und vielfältig wie möglich wünschen kann. Auch hier steht jede Kenntnis zunächst schlicht für sich selbst, bevor exemplarische Lehrgänge sie als Repräsentanten größerer Zusammenhänge durchsichtig machen. Durch Wandern und durch Berichte, die aus der Welt zu uns dringen, bildet sich für jedermann „eine selbstgekannte und eine erlauschte

Welt"[1]. Es bleibt zunächst gleichgültig, ob man die Anreicherung dieser Welt in Umgang und Kunde dem Natur- oder dem Erdkundeunterricht zuweisen will. Sie ist als Erweiterung des heimatkundlichen Anschauungskerns, den die Grundschule pflegt, erst einmal „ungefächert" und daher auch ein beliebtes Gebiet „gesamtunterrichtlicher" Betrachtung. Aber die Schule kann hier nicht stehenbleiben. Sie schreitet fort zu „‚weiterdenkenden' Begriffen und Ordnungen", die in unserer Zeit unausweichlich wieder in das Einteilungsnetz wissenschaftlicher Sehweisen geraten, dabei jedoch in der Volksschule auf einer begrifflichen Zwischenstufe zu vorläufigem Abschluß kommen müssen, die „sowohl der wissenschaftlichen als der volkstümlichen Denkungsart zugänglich" bleibt[2]. Es setzen also wieder Lehrgänge ein, die eindeutiger Fragestellungen bedürfen.

Den Lehrgängen der „Naturkunde" am nächsten verwandt sind diejenigen der *„Erdkunde"*. Soweit es ihnen in der Volksschule überhaupt um den Aufbau eines allgemeinen Kategoriengefüges gehen kann, das die Fülle immer wiederkehrender Strukturen entschlüsseln hilft, ist das didaktische Problem demjenigen der Naturkunde durchaus analog: auch hier geht es einmal um systematische Gattungsbegriffe, die an wenigen anschauungsnahen „Exemplaren" und „einfachen Fällen" erfaßt werden können, zum andern um morphologische „Typen", die aus der Buntheit der Erscheinungen „herauszusehen" an wenigen „Modellen" geübt werden kann.

Allerdings dürfen wir uns nicht verhehlen, daß gerade in der Didaktik der Erdkunde das „Stoffprinzip" noch durchaus herrschend ist, wie ein Blick in die „Empfehlungen der Ständigen Konferenz der Kultusminister zum Erdkundeunterricht" vom 20./21. Januar 1956 sogleich zeigt: „Gleiches oder Ähnliches – heißt es da – soll jeweils am geeigneten typischen Beispiel gründlich, in allen vergleichbaren Fällen im Überblick erarbeitet werden. Der Mut zur Lücke darf aber nicht die Gefahr der Zusammenhanglosigkeit herbeiführen." Der Unterricht jeder Schulart muß zu einem „sinnvollen Abschluß des geographischen Gesamtbildes gelangen, und zwar nicht nur als Abrundung der Länderkunde, sondern auch als Überblick über die Grundfragen der allgemeinen Geographie."[3] Die Forderung von „Überblicken", die neben

[1] Schietzel, l. c. (1939), 118.
[2] ib., 95 f.
[3] Empfehlung der Ständigen Konferenz der Kultusminister zum Erdkundeunterricht vom 20./21. Januar 1956, abgedruckt in: Bildung und Erziehung, IX, 1956, 499 ff.

den gründlich betrachteten typischen Beispielen nicht etwa nur gegeben, sondern wie diese „erarbeitet" werden sollen, läßt noch deutlich den Hang zu einem, in der Formulierung zwar abgewehrten, „Trugbild stofflicher Lückenlosigkeit" ahnen, weist dieses zumindest nicht entschieden genug zurück. Die häufige Wiederkehr von Formeln wie „Abschluß", „Abrundung", „Überblick" zeigt, daß hier offenbar das pädagogische Anliegen vom Interesse der Fachgeographen übertrumpft worden ist, die „das geographische Weltbild der Gegenwart darzulegen" als ihr „vornehmstes Ziel" betrachten. Wenn an anderer Stelle ein Schulgeograph sagt: „Mut zur Lücke! – Aber wohin mit den Lücken?" und dann einen seitenlangen Katalog interessanter geographischer Gattungs- und Typenbegriffe folgen läßt, ohne daß die Hinsichten der Auswahl durchsichtig werden[1], dann wird deutlich, wie sehr das exemplarische Prinzip gerade auf dem in Stoffen ertrinkenden Felde der Erdkunde noch der Präzisierung bedarf, um sich nicht vorzeitig als wirkungsloses Modewort zu verbrauchen.

Was die wiederkehrenden Strukturen und Phänomene betrifft, so dürfte ein „Überblick über die Grundfragen der allgemeinen Geographie" für die Volksschule nicht nur unerreichbar, sondern auch eine Abschweifung vom vordringlich Wesentlichen sein. Erreichbar und wichtig wäre das Stellen und Erproben einiger weniger solcher Fragen selbst angesichts überschaubarer, aus Umgang und Kunde vertrauter Modelle. Den „Überblick" über „alle vergleichbaren Fälle" kann man sich dann ebenso ersparen wie den über einen Zusammenhang der gestellten Fragen in der „allgemeinen Geographie". Denn der bildende Gehalt liegt hier nicht in der „wissenschaftlichen Methode", sondern „in der Methode der selbständigen Orientierung des Lernenden"[2]. Es kann nur um eine Schärfung des Blickes für einige Hauptphänomene gehen: für landschaftliche, wirtschaftliche und politische sowie für ein paar anschauliche Urphänomene des Erdbaus. Es geht um die Typen selbst, nicht um ein System der Typologie, und somit um ein „Einsteigen" in vom Schüler vollziehbare Betrachtungsweisen, die als typische in der Ebene des Anschaulichen einander getrost „ganz unsystematisch benachbart" bleiben dürfen (s. o., S. 56), wenn sie nur jede in sich zu wirklicher Klärung und Durchleuchtung eines Stücks gegebener Welt

---

[1] Hans Poeppel: „Mut zur Lücke!" – Aber wohin mit den Lücken? Ein Erdkundeschwerpunktplan mit zugeordneten Begriffen. In: Die neue Volksschule in Stadt und Land, VII, 1955/56, 626-635.

[2] W. Flitner: Der Kampf gegen die Stoffülle: Exemplarisches Lernen, Verdichtung und Auswahl, in: Die Sammlung, X, 1955, 558.

führen[1]. Die spezielle Didaktik sollte von dem Bilde der „Lücke", das immer noch, wenn auch bedauernd, die stoffliche Vollständigkeit zum Vergleichsmaßstab nimmt[2], ablassen und Übereinkunft über einen möglichst knappen Kanon der Hinsichten erstreben, die für das elementare Durchschauen typischer geographischer Gegebenheiten unentbehrlich sind.

Nun geht es allerdings in der erdkundlichen Orientierung des Lernenden nicht nur um Allgemeinbegriffe, seien sie klassifikatorischer, seien sie typischer Art, die einmal geklärt vielerorts anwendbar bleiben und somit im Vertrauen auf die Selbsttätigkeit der Schüler sich mit beispielhaften Fragmenten und Episoden begnügen könnten, wenn an diesen nur je ein Aspekt und eine Methode deutlich geworden sind. Es geht in der Erdkunde auch um einen einmaligen räumlichen Zusammenhang, der nicht weiter ableitbar ist, sondern den man nur kennen oder nicht kennen kann. Die Geographie ist zu einem Hauptteil eine „idiographische" Wissenschaft[3], und ebenso ist auch die ihr entsprechende laientümliche Weltorientierung zumindest vom Alter der Volksschuloberstufe an auf einen alle stofflichen Einzelheiten umgreifenden einmaligen Zusammenhang gerichtet. Dieser Zusammenhang (der Meere und Landflächen, Gebirge und Ebenen, Siedlungs- und Wirtschaftsräume, Staaten und Kulturen) ist ein Individuelles, das nur als Ganzes in seiner gegebenen Gestalt erfaßt werden kann. Alle Repräsentation nach dem „pars-pro-toto-Prinzip" findet hier ihre Grenze. Der umgekehrte Weg eines „totum pro partibus" drängt sich auf, und so behält *hier* auch der „Überblick" sein Recht, trotz allem Verführerischen, das ihm als didaktischem Begriff in der Volksschule anhaftet. Wie kann eine ausbaufähige Gesamtvorstellung des geographischen Ganzen, bei deren Zustandekommen alle Gattungs- und Typenbegriffe der allgemeinen Geographie nur stückweise Hilfsdienste leisten, ohne neuer-

---

[1] Wie man aus geographischen „Individualitäten" das in je besonderen Hinsichten „Typische" herausholen kann, dafür gibt einige anregende Beispiele H a n s K n ü b e l : Exemplarisches Arbeiten im Erdkundeunterricht, in: Geographische Rundschau, IX, 1957, 56-61. – cf. auch J o s e f A d e l m a n n : Methodik des Erdkundeunterrichts, München 1955, S. 57: „Typische Einzelerscheinungen der Erde und Gattungsbegriffe der Geographie werden nicht in einem gedanklich konstruierten System, sondern in den anschaulichen Zusammenhängen jener Landschaften vermittelt, wo sie in charakteristischen Formen auftreten und zugleich deren charakteristische Bestandteile sind."

[2] cf. W e r n e r J ä k e l : Das Beispielhafte, in: Die Sammlung, XII, 1957, 90.

[3] cf. W i l h e l m W i n d e l b a n d : Geschichte und Naturwissenschaft, 1894, 26 ff. – D e r s e l b e : Präludien, 3. Aufl. 1907, 355 ff.

lichen Stoffdruck gestiftet werden? Dies Problem stellt sich nicht nur angesichts des einen globalen Zusammenhangs, sondern bereits angesichts jedes Erdteils, jedes Staats, jeder Landschaft. Überall durchkreuzen sich die allgemeinen mit den individuellen Kategorien.

Das exemplarische Lehrprinzip kann, seiner Grenzen wie der Stückhaftigkeit allen menschlichen Wissens eingedenk, eine den Volksschülern zumutbare Lösung wieder nur finden, wenn es unter den vielen Wegen, die sich anbieten, weder einen einzigen noch alle zugleich wählt noch in ein „höheres" System auszuweichen versucht. Sie muß die Unvollendbarkeit jedes Ansatzes sehen und jedem sein Bestes abzugewinnen versuchen:

Die „konzentrische" Erweiterung des heimatlichen Kreises stößt schnell auf Grenzen. Die darin erstrebte Kontinuität der Anschauungen hört schon im Umkreis der Nachbarländer des eigenen Vaterlandes auf. Eigene Wandererfahrungen werden durch Reise- und Expeditionsberichte, durch das Verfolgen von Handels- und Auswanderungswegen linear in die Ferne verlängert[1]. Doch sogleich gibt es auch Sprünge, die in verschiedenen Teilen der Welt unverknüpft Kerne anschaulicher Vorstellungszentren entstehen lassen: bei den Indianern, bei den Negern in Afrika, bei den Chinesen, bei den Amerikanern, – es ist alles noch gleich. Es ist alles zuerst noch inselhaft und bleibt ohne (oder in einer noch unklaren kindeigenen topographischen) Ordnung. Bevor aber diese „konzentrischen Kreise", „Linien" und „Inseln" zu einem allzu kraus verschlungenen oder vereinfachten Gesamtbild zusammenwachsen, lehrt die Schule den Karten- und Globusgebrauch, gliedert die Erde nach Kontinenten und Räumen, faßt Gleichartiges zusammen, zeigt Kontraste, vertieft sich hier in möglichst allseitiger Betrachtung in die Ganzheit eines Landes, stiftet dort Beziehungen zwischen Wirtschaftsräumen, Klimazonen, Bodenformationen – und sucht in alledem ihre Vielseitigkeit so zu ordnen, daß sich auch ohne „System" weder zu viele Überschneidungen ergeben noch zu große „weiße Flecken" auf der Erdkarte übrigbleiben. Ihre Ordnungsmöglichkeiten sind mannigfach[2]. Sie fruchtbar miteinander zu verknüpfen, ist Sache der Erfahrung und des Übereinkommens der Lehrenden. Allgemein läßt sich nur soviel sagen, daß ein deutlicher Wechsel zwischen verschiedenartigen „Einstiegen", von denen keiner das „Ganze" oder doch jeder das „Ganze" nur auf seine Weise zu erfassen vermag, am

[1] cf. Schietzel, l. c., (1939), 118.

[2] Zusammenstellungen mit Hinweisen auf die Ursprünge in der Geschichte des Erdkundeunterrichts finden sich bei Frank Schnass: Der Erdkundeunterricht, Bonn 1953, 47 ff., und J. Adelmann, l. c., 62 ff.

meisten verspricht. Da jeder dieser „Einstiege“ am nachhaltigsten wieder in einer akzentuierten Unterrichtsepoche vollziehbar, die Zahl solcher Epochen aber während der Volksschuljahre begrenzt ist, sollten sich alle Bemühungen der speziellen Didaktik auf das Zusammenspiel und die Profilierung der Aspekte konzentrieren, die zum Aufbau einer laientümlich geklärten Vorstellung von unserer Erde unentbehrlich sind.

In Paranthese sei vermerkt, daß auch der etwas altmodisch anmutende Weg des bloßen „Einprägens“ von Kartenbildern und Faustskizzen, des schlichten „Lernens“ von Namen und Daten seinen Wert behält, wenn er, auf ein zu vereinbarendes Minimum beschränkt, einmal vollzogen und dann in „immanenter Repetition“ in allen übrigen Zusammenhängen beständig wiederholt und geübt wird. „Idiographische“ Zusammenhänge müssen „gewußt“ werden, damit sie „verstanden“ werden können. Da es in der Erdkunde um Orientierung geht, hat hier auch bloßes „Orientierungswissen“ ein bildende Funktion. Dies dürfte gemeint sein, wenn die Empfehlung der Kultusminister von „einem Grundwissen an reinem Lernstoff und bloßem Sachwissen“ spricht. Mit der Methode und mit einem kleinen Schatz von Hauptphänomenen allein wird man erst dann auskommen können, wenn man auch einen Rahmen hat, innerhalb dessen beides anwendbar wird. Bleibt nur die Frage, mit welcher Stufe „idiographischen“ Wissens sich der Lehrgang bei diesem „Rahmen“ begnügen kann, um alles Weitere dem freien Bildungsgang und seinen Gelegenheiten in und außerhalb der Schule überlassen zu können. Dieser Rahmen ist kein abstraktes System. Er ist trotz der einzuprägenden Namen und Daten primär nicht begrifflicher, sondern optischer Natur, eine Umrißskizze. Mit einem Minimum an Strichen und Zügen ein Maximum an Wahrheit und Wesentlichkeit zu geben, ist hier – wie in der Porträtkunst – das Schwerste und Letzte.

Während Natur- und Erdkunde auf der Stufe der Kindheitsbildung auch in ihren allgemeinsten Aussagen noch am Anschaulichen orientiert bleiben, von wo aus sie mittels Analogien weiterschreiten, ist die „*Naturlehre*“ von vornherein stärker darauf bedacht, die Brücke zum exakten und allgemeingültigen „Naturgesetz“ zu schlagen, das alle Einzelerscheinungen – auch die heterogensten, die anorganischen wie die organischen, – durchwirkt. Wir sind von unserem laientümlichen Verständnis der Wissenschaft her gewöhnt, die „Exaktheit“ eines Gesetzes gleichzusetzen mit seiner Formulierung in mathematischen oder Buchstabensymbolen wie mit seiner Bewährung im wissenschaftlichen

System. So kam es, daß auch die Naturlehre der Volksschule einen Ehrgeiz in dieser Richtung entfaltete, der die Altersstufe wie die Begabungsgruppierung ihrer Kinder überforderte und beinahe notwendig zu einem formelhaft angelernten Scheinwissen führte[1].

Der Gegenschlag blieb nicht aus: Man wollte sich auch hier mit der „Kunde" begnügen und stellte die Frage, ob überhaupt „die traditionelle Naturlehre dem Grundverhältnis des Kindes zur Realwelt entspricht"[2]. Die bereits erwähnten Versuche Königsbauers, Decrolys, Seyferts (s. o., S. 125 f.) und vieler anderer fortführend und revidierend, zielen neuerdings Stückrath und Schietzel darauf, eine von den Kategorien der Naturwissenschaft unabhängige Einführung in den bisher von der „Naturlehre" betreuten Bereich der Geistesbildung zu entwickeln. Diese Einführung soll sich vorwiegend an technischen Geräten orientieren, die heute jedem Kinde vertraut sind oder ihm, nötigenfalls durch Modellvorstellungen, vertraut gemacht werden können. Dabei soll es von vornherein (auch als Fernziel) nicht auf das „physikalische Gesetz", sondern auf ein „konkret-funktionales Denken" ankommen.

Stückrath führt als Beispiel das alterstypische Verhalten eines Jungen mit dem Brennglas an, der durch Probieren nicht nur erfährt, welches Zeug leichter, welches schwerer entflammbar ist, sondern auch lernt, daß die Entfernung zwischen Linse und Brennstoff fest bleiben muß, was gewitztere Jungen zum Bau einer stabilen Vorrichtung auszunutzen wissen. Ein einfachstes technisches Gerät ist entdeckt; es „konserviert eine Leistung und vollbringt sie auf Befehl. ... das Prinzip der Technik ist von Grund auf konzipiert worden", ohne daß die abstrakt formulierbaren Gesetze der Optik auch nur für einen Augenblick im Bewußtsein des kleinen Erfinders eine Rolle zu spielen brauchen[3]. Die Volksschule sollte sich nach dieser Auffassung mit einem solchen konkret-funktionalen Verständnis begnügen. Ein analoges Beispiel, in einer planvollen und gründlichen Unterrichtseinheit ausgeführt, gibt Schietzel mit seiner Erarbeitung der mechanischen Uhr[4],

---

[1] Martin Wagenscheins selbstkritische Bemerkungen über die Höhere Schule (cf. Zur Selbstkritik der Höheren Schule, in: Die Sammlung, VII, 1952) lassen sich hier auf die Zustände der Volksschul-Physik und -Chemie durchaus übertragen.

[2] Fritz Stückrath: Die geistige Entwicklung des Kindes in der technischen Wirklichkeit, in: Westermanns Päd. Beitr., VIII, 1956, 213.

[3] Stückrath, ib., 217.

[4] Carl Schietzel: Die Technik als Unterrichtsgegenstand der Volksschule, in: Westermanns Päd. Beitr., VIII, 1956, 281–291.

die auf seine Weise betrachtet, im Modell nachgebaut und verstanden sicher ein ertragreicherer Unterrichtsgegenstand für Volksschüler ist, als sie es als bloßes Anwendungsbeispiel in dem Kapitel „Mechanik" eines physikalischen Leitfadenunterrichts sein könnte.

„Das Einfache, das wir suchen", sollte nach Schietzel nicht das „Elementare" in „theoretischer Hinsicht" sein, wie es Eduard Spranger vorschwebt[1], sondern es sollten „ursprüngliche elementare Ganzheiten, die funktionieren", sein[2]. Von einem Kanon solcher werkzeug- und geräthaften Grundgegebenheiten aus sollte sich der Aufbau der Sachwelt in der Schule „quer zu den Kategorien der Naturwissenschaft"[3] vollziehen und ohne Versuch, deren „Gesetze" abzuleiten oder beweisen zu wollen. Einen Kanon solcher technischen Gerätschaften näher zu bestimmen[4] und ihn, wenigstens für den Lehrer selbst, nach Hinsichten, die darin repräsentiert werden sollen, wie nach Bewältigungsstufen zu gliedern, bleibt vordringliches Desiderat dieses didaktischen Ansatzes.

Um Mißverständnissen vorzubeugen, ist nun zu fragen, ob es sich bei diesem Vorgehen um einen Unterricht handeln soll, der *neben* oder *an Stelle* der bisherigen „Naturlehre" steht. Träte er daneben als ein für unsere Zeitlage unentbehrlich gewordenes neues Lehrgebiet, so würde dies eine weitere Stoffvermehrung bedeuten, die nur durch Abstriche an anderen Stellen erkauft werden könnte. Näher läge daher der Ver-

---

[1] Eduard Spranger (Die Fruchtbarkeit des Elementaren, in: Pädagogische Perspektiven, Heidelberg 1952, 88) nennt: Rad, Pendel, Feder, Koppelung, Magnet sowie als „Grundformen des Eingreifens in Naturverläufe": Kochen, Schmelzen, Spinnen, Weben, Nageln, Nieten, Kleben, Glätten, Schneiden, Sägen. – Hierher gehörig wäre auch die „technische Elementarerziehung" von Martha Engelberth (Stoff und Form. Leitfaden der technischen Elementarerziehung, Frankfurt a. M. 1954), die in gewisser Weise die „Werkgrammatiken" des Jena-Plans fortzuführen geeignet ist (cf. Peter Petersen: Das gestaltende Schaffen im Schulversuch der Jenaer Universitätsschule, Weimar 1930, 10 ff. – Derselbe: Der kleine Jena-Plan, 18. bis 20. Aufl., Braunschweig 1951, 44 ff.).

[2] Schietzel (l. c., 1956, 281) nennt etwa: Hammer und Zange, Schere, Säge, Bohrer, Winde, Sieb und Filter, Feuerzeug und Herd, Walze, Mühle und vieles andere. – cf. auch: Derselbe, l. c. (1939), 116 f.

[3] Stückrath, l. c., 219.

[4] Zu ihnen gehören nach Schietzels Konzept auf höherer Stufe dann auch die Lokomotive, der Benzin- und Elektromotor, Rundfunk- und Fernsehgeräte, die Röntgenröhre und sogar der Atommeiler. Eine Liste von etwa 70 Themen gibt Schietzel in: Westermanns Päd. Beitr., IX, 1957, H. 4, 178.

such, das Gebiet der „Naturlehre“ in diesem neuen, technologisch orientierten Unterrichtsgang aufgehen zu lassen. Die Physik ist nach Schietzel „mit darin“, wenn auch nicht zentral[1]. Das blieb freilich von seiten der Fachdidaktik nicht unwidersprochen. Hans Mothes wehrt sich in seiner Kritik einerseits entschieden gegen solch einen Versuch, bemüht sich zugleich auf der andern Seite aber auch, ihn als bloß methodische Neuerung zu bagatellisieren, indem er ihn als „meisterlich gekonnte organische Fortentwicklung bester Tradition des Erarbeitungsunterrichts“ bezeichnet, wie ihn eine gute Naturlehre „schon immer“ gepflegt habe[2]. Mir will scheinen, daß Mothes in seiner Abwehr von Schietzels Tendenz dem Kern des neuen Plans ungewollt besser gerecht wird als in seinem Bagatellisierungsversuch. Denn es geht hier in der Tat um ein eigenes Ordnungsprinzip, das, wenn es erst einmal in all seinen Konsequenzen durchdacht sein wird, die alte „Naturlehre“ der Volksschule zu einem guten Teil zu verdrängen in der Lage ist.

Leider haben sich Schietzel und Stückrath über das Maß dieser möglichen Verdrängung nicht eindeutig geäußert: Einerseits plädieren sie für die „prinzipielle Gleichrangigkeit der technologischen und der physikalischen Denkrichtung“[3]. Die elementaren Werkzeuge und Geräte wären für diese Denkrichtung nicht nur methodischer Ansatzpunkt, sondern auch didaktischer Endpunkt[4]. Stückraths Satz, daß es „geradezu grotesk“ sei, wenn die Gegenwart keinen Unterricht kenne, „der das Technische in den Mittelpunkt rückt“[5], ließe sich danach so deuten, als sei das „Technische“ (besser und allgemeiner gesagt: „die Grundtätigkeit des ‚Machens‘“) ein neuer eigenständiger Bereich *neben* der mehr kontemplativ betrachtenden „Naturlehre“. Wenige Seiten später heißt es dann aber bei Schietzel: „Von der Situation des sich entfaltenden Menschen her ist die Technik fundamental und ursprünglich ... Jedoch, von der sachlogischen Struktur her gilt – wenigstens seit Guericke und Watt –, daß die Wissenschaft der Technik voraufgeht, also ursprünglich ist. Die Volksschule nun geht dieser sachlogische Zusammenhang nichts an.“[6] Hiernach wäre die

---

[1] Stückrath/Schietzel: Die Rolle der Technik in Wirklichkeit und Unterricht, in: Westermanns Päd. Beitr., IX, 1957, 93.

[2] Hans Mothes: Natur oder Technik? ib., 87 f.

[3] Schietzel, l. c. (1957), 93.

[4] Stückrath, ib. (1957), 89.

[5] ib., 89.

[6] Schietzel, l. c. (1957), 94 (Sperrung im Original).

„Mittelpunktstellung der Technik" so zu verstehen, als ob sie das ausstrahlende Zentrum der *ganzen* Sachorientierung in der Volksschule zu sein habe, neben dem sogar die sprachliche und literarische Bildung an Gewicht verliere[1].

Eine Didaktik, die „weise oder doch wenigstens vernünftig"[2] sein möchte, wird diesen Zirkel der konkurrierenden und einander provozierenden Argumente nur durchbrechen, wenn sie die verschiedenen Ziele und Energien grundlegender Geistesbeschäftigungen nicht an einer einzigen Skala messend vergleicht, sondern in ihrer Verschiedenartigkeit nebeneinander bestehen läßt. Der Streit um die „Mitte" ist dann gegenstandslos, denn die Mitte ist überall, wo wir uns gerade ernsthaft befinden. Wenn aber Mothes, indem er Stückraths Spieß umdreht, behauptet, „daß im ‚Konzert' der Volksschulfächer die Naturlehre geradezu eine zentrale Stellung einnimmt, indem sie zahlreichen Fächern erst unerläßliche Arbeitsgrundlagen und erkenntnismäßige Voraussetzungen zur Verfügung stellt"[3], so kommen wir nicht aus dem Zirkel heraus. Diesem Satz ist nämlich entgegenzuhalten, daß weder die Naturkunde noch die Erdkunde bei Behandlung der Fauna und Flora oder gar die Geschichte bei Behandlung der Bronze- und Eisenzeit darauf warten können, bis Physik- und Chemieunterricht dem Schüler Formeln, Gesetze und systematische Stellung von Eisen, Bronze, Erdöl oder Eiweiß beigebracht haben. Die physikalisch, technisch, biologisch, geographisch betrachtete Natur sind je eigene Gegenstände und nicht eindeutig einander vor- oder nachgeordnete Verzweigungen eines einzigen Baums. Jeder Aspekt hat seine eigene Stufung in der Folge der Differenzierungen.

Schietzels und Stückraths Skepsis gegenüber physikalischen oder chemischen „Gesetzen" ist in ihrem Kern eine Skepsis gegenüber der Erreichbarkeit der entsprechenden wissenschaftlichen Denksysteme wie der abstrakt-mathematischen (oder zeichenhaften) Gesetzesformulierungen in der Volksschule. Es wäre also zu fragen, ob es nicht auch eine als Aspekt reine Physik schon auf einer „phänomenologischen", kindlich faßbaren Stufe

---

[1] Stückrath, l. c. (1956), 219: „Es klingt zwar absurd, einen klassischen Roman mit einer Röntgenröhre vergleichen zu wollen. Und doch: Wer möchte entscheiden, in welchem seiner Produkte der Geist mehr Energie investiert hat?"

[2] W. Flitner: Der Kampf gegen die Stoffülle ..., in: Die Sammlung X, 1955, 561.

[3] H. Mothes: Die gegenwärtige Bedeutung des Naturlehreunterrichts, in: Die Sammlung, XII, 1957, 123.

gibt[1]. Genau hier aber stehen dem Anliegen Schietzels neuere Bestrebungen innerhalb des physikalischen Unterrichts selbst gegenüber, die ihm nicht mehr so fern sind, wie es anfänglich schien:

Martin Wagenschein, über den schon im ersten Teil dieser Arbeit referiert wurde (S. 20 ff.), strebt als Physiker in der Schule nicht das „fertige" System mit seinen mathematischen Formulierungen an, sondern sucht nach klassischen Ursprungspunkten, wo die grundsätzlichen physikalischen Fragen angesichts von fragwürdigen Phänomenen der freien Natur wie der Technik erst entstehen, um von da aus seine Schüler die „werdende Physik" nachvollziehen zu lassen. Dabei knüpft er mit Vorliebe an die Goethische Art der Naturbetrachtung an, die die Phänomene so lange wie möglich stehenläßt, bevor sie zur betrachtenden und denkenden Analyse schreitet, die in jedem Moment ihres Verlaufs auf das „heile" Phänomen rückbezogen bleibt und auch am Ende wieder darin ausmündet. Die Beispiele, die Wagenschein in seinen zahlreichen Schriften und Aufsätzen entwickelt hat, sind vielfältig und überzeugend[2]. Viele davon werden auch dem Volksschulkind ohne die Bemühung von Formeln und Systemzusammenhängen zugänglich sein. Denn die Zwölf- und Vierzehnjährigen denken nach Wagenschein nicht anders als Physiker, sondern so, wie frühere Physiker selber einmal gedacht haben, wenn auch nicht so genial wie Galilei oder Kepler[3]. Viele Vorstellungen, die in der

---

[1] Schietzel (l. c., 1939, 116) zitiert in diesem Zusammenhang Goethe (Maximen und Reflexionen, Jub.-Ausg., Bd. 39, Cotta, S. 65): „Der Magnet ist ein Urphänomen, das man nur aussprechen darf, um es erklärt zu haben", und schreibt daran anknüpfend: „Vor dieser anschaulichen Kraft der ‚Urphänomene' sind die Gesetze von ihnen für das schlichte Volksdenken von geringer Bedeutung; die Fallgesetze etwa sind ein gleichgültiges Wissen, vielleicht sogar ein verwirrendes im Vergleich zu ... dem Wissen, daß der Fall aus gewisser Höhe den Topf, das Glas zerbricht, daß die Wucht des zerschmetternden Hammers mit der Fallhöhe zunimmt ... Die Klärung dieser Erfahrung liegt nicht in der Zurückführung auf den Satz, daß ein fallender Körper im widerstandslosen Raum in einer Sekunde seine Geschwindigkeit um etwa 9 Meter steigert ..."

[2] cf. etwa die Beispiele „Der Mond und seine Bewegung" und „Im Wasser Flamme" im Anhang von Martin Wagenschein: Natur physikalisch gesehen, Frankfurt a. M. 1953, 42 ff. und 58 ff.

[3] Ich kann mich hier und im folgenden auf ein noch unveröffentlichtes Manuskript beziehen, das M. Wagenschein für ein im Georg Westermann Verlag in Braunschweig geplantes Handbuch verfaßt hat und in das mir dessen Mitherausgeber W. Flitner dankenswerterweise Einblick gewährte.

Geschichte der Physik nicht nur als „Irrwege", sondern auch als Anstöße zu immer neuem Suchen und Entdecken ihre Rolle gespielt haben, drängen sich dem heutigen Kinde wie von selber auf: Man denke nur an den Kausalzirkel des „perpetuum mobile", der ganze Jahrhunderte im Bann hielt, an die Substantifizierung von Kräften, die auch der Lehre von den „Fluida" in der Physik des 16. und 17. Jahrhunderts zugrunde lag, an den Anthropomorphismus dynamischer Kraftvorstellungen, wie er noch in Leonardos Anschauung vom „impetus" eines gestoßenen Körpers enthalten war, oder an die zahllosen Fälle eines Denkens in Analogien, das für die Wissenschaftsgeschichte ebenso wie für das laientümliche Denken auch noch in der Gegenwart und für das Volksschulalter charakteristisch ist[1]. Wenn es Aufgabe der Schule ist, nicht nur das Weltverständnis, das in ihren Schülern „entwicklungsgemäß" sowieso schon da ist, zu konstatieren, sondern es behutsam zu „weiterdenkenden Begriffen und Ordnungen" (Schietzel) zu führen, und wenn anderseits dieses „Weiterdenken" auch schon auf einer vor-mathematischen und vor-systematischen „phänomenologischen" Ebene in einem echt physikalischen Sinne möglich ist, dann ist nicht einzusehen, weshalb der „physikalische Aspekt", der für den Zustand unserer Welt, die es zu verstehen gilt, – „wenigstens seit Guericke und Watt" – eine geschichtlich prägende Kraft entfaltet hat, sich vom technischen sollte verdrängen oder aufschlucken lassen. Man darf nur das Analogiedenken und den kindlichen „Animismus" (Wagenschein) nicht durch verfrühte Scheinlösungen aus der systematisch-formelhaften Sphäre „überfahren" und damit in ein unkontrollierbares kindeigenes Theoretisieren abseits der Schule verdrängen[2], sondern muß es aufgreifen, seiner Grenzen innewerden lassen, es von innen her weiterbilden, wofür die Beispiele Wagenscheins eine vielversprechende Handhabe bieten.

Auch Wagenschein will wie Schietzel die Kneifzange nicht aus dem Hebelgesetz „ableiten" oder gar damit „erklären". Aber er will im Gegensatz zu Schietzel dieses Gesetz doch aus der Kneifzange, deren Gebrauch sich im Umgang von selbst versteht, als eigenen Aspekt und als eigentümliches Problem „herausholen". Das Kind soll fragen lernen. Die Physik in der Technik zu suchen und auf-

[1] cf. Karl Zietz: Kind und physische Welt. Psychologische Voraussetzungen der Naturlehre in der Volksschule, München 1955, 50 ff. – Jean Piaget: La Causalité Physique chez l'Enfant, Paris 1927. – Wilhelm Hansen: Die Entwicklung des kindlichen Weltbildes, 2. Aufl., München 1949, 265 ff. u. 471 ff.

[2] cf. Zietz, l. c., 49.

zufinden, ist Wagenscheins Ziel. Zwei verschiedenartige, ineinander nicht auflösbare Grundhaltungen stehen sich hier gegenüber: das schauende und fragende Betrachten dessen, was *ist*, und das findige Aufspüren von Möglichkeiten, etwas zu *machen*. In Stückraths Beispiel des Jungen mit dem Brennglas wie auch in Schietzels Beispiel der Uhr sind bei genauerem Hinsehen beide Einstellungen, auch wo sie sich ineinander verschlingen, klar unterscheidbar. Die eine ist begleitet von Staunen und Ehrfurcht vor der Natur, die andere von Respekt vor menschlicher Leistung. Beide sind Konstituenten unseres geistigen Lebens, beide unentbehrlich zum Verständnis unserer gegenwärtigen Welt.

Alle Skepsis gegenüber einer verfrühten oder fehl am Platze befindlichen „Wissenschaftlichkeit" kann Wagenschein dadurch beschwichtigen, daß auch die Stufe des „Wenn-Dann" und des „Je-Desto" schon das Einsehen unumkehrbarer, allgemeingültiger und sogar exakter physikalischer Gesetzeszusammenhänge erlaubt, die, wenn auch mit technischen Gegebenheiten oft tausendfältig verquickt, doch neben diesen einen eigenen Denk- und Betrachtungsansatz erfordern. Wagenschein kann sich dabei auf Georg Christoph Lichtenberg berufen, welcher sagt: „... zu glauben, daß ... Mathematik zur Physik absolut notwendig ist, ist Torheit; denn wo dieses wirklich stattfindet, hat der Mensch schon das Beste gefunden. Es dahin zu bringen, daß er es dem Mathematiker übergeben kann, das ist die Sache ..."[1]. So hält es Wagenschein etwa für wichtiger, in der (höheren) Schule zu fragen, *ob* Licht Zeit braucht (Roemersche Beobachtung), als die Technik der Lichtgeschwindigkeitsmessung nachzuvollziehen und mathematisch zu formulieren (Fizaus Zahnrad-Spiegel-Kombination). In Übereinstimmung mit Schietzel sieht er in der Physik der komplizierten Apparate und Meßvorrichtungen, die für den Laien das Wesentliche häufiger verbergen als offenbaren, methodisch sogar eine Gefahr.

Trotz solcher Berührungspunkte bleibt der für Auswahl und Anordnung der exemplarischen Gegenstände entscheidende Unterschied zwischen den beiden Möglichkeiten didaktischen Vorgehens deutlich. Die gleichen Sachen, Werkzeuge, Apparate oder Naturerscheinungen können in verschiedener Hinsicht beispielhaft werden. Also muß ein Lehrgang, der exemplarisch sein will, diese Hinsichten in jeder seiner Phasen klar unterscheiden. Man kann deren Differenz auch nicht dadurch für abgetan halten, daß man den einen Ansatz auf die höhere

[1] Georg Christoph Lichtenberg: Aphorismen, Insel-Bücherei, Bd. 33, S. 51.

Schule, den andern auf die Volksschule beschränkt. Denn in beiden geht es um einmal entdeckte *anthropologische* Grundmöglichkeiten, die für das Weltverständnis des modernen Menschen schlechthin unentbehrlich geworden sind[1] und die bei aller Verschiedenheit des Gewichts im Lehrplan sich jedenfalls nicht soziologisch oder begabungstypisch derart isolieren lassen, daß die eine das Reservat des einen, die andere des andern allgemeinbildenden Schultypus wäre.

Zu den fruchtbarsten, auch für die Volksschule ausbaufähigen Einsichten, die wir Wagenschein verdanken, gehört die Unterscheidung von geistigen Stufen innerhalb der physikalisch betrachteten Welt: Es gibt einerseits Fragen, bei denen man bloß nachzusehen braucht, um von der Natur eine eindeutige Antwort zu erhalten, oder solche, die ein längeres Nachforschen, Verweilen und Vergleichen erfordern. Beide sind in physikalischer wie in technischer Hinsicht noch ohne Entfernung von den Phänomenen zu durchschauen. Es gibt anderseits aber auch Fragen, auf die ohne die Hilfsvorstellung von „Modellen" in der Ebene der Phänomene allein keine Antwort zu finden ist. Auch die „Technik" ist hier ohne eine wenn auch noch so vereinfachte „Theorie" nicht verstehbar. Der Hammer, die Waage, der Webstuhl sind im unmittelbaren Umgang verständlich; die Gesetzlichkeiten des „Wenn-Dann" und des „Je-Desto" sind in ihnen teils unmittelbar evident, teils werden sie es schon nach einigem Probieren und Überlegen. Der Elektromotor in der häuslichen Küchenmaschine ist dagegen nicht mehr aus dem Umgang, dem Probieren und Nachsehen allein zu durchschauen; denn der Umgang beschränkt sich auf das Drücken eines Knopfs, und das Probieren kann seine Erfolge oder Mißerfolge ohne jede Einsicht erzielen. Ohne die Modellvorstellung eines fließenden Energiestroms kommen wir nicht aus. Während nun aber Schietzel auch diesen Strom wie ein einfaches, durch sich selber evidentes Phänomen auf derselben Ebene wie Kneifzangen, Brecheisen und Walzen hinnehmen und im Unterricht nicht weiter für fragwürdig halten will, – die Fabrik liefert ihn ja fertig[2], – kommt es Wagenschein hier

---

[1] cf. Theodor Litt: Mensch und Welt. Grundlinien einer Philosophie des Geistes, München 1948. – Derselbe: Naturwissenschaft und Menschenbildung, Heidelberg 1952. – Derselbe: Das Bildungsideal der deutschen Klassik und die moderne Arbeitswelt. Schriftenreihe der Bundeszentrale für Heimatdienst, Heft 15, Bonn 1955.

[2] Schietzel (l. c., 1939, 116, Anm. 223) hält den Versuch, in der Schule durch Reibung selber elektrische Spannung zu erzeugen, sogar für verfehlt. Hier unterscheidet er sich auch von Stieger (l. c., 48), der eine Stufung der Elektrogeräte in einer „thematischen Reihe" nach ihrem „sachlogischen" Zusammenhang durchführt.

gerade darauf an, die in der freien Natur wesenhaft verborgene Polarität „zweier Elektrizitäten“ deutlich zu machen und die Wege zu zeigen, auf denen die Spannung, die sich in der Natur immer sogleich schließen will, durch Technik künstlich offengehalten werden kann (galvanisches Element, Dynamo). Dies aber ist ohne das Durchlaufen des wissenschaftlichen Systems der Elektrizitätslehre möglich, und zwar „exemplarisch“ an zwei oder drei Grundversuchen, die, intensiv nach allen Seiten durchleuchtet, zugleich auch mindestens der Potenz nach den Modellcharakter all jener beliebten Hilfsvorstellungen enthüllen, die den elektrischen Strom mit fließendem Wasser in einem Röhrensystem vergleichen.

Solche exemplarischen Vorstöße in das Gebiet der „Modelle“ und „Bilder“ können freilich im Kindesalter in allen Schularten nur vereinzelt geschehen. Für die Mittelstufe des Gymnasiums wie für die Volksschule muß allen Modellvorstellungen das „phänomenologische Grundgefüge“ vorgeordnet bleiben, das Vertrautwerden mit der „Schicht der Erscheinungen“, die sich nach Wagenschein auf anschaubarer Ebene zu einem „Ring“, also zu einem in sich geschlossenen Ganzen zusammenfügen[1].

Hier wird man nun allerdings Wagenschein die Frage entgegenhalten müssen, ob es in der Volksschule sinnvoll und ohne Abstriche an anderen fundamentalen Aufgaben erreichbar sei, dieses ringförmige „Gefüge“ als Ganzes (also doch wohl als „System“?) durch exemplarische Repräsentationen sichtbar zu machen, oder ob es hier nicht schon sehr viel ist, wenn es gelingt, einige kontrastvolle Phänomene aus verschiedenen Abschnitten dieses „Rings“ sowie vielleicht die eine oder andere Nahtstelle zwischen den Abschnitten *im Vollzug* der physikalischen Sehweise selbst zu durchleuchten. Eine Theorie „über“ das physikalische Sehen oder „über“ den Zusammenhang der Phänomene untereinander wie mit den Modellen dürfte zwar für den Lehrer, der die Exempla wählt, hilfreich, ja unentbehrlich sein. Für die Schüler ist sie am Ende der Kindheit in der Volksschule kaum zu erreichen, will man nicht Wagenscheins eigenem Bemühen, Physik als „Aspekt“, nicht als „System“ aufzuschließen, heimlich wieder untreu werden.

Für die spezielle Didaktik käme es jetzt darauf an, Wagenscheins „Funktionsplan“, den er ursprünglich für die Oberstufe des Gymnasiums entworfen hatte, ins Kind- und Volksbildungsgemäße zu übersetzen.

---

[1] cf. M. Wagenschein: Natur physikalisch gesehen. l. c., 17 ff.

Dieser Plan enthält in aller Vorläufigkeit acht Teilziele des physikalischen Unterrichts[1]. Der Schüler soll erfahren:

1. was es heißt, einen Naturvorgang kausal und exakt zu erklären;
2. was ein Experiment ist und wie man aus ihm die mathematische Funktion gewinnt;
3. wie sich ein Teilgebiet der Physik zum andern verhält, sich gleichsam darin auflösen läßt;
4. inwiefern die Physik ein „Aspekt", nicht ein „Turm von ‚objektiven' Ergebnissen" ist;
5. was in der Physik ein „Modell" ist;
6. wie physikalische Begriffsbildungen geistesgeschichtlich geworden sind;
7. was das technische vom forschenden Denken unterscheidet;
8. wie ohne verfrühte Mathematisierung ein phänomenologischer Zusammenhang herzustellen ist.

Einiges aus diesem Plan wird unmittelbar auf die Volksschuloberstufe übertragbar sein, anderes nur sehr vorsichtig und nicht ohne einschneidende Reduktionen; auf manches wird man von vornherein ganz verzichten müssen. Immerhin hat Wagenschein selber gezeigt, daß auch so schwierige Dinge wie wirkliche Exaktheit, die Gewinnung einer mathematischen Funktion aus anschaulich gegebenen Fakten oder das Durchsichtigwerden des „Aspektcharakters" im physikalischen Denken schon an einfachen, auch vom Kinde vollziehbaren Beispielen möglich sind. Von der speziellen Didaktik des Naturlehreunterrichts wäre noch zu prüfen, ob und wie weit auch einige entscheidende Fragen der Chemie schon auf ähnliche vor-systematische Weise ohne Stoffdruck in der Volksschule exemplarisch gestellt und beantwortet werden könnten.

So würden dann Technik, Physik und Chemie in einer exemplarischen „Naturlehre" der Volksschule zwar nicht als „Systeme" erschöpft oder auch nur angestrebt, aber doch als je eigene spezifische Fragehaltungen mit je einem möglichst klein zu haltenden, aber nicht einseitigen Schatz an Hauptphänomenen repräsentierbar sein. Da die ihnen entsprechenden geistigen Welten in der Kulturwirklichkeit selbst zwar in ihrem „Aspekt" klar begrenzt, in dieser methodisch beschränkten und daher einseitigen Richtung ihres Blickens und Fragens aber stofflich bis ins Unendliche offen sind, wäre hier jedes Streben nach

---

[1] cf. M. Wagenschein: Das „exemplarische Lehren" als ein Weg zur Erneuerung der Höheren Schule. Schriften zur Schulreform, Heft 11, Hamburg 1954, 19 ff.

„Überblick“ fehl am Platze. Eine Handvoll allgemein wiederkehrender Strukturphänomene, wenig mehr als ein halbes Dutzend grundsätzlicher Fragen nach der Art, wie sie in Wagenscheins „Funktionsplan“ enthalten sind, beides durchgeführt an wenigen „klassisch“ einfachen und ausstrahlenden Beispielen, wie sie die Geschichte der Naturwissenschaften und der Technik an ihren produktiven Ursprungspunkten hervorgebracht hat, – das sollte im Verlauf der Volksschuljahre in zehn oder zwölf mehrwöchigen Epochen zu bewältigen sein.

Ohne Zweifel würde dieser Weg ertragreicher als jeder auf Überblick über die heutige Wissenschaft und Technik bedachte Leitfadenunterricht sein, der zu seinen unvermeidlichen „Lücken“ obendrein erst noch eines besonderen „Mutes“ bedürfte, wobei er doch nicht umhin könnte, seine Formeln und Gesetze wie seine für bare Münze genommenen Modelle immer wieder in doppelter Weise verfrüht anzubringen, nämlich eher, als sie vom Kinde verstehbar, und eher, als sie von den Phänomenen gefordert sind (Wagenschein). Auf der andern Seite wäre jenes exemplarische Vorgehen aber auch anregender, „anthropologisch vollständiger“ und repräsentativer für die Offenheit und den Gegensatzreichtum der geistigen Welt unseres Säkulums als eine alleinige Zentrierung im „Technischen“, das in unserer Zeit (und vielleicht schon seit jeher) mit jedem neuen Triumph auch seine Fragwürdigkeit erneut offenbart.

Über die Frage nach den Möglichkeiten exemplarischer Repräsentation im Aspekt der „*Geschichte*“ ist eine reiche, vielseitige und kaum noch übersehbare Diskussion schon seit Jahren im Gange[1]. Unsere Untersuchung kann sich auf wenige immer wiederkehrende Hauptpunkte beschränken.

Auch die geschichtlichen Kategorien verlaufen „quer“ zu denen aller anderen Gebiete, durchdringen der Potenz nach das Ganze der Welt und sind so umfassend, daß „alles“ in ihnen „vorkommen“ kann. Auch wenn die Geschichte nicht mit jedem Jahr „länger“ würde, wäre sie in ihrer inhaltlichen Fülle für das menschliche Auge doch faktisch unendlich. Das Problem der Stoffülle und ihrer Repräsentation in überschaubaren Zusammenhängen stellt sich hier also seit eh und je und auf allen Bewußtseinsstufen. Aber es stellt sich auf eine besondere, in anderen Perspektiven nicht wiederkehrende und durch sie nicht ersetzbare Weise:

Die Welt als ganze ist eine gewordene. Ihr Werden zwischen „Ur-

[1] cf. die Literaturhinweise im ersten Teil dieser Arbeit, S. 25, Anm. 2.

sprung" und „Gegenwart" nachzuverstehen, um damit den eigenen Standort im Strome der Zeit nach seiner Herkunft wie nach seinen noch offenen Möglichkeiten zu bestimmen, ist das Grundanliegen aller geschichtlichen Betrachtung. Selbst die „archivalische" Beschäftigung mit fernen, abgeschlossenen und auf unsere Welt kaum mehr einwirkenden Zeiten und Völkern steht letztlich noch im Dienst solcher Standorterhellung. In einem weiteren Sinne dient sogar die Betrachtung der Natur, wo man ernsthaft nach deren Geschichtlichkeit fragt[1], diesem Anliegen.

Doch wenn wir üblicherweise von Geschichte sprechen, dann meinen wir einen engeren Sinn: Die Geschichte der menschlichen Taten und Schicksale, die zwar mit einmaligen makrokosmischen Verläufen (wie der Entstehung des Sonnensystems oder der Auffaltung der Alpen) in ihrer Unumkehrbarkeit übereinstimmen, sich von diesen aber durch den Entscheidungscharakter angesichts einer je offenen Situation unterscheiden, in der sie die Qual der Wahl haben und damit verantwortlich sind[2]. So besteht zwischen „Geschichte" und „Entwicklung" ein Wesensunterschied, und alle Versuche, das eine auf das andere „zurückzuführen", aus ihm zu „erklären", müssen sowohl in der Geschichte der Menschheit als auch in der Lebensgeschichte jeder Person unausweichlich zu Verkürzungen führen, die das eigentlich Geschichtliche darin verlorengehen lassen[3]. Dies muß von Anfang an klar sein: Geschichtsdarstellung ist etwas anderes als Beschreibung von Entwicklungsverläufen, so sehr diese auch immer in die Folge der historischen Situationen hineinspielen oder aus ihnen in nachträglicher Reflexion herauszulesen sein mögen; sie sind noch nicht die Geschichte selbst, sondern nur deren „Herausforderung", auf welche die handelnden Menschen in ihrem jeweiligen zur Zukunft hin offenen Horizont so oder so eine „Antwort" finden (Toynbees „Challenge and Response").

Nun ist freilich auch diese Folge der Situationen und Antworten, die jemals als Schicksal von Menschen durchlebt und durchlitten wur-

---

[1] cf. etwa Carl Friedrich von Weizsäcker: Die Geschichte der Natur, Göttingen 1948.

[2] Die gesamte Geschichtsphilosophie von Herder und Humboldt über Dilthey hinaus bis zur Gegenwart ist sich über die entscheidende Rolle dieses Kriteriums einig. cf. vor allem die Untersuchungen von Theodor Litt: Geschichte und Leben, 3. Aufl., Leipzig 1930. – Das Allgemeine im Aufbau der geisteswissenschaftlichen Erkenntnis, Leipzig 1941. – Wege und Irrwege geschichtlichen Denkens, München 1948. – Herman Nohl: Die Geschichte in der Schule (1923), in: Pädagogik aus dreißig Jahren, Frankfurt a. M. 1949, 70 f.

[3] cf. Fritz Kern: Geschichte und Entwicklung, Bern 1952, 35 f. und 55 f.

den, für den Betrachter unendlich. Eine Universalgeschichte der Menschheit besteht nur als Idee und muß, will man sie nur in Teilen darstellen, sogleich auf das Wesentliche beschränkt werden. Aber was ist dieses „Wesentliche"? Wir können bei dieser Frage der Einfachheit halber die Aufgabe des Geschichtsschreibers (nicht des Forschers oder des Archivars!) mit der des Geschichtslehrers in gewisser Weise identifizieren: Beiden geht es um die Darstellung eines schon erforschten und in seinen Fakten gesicherten Zusammenhangs.

Friedrich Paulsen hat in seiner „Pädagogik" zwei Prinzipien der Auswahl genannt: Es kommt einerseits auf das menschlich Große und Bedeutende an, anderseits auf das, was Folgen hatte und dadurch die Situation der Gegenwart mitbestimmte. „Die Geschichte unterrichtet uns über die bereits gespielten Akte des Dramas, sie zeigt dem neu eintretenden Spieler, wo das Drama gegenwärtig steht und seiner harrt, daß er weiterspiele."[1] Damit sind zwei Kategorien genannt, die, obwohl sie jede für sich noch unendlich mit Stoffen erfüllbar sind, einander wechselseitig begrenzen:

Menschlich Bedeutendes, Großes läßt sich überall finden, auch im „Kleinen" des Alltags, wie die Dichter uns zeigen, auch in Zeiten und Zonen, die mit unserem Geschick so gut wie in keinem Zusammenhang stehen. Käme es auf dies allein an, auf Beispiele, Gleichnisse, Sinnbilder hohen und reinen, edlen und schlichten „Menschentums", wie sie etwa Hans Ebeling in seinen „Inseln" darstellen will[2], so bedürfte es dazu keines Geschichtsunterrichts. Man könnte dessen Anteil am Stundenplan getrost der Beschäftigung mit den Werken der Literatur zur Verfügung stellen, die diesem Anspruch besser genügen (s. o., S. 116). Und in der Tat bedürfen ja die „Inseln" als solche noch keines historischen Fadens, sondern können im Gesamtunterricht, in der Erzähl- und Lektürestunde ebensogut begründet werden.

Auf der anderen Seite ist aber auch alles, was „Folgen" hatte und noch auf die Gegenwart einwirkt, zu viel, um in irgendeiner Geschichtsdarstellung, sei es der Geschichtsschreibung, sei es des Unterrichts, unbesehen Aufnahme finden zu können. Immerhin warnt dieser Gesichtspunkt uns vor legendarischen Verherrlichungen wie vor einer allzu rosigen, optimistisch-aufklärerischen Beschränkung auf die „Fortschritte der Kultur", zwei Irrwegen, die sich bei Alleinherrschaft des Prinzips der „Größe" und der „Bedeutsamkeit" unversehens einschleichen könn-

---

[1] Friedrich Paulsen: Pädagogik, 3. Aufl., hg. v. W. Kabitz, 1911, 364 f.

[2] cf. Hans Ebeling: Methodik des Geschichtsunterrichts, Hannover 1955, 38 ff. – Siehe auch oben, S. 19.

ten. Auch das Unangenehme und Sündhafte, auch Vermessenheit und Machtgier hatten immer schon Folgen. Auch die Kriegsgeschichte, die Eifersucht der Dynastien, Kabinette und Parteien, auch die Polizeikeller der Diktaturen und die Massenvertreibungen hatten Folgen und stehen unauslöschlich im Kainsgesicht unseres Geschlechts. Wir können sie weder beschönigen noch verschweigen, indem wir in die (scheinbar) harmlosere „Kulturgeschichte" ausweichen[1]. Es besteht nur ein Unterschied, ob wir den Krieg heroisieren und seine unangenehmen Folgen unter die „Späne" rechnen, die beim „Hobeln" nun einmal abfallen, oder ob wir menschliche Verstricktheit und Schuld mit zu jenem „Bedeutenden" rechnen, das die Geschichte uns sichtbar macht[2].

Um also das Bedeutende wie das Folgenschwere auffinden zu können, bedürfen wir bestimmter Hinsichten, die unserer eigenen Situation entstammen, in der wir uns vorfinden. Die Geschichte, die helfen sollte, unsere Situation aufzuklären, wird selber von Konstituenten unserer Situation her erhellt, – ein Zirkel, dem wir auf keine Weise entrinnen[3]. Unsere eigene Gerichtetheit in die Zukunft bestimmt auch das, was an unserer Vergangenheit bedeutsam ist, ebenso wie die überzeitlichen Leitsterne, auf die wir in Gesinnung und Gesittung gerichtet sind, der Geschichte ein je eigenes Profil geben. Beides, Zukunftswollen wie Ethos, sind umstritten und stehen selber in der Geschichtlichkeit. Da die Geschichte (jedenfalls die, welche in der Schule interessiert) allemal die Geschichte von „Subjekten" ist, – eines Volks, eines Staates, einer

---

[1] cf. Erich Weniger: Die Grundlagen des Geschichtsunterrichts, Leipzig 1926. – Derselbe: Neue Wege im Geschichtsunterricht, Frankfurt a. M. 1949. – Dagegen schreibt Adolf Hasseberg (in: Hasseberg/Vaupel/Bungardt: Mehr leisten auf der Oberstufe der Volksschule, Essen 1955, 40): „Ist man sich klar darüber, daß die ‚Gründung' des fränkischen Reiches ebenso wie die ‚Gründung' einer Aktiengesellschaft Fachwissenschaft des besonders Interessierten ist, der Regenten und Staatsmänner, und daß es dem Schüler ... gleichgültig sein kann, durch wieviel Morde, Urkundenfälschungen, Bestechungen man ein großes Besitztum zusammenbringt? Es ist nicht gut, wenn der junge Mensch bereits eine Geschichte der Rücksichtslosigkeit und Unzulänglichkeiten der führenden Schichten lernt. Der Mensch wird zufriedener und gelassener und arbeitsfreudiger, wenn er sieht, daß alle Menschen mithelfen, die Lebensverhältnisse des Einzelwesens zu verbessern."

[2] cf. Th. Litt: Wege und Irrwege, l. c., 46 ff. – Walter Hofmann: Grundlagen des Geschichtsunterrichts, in: Bildung und Erziehung, X, 1957, 70 f.

[3] cf. neben den einschlägigen Werken Wilhelm Diltheys und seines Schülerkreises besonders wieder Theodor Litt: Wege und Irrwege, l. c., 88 ff.

Kirche, einer „Bewegung", einer Völkergemeinschaft (bloße Ideen- und Stilgeschichten interessieren hier nicht), – ist sie, wo die Subjekte gespalten sind, auch selber gespalten, was erst aufhört, wo das Geschichtsinteresse „interesselos" wird, wo es also nicht mehr eigentlich um „unsere" Geschichte geht, die uns existentiell etwas bedeutet.

In diesem Dilemma, für das es keine theoretische Lösung gibt, können sich Geschichtsschreiber wie Geschichtslehrer praktisch nur dadurch behaupten, daß sie zwischen sich und ihrem Gegenüber, dem Leser, dem Hörer, einen stillschweigenden Konsens über die gemeinsame Urteilsbasis herstellen[1]. Das ist eine Frage der Ehrlichkeit, des Takts und des geistigen Niveaus. Dem Historiker wird dabei sein kritischer Leser auf die Finger schauen. Dem Lehrer sind die Schulkinder in diesem Punkt nahezu ausgeliefert. Er wird sich bemühen müssen, wenigstens solche Schwarz-Weiß-Malereien zu unterlassen, die er nicht auch vor ihm ebenbürtigen Gesprächspartnern aus anderen geistigen „Lagern" guten Gewissens vertreten würde. Mehr läßt sich hierzu kaum sagen, obwohl das Übereinkommen über die Urteilsbasis, von der aus alle für uns bedeutsame Geschichte erst ihre Struktur erhält, der Kernpunkt aller Auswahl und damit auch jeder Repräsentation geschichtlicher Zusammenhänge ist.

Immerhin besteht aller gegenteiligen kulturpessimistischen Polemik zum Trotz auch in unserer Zeit, wenigstens wo der Boden abendländischer Gesittung nicht verlassen ist, im Fundamentalsten durchaus noch solch ein Konsens, den die Schule vorfindet. Es gibt einen Kanon konkreter Züge, die zum Bild unserer Geschichte unentbehrlich gehören und bei aller Variabilität der möglichen Deutungen doch zu den Grundlinien der gemeinsamen Erinnerung unseres Volkes wie unserer europäischen Völkerfamilie zu rechnen sind. Sie sollten deshalb auch am Ende der Volksschulzeit, wenn auch in noch so elementarer Form, Bestandteil der Weltorientierung jedes Jugendlichen sein. Es sind dies etwa:[2]

1. Der Untergang Westroms und der Aufgang der Germanen, darin vorausgesetzt eine Minimalkenntnis von der antiken Welt;

---

[1] Hier gilt per analogiam, was Wilhelm Flitner über den Dichter sagt (Grund- und Zeitfragen, l. c., 62). – Siehe oben, S. 114.

[2] Ich beziehe mich hier auf Diskussionsergebnisse in Wilhelm Flitners Erziehungswissenschaftlichem Seminar an der Universität Hamburg, ohne im einzelnen Quellen zu nennen; nur auf Hermann Heimpels verschiedentliche Entwürfe zur deutschen Geschichte, die vor allem in der Zeitschrift „Die Sammlung" innerhalb der letzten fünf Jahre veröffentlicht wurden, sei besonders verwiesen.

2. Das Frankenreich, das ostfränkische Reich, darin die wechselnden Spannungen zwischen Kaiser und Papst, Kaiser und Fürsten;
3. Der Islam, Byzanz und die Ostkirche;
4. Spätmittelalter, Reformation und Gegenreformation, Westfälischer Friede;
5. Die Nationalstaaten außerhalb des Reichs, die wichtigsten Entdeckungen, Kolonialismus, das Erwachen der farbigen Völker;
6. England, Amerika, Französische Revolution, soziale Umwälzungen der Neuzeit;
7. Preußen, Österreich, Bismarck;
8. Die beiden Weltkriege, die Zwischen- und Nachkriegszeit, die Teilung Deutschlands.

Alle diese Motive wirken unmittelbar oder mittelbar, positiv oder negativ, beunruhigend oder lähmend noch in die Gegenwart und ihre aktuellen Entscheidungen herein. Alle gehören zur einmaligen, unwiderruflichen oder doch nur durch lange weitere Prozesse allmählich sich wandelnden Physiognomie unserer geschichtlichen Welt, wenngleich ein Franzose die Akzente auch anders als ein Däne, dieser anders als ein Schweizer oder ein Ungar setzen würde. Sicher dürfte die Skizze in Einzelzügen auch innerhalb der Nationen wieder bei einem Katholiken anders als bei einem Protestanten ausfallen, bei einem Liberalen anders als bei einem Sozialisten, und man könnte, wenn man unbedingt auf die Unterschiede mehr Gewicht legen wollte als auf das für alle verbindend Übereinstimmende, dieses Spiel der Differenzierungen durch alle „Weltanschauungs"-Schablonen hindurch zuletzt bis in den privatesten Bereich hinein fortsetzen, ohne zu merken, daß man bei diesem Spiel selber schon immer das Übereinstimmende heimlich voraussetzt. Alles, was man vorn abstreicht, hinten anfügt, in der Mitte verschiebt, bleibt doch in einem Rahmen, der, wenn er auch kaum genau definierbar ist, doch in seiner Gesamtgestalt sich etwa gleichbleibt. Jeder Blick in die einschlägigen Schulgeschichtsbücher kann das bestätigen.

Wissen wir somit alle ungefähr, was zu den Inhalten unserer Geschichte gehört, so bleibt doch die Frage, wie die Stoffülle, die auch innerhalb dieses Rahmens noch möglich wäre, in der Volksschule zu bewältigen ist. Ein Vorurteil gilt es dabei zunächst zu revidieren: die als Dogma vertretene These, daß das Kind des Volksschulalters noch unfähig zu geschichtlichem Verständnis sei. Heinrich Roth[1] kommt durch Befragungen und Analyse von kindlichen Aussagen zu

[1] Heinrich Roth: Kind und Geschichte. Psychologische Voraussetzungen des Geschichtsunterrichts in der Volksschule, München 1955.

dem Ergebnis: „Wir können keinen Zeitpunkt angeben, an dem geschichtliches Verständnis plötzlich da wäre, es kommen lediglich immer wieder neue Momente hinzu. Vom 9. Lebensjahr ab bestehen für den Geschichtsunterricht Anknüpfungsmöglichkeiten." Es bleibt die Frage, wie diese Anknüpfung geschehen kann, in welcher Ordnung sie sich bei aller „Elementarisierung der Geschichte" (Roth) vollziehen soll.

Der Leitfadenunterricht, der im 7. oder gar schon im 5. Schuljahr mit der Antike oder mit den (historisch ganz abseits liegenden) Mammutjägern der Eiszeit beginnt und sich dann Stunde für Stunde und Jahr für Jahr am Geschichtsbuch entlang bis zu den Weltkriegen vortastet, täuscht, ob mit oder ohne „Lücken", ein Bild der Stofflichkeit vor, das nur durch Addition oder Subtraktion vermehrt oder vermindert werden könnte. Das Gegenbild eines (vermeintlich) „exemplarischen" Geschichtsunterrichts, der sich mit „Inseln" begnügt, die ein für allemal zeigen, wie die Menschen sind und wie „es" in der Geschichte zugeht, der also diese „Inseln" nicht als Propädeutik, sondern schon für die Geschichte selber nimmt, verkennt ebensosehr, worauf es ankommt. Die Repräsentation des „pars pro toto" gibt es in der Geschichte zwar *auch*, aber erst auf viel höherer Bewußtseinsstufe, nämlich da, wo es auf die Methode kritisch-historischen Denkens ankommt[1] oder auf die philosophische Durchdringung leitender Ideen in der Geschichte, welch letzteres Wilhelm von Humboldt als höchste Aufgabe vom Geschichtsschreiber fordert[2]. Beides kann auf der Oberstufe des Gymnasiums im Vorblick auf die historische Wissenschaft und die Geschichtsphilosophie hier und da einmal „exemplarisch" versucht werden, in „Längsschnitt-", „Querschnitt-" oder „Mittelpunkt-Themen"[3]. Es setzt dann aber schon voraus, was wir suchen: Die Geschichte selbst als Zusammenhang, mit dem man schon vertraut sein muß, um „Schnitte" legen oder „Mittelpunkte" als solche auffassen zu können.

Diesen Zusammenhang innerhalb der Faktenfülle stiftet zuerst und zuletzt (im Geschichtsunterricht wie in der Geschichtsschreibung) das Erzählen, der Bericht. Es geht hier nicht um einen im Sinne der Natur-

---

[1] cf. Hermann Heimpel: Selbstkritik der Universität, l. c. (DUZ v. 26. 10. 51, S. 6). – Siehe auch oben, S. 17 f.

[2] Wilhelm von Humboldt: Über die Aufgabe der Geschichtsschreibung, in: Gesammelte Schriften, Akad.-Ausg., Bd. IV, Berlin 1905, S. 35 bis 56.

[3] cf. Wolfgang Lautemann: Möglichkeiten der Stoffbeschränkung im Geschichtsunterricht in der Oberstufe der Höheren Schule, in: Geschichte in Wissenschaft und Unterricht (GWU), VI, 1955, 627–639.

wissenschaft „kausalen" oder „entwicklungsmäßigen", sondern um einen *epischen* Zusammenhang, bei dem es weder auf Addition oder Subtraktion noch auf das Verhältnis von Teil und Ganzem ankommt, sondern, wie Wilhelm Flitner gezeigt hat, auf *„Verdichtung"*: „Die Geschichten von Jakob und Joseph lassen sich breit in der Weise Thomas Manns oder arabischer Legenden, aber auch verdichtet in der Art der biblischen Erzählungen wiedergeben. In beiden Fällen sind sie ganz da. Ihre epische Struktur ist vollständig. Sie haben auch ihr volles anschauliches, poetisches Leben. Verdichtet man die biblische Erzählung noch weiter etwa zu einem Bericht im Stil des Brockhaus, so geht dieses Leben verloren; an seine Stelle tritt ein Orientierungswissen, das auch seine Funktion hat, indem es wenigstens den epischen Zusammenhang aufrechterhält. Das kann da wichtig sein, wo es nicht möglich ist, eine lange Geschichte auszuhören, wo man aber Episoden von ihr verstehen und genießen möchte. Die Geschichte wird immer so aufgenommen: wir lassen uns Partien ausführlich erzählen, andere in äußerster, aber lebendiger Verdichtung, und wieder andere wollen wir nur in der Form des Orientierungswissens wahrnehmen."[1] Es geht also nicht etwa, wie Wagenschein einmal mehr beiläufig meint, um „Verdichtungen ... innerhalb des Kontinuums"[2], wobei die komprimiertesten Stellen auch die am gründlichsten betrachteten wären, sondern das Kontinuum selbst ist die Sache, auf die es ankommt. Es ist am vollkommensten anschaubar auf einer Stufe maßvoller, mittlerer Dichte: Braucht der Geschichtsbericht auf der einen Seite ein Minimum an „rotem Faden", unterhalb dessen er nicht mehr verstehbar ist, so ist seine Ausführlichkeit auf der andern Seite aber auch durch ein Maximum begrenzt, jenseits dessen er in einen ideen- und gesichtspunktlosen Archivalismus zerfällt und seine epische Struktur unter der Fülle einbüßt. Zwischen Scylla und Charybdis gilt es die Mitte zu halten.

Nun kompliziert sich unser Problem jedoch sogleich dadurch, daß „die" oder „unsere" Geschichte nicht eine einzige, festgefügte Folge ist, sondern das Ineinander vieler Geschichten verschiedener einander über- oder nebengeordneter „Subjekte". Wie ich die Geschichte meines Lebens in dem Lebenslauf, den ich einem Stellengesuch beifüge, anders berichte als in einem Brief, der zur Brautwerbung bestimmt ist, weil ich beide Male als verschiedenes Subjekt auftrete, so wird auch die Geschichte etwa der Reformation anders verdichtet im Zusammenhang der Kir-

---

[1] Wilhelm Flitner: Der Kampf gegen die Stoffülle. Exemplarisches Lernen, Verdichtung und Auswahl, in: Die Sammlung, X, 1955, 560.

[2] Martin Wagenschein: Zum Begriff des Exemplarischen Lehrens, in: Z. f. Päd., II, 1956, 133 (Sperrung von mir).

chengeschichte, anders im Rahmen der deutschen, wieder anders in dem der europäischen Geschichte[1]. Es gibt also nicht nur *Grade* der Verdichtung eines als Zusammenhang fest Gegebenen (wie es die Geschichten von Jakob und Joseph sind), sondern es gibt auch *Arten* der Verdichtung, deren Verschiedenheit so weit gehen kann, daß gleiche Fakten in – an Richtung und Umfang – völlig verschiedene Kontinua rücken. Das Erzählen wählt seinen eigenen Weg. Es ist allemal der Art wie dem Grade nach schon als solches eine Verdichtung. Erzähler wie Hörer verallgemeinern fortwährend, runden Bruchstücke zu Gesamtbildern ab. Schon jede Kinderfrage beantworten wir so, daß wir Einzelnes bedeutsam erzählen und die Möglichkeit unendlicher Vervollständigung offen lassen[2]. Das Erzählen stiftet überhaupt erst das, was wir die Geschichte eines Subjekts nennen können. Da dieses Subjekt aber selber kein Fixum ist, sondern ebenfalls erst durch einen Akt der Entscheidung gestiftet und festgehalten werden muß[3], kann es in unserer gemeinsamen Geschichte tausend verschiedene Subjekte geben, denen tausend mal tausend Geschichten zugehören, jede von ihnen der Möglichkeit nach in verschiedenen Verdichtungsgraden.

Wieder wird uns vor der erdrückenden Fülle nur eine stillschweigende Übereinkunft retten können: Die Übereinkunft, daß wir uns durch noch so interessante Verlockungen nicht von dem abbringen lassen, was für die brennenden Fragen unserer Gegenwart die geschichtliche Grundlage bildet.

Dabei ist auch zu bedenken, daß keine Teilgeschichte eine andere vertreten kann[4]. Jede von ihnen ist individuell. Das Prinzip der stellvertretenden Repräsentation ist nicht auf die Kontinua anwendbar. Diese müssen je selbst erzählt werden und können es unabhängig von ihrem zeitlichen Umfang in einem je anschaulichen, lebendigen Verdichtungsgrad. Wohl kann das exemplarische Repräsentationsprinzip aber in einer anderen Hinsicht auch im Raum der Geschichte gelten: Stellen wir uns das Kontinuum der Geschichte irgendeines Subjekts im

---

[1] Konfessionelle Wertungsunterschiede sind hier nicht gemeint.

[2] cf. Theodor Litt: Geschichte und Leben, 3. Aufl., Leipzig 1930, 50 ff. – Ottomar Wichmann: Eigengesetz und bildender Wert der Lehrfächer, Halle a. d. S. 1930, 249 ff.

[3] „Deutschland", die „Bekennende Kirche", die „Arbeiterklasse" gibt es als Subjekte von Geschichte nur, solange es Menschen gibt, die sich dafür entscheiden, daß es sie gebe; cf. Hermann Heimpel: Die Wiedervereinigung im Spiegel der Geschichte, in: Kapitulation vor der Geschichte? Göttingen 1956, 29.

[4] cf. Ernst Wilmanns: Fragen zum „Exemplarischen Geschichtsunterricht" in: GWU, VII, 1926, 231 f.

Bilde als einen Weg vor, auf dem sich von Faktum zu Faktum, von Wendepunkt zu Wendepunkt die Schritte durch die Zeiten fortsetzen, so hat jeder Punkt dieses Wegs für sich genommen doch der Potenz nach Ausblick nach allen Seiten. Diese Potentialität „leitet" als solche nicht „fort", „strahlt" nur an, ganz in dem Sinne, wie es Wagenschein meinte (s. o., S. 22), jedenfalls dann, wenn außenstehende Fakten, die selber nicht mit auf den Weg gehören, für das Bewußtsein in Strahlweite vorhanden sind. Ein Beispiel: Die Entdeckungsgeschichte ist für sich erzählt worden; die Geschichte der Reformation ist in eigenem Zusammenhange gefolgt; an einigen Punkten berühren oder nähern sich die beiden Kontinua, die jedes für sich als epische Zusammenhänge wesenhaft linear sind. Sie eröffnen in der Berührung eine neue, unausschöpfbare Dimension: den geschichtlichen „Raum" einiger Jahrzehnte, einer Epoche. An diesem „Raum" hat jede Einzelheit teil, und so gibt es im Hinblick auf ihn auch ein „pars pro toto". Ein Lied, ein Kostüm, eine Kirchenfassade, das Bild einer höfischen Verbeugung können repräsentativ für das Zeitalter des Barock sein, – freilich nur für den „Stil" dieses Zeitalters, nicht für seine Geschichte!

Daß wir in jedem Geschichtsbericht unseren epischen Weg, sofern uns die Wahl bleibt, durch diejenigen Fakten nehmen, die für ganze Räume unserer Geschichte möglichst „typisch" sind, ist eine selbstverständliche Forderung des exemplarischen Lehrprinzips an den Geschichtsunterricht aller Stufen. Schon die propädeutischen „Inseln" sollten den „Geist" ihrer Zeit wirklich spiegeln, sei es, indem sie aus Quellen, Sagen, gut übersetzten Dichtungen schöpfen, die selbst dieser Zeit entstammen (biblische Berichte, Homer, Nibelungen, Karlssagen, Geschichten der Lutherzeit, Episoden aus dem Simplizissimus, Anekdoten usw.), sei es, daß es einem späteren Dichter oder guten historischen Erzähler gelang, jenen Geist paradigmatisch in Worte zu bannen[1]. Je reicher und gründlicher in der Volksschule solche propädeutischen „Inseln" vom wirklichen „Atem der Geschichte" durchweht sind, desto ausstrahlender sind sie durch sich selbst; desto knapper und dichter kann dann auch der einmalige epische Zusammenhang je einer großen historischen Epoche oder auch je eines durchgehenden großen Motivs in einer Unterrichtsepoche ein für allemal gestiftet werden.

Die Repräsentation des „Geistes der Epochen" in typischen Gestal-

---

[1] Hier wird noch viel gesündigt durch vermeintlich kindertümliche „Geschichtchen", die sich durch bloße Kostümierung geschichtlich gebärden, während sich im Grunde doch nur „der Herren eigener Geist" in ihnen spiegelt; cf. Felix Messerschmid: Geschichte und Geschichtchen, in: GWU, V, 1954, 435 ff.

ten, welche „Atmosphäre" um sich haben, ist bei alledem also nicht Selbstzweck. Das eigentliche Ziel bleibt der dynamische, auf uns wirkende Geschichtsbericht selbst, nicht das Ausmalen von Zustandsbildern[1]. Zu bedenken bleibt auch, daß alle Repräsentation durch Typisches nicht nur auf einer hohen Stufe „ästhetischen" Vergleichens zu Hause ist, sondern auch in den „hermeneutischen Zirkel" gebannt bleibt (s. o., S. 70). Diesen aber ohne simpel klassifizierende und damit allemal schematisierende Kurzschlüsse mit jeder neuen Erfahrung im geschichtlichen Raum behutsam zu erweitern oder gar zu durchschauen, geht weit über den Verstand der abschließenden Kindheitsstufe. „Pars pro toto" und „totum pro partibus" stehen in der Geschichte so unlösbar verschlungen in Wechselwirkung, daß jedes unversehene Hinübergleiten in Gattungsbegriffe, denen historische Individualitäten als Exemplare subsummiert werden, mehr schadet als nützt. Die Repräsentation des „Atmosphärischen" in der Geschichte wird deshalb in der Volksschule mehr heimlich, mehr im Verborgenen geschehen. Man wird von den Zeitstilen nicht viel reden, sie vielmehr unausgesprochen an Kleinigkeiten in den Griff zu bekommen suchen.

Bei genügender Grundlegung durch „Inseln", schon in der Heimatkunde, dann in der Lektüre, schließlich im Anfang des Geschichtskurses selbst, sollte es möglich sein, jeweils einen der oben (S. 157 f.) genannten Themenkreise ohne Zeitnot und Stoffdruck innerhalb einer größeren Unterrichtsepoche in seinem Zusammenhang verständlich zu machen. Das hieße: wir brauchten vom 7. Schuljahr ab, sofern ein 9. Schuljahr besteht, ungefähr drei solcher Unterrichtsepochen im Jahre.

Unabhängig von diesen Überlegungen zum Geschichtsunterricht gibt es noch eine weitere Form des „Typischen" zu bedenken, das uns aus allen möglichen Epochen der Geschichte entgegentritt: Dem „Zeittypischen", das im Gang des Geschichtsunterrichts insofern seine Funktion hat, als es historische Räume und Stile als übergreifende Individualitäten repräsentiert, steht das „Strukturtypische" gegenüber, das nicht mehr auf Individuelles, sondern auf Allgemeines hindeutet: Die Französische Revolution in ihrem Phasenablauf als Wesensbeispiel für „Re-

---

[1] Der Abschlußunterricht des Gymnasiums kann freilich auch einmal in allseitiger Ausschöpfung eines „Fragenkomplexes" versuchen, an einer Stelle das „volle und unverzerrte ‚Klangspektrum'" eines Geschichtsraums vorzuführen (cf. Helmut Beumann, in: GWU, VI, 1955, 686). Doch wie die propäpeutischen „Inseln" der Volksschulgeschichte *vor* der eigentlichen Geschichte stehen, so sind solche reflektierenden Betrachtungen über „Klangspektrum" und „Stil" ihr *nach*geordnet. Die Geschichte selbst geht verloren, wenn man sie in eine Folge von Zustandsbildern (naive wie reflektiv-kritische) auflöst.

volution schlechthin", die attische Demokratie als Paradigma für eine einmal entdeckte Grundmöglichkeit menschlich-politischer Ordnung. Die Geschichte ist als Reservoir solcher Beispiele, Ur- und Gegenbilder nahezu unerschöpflich. Aber die Hinsichten, Beziehungen und Analogien, die sich durch solche Paradigmen erschließen, weisen aus der Geschichte heraus, indem sie die Zeiten und Räume beliebig überspringen. Der Blick, der sie aufspürt, ist selber nicht eigentlich historisch interessiert, er benutzt die Geschichte nur als ein Archiv, wobei er freilich, um vor allzu groben Vereinfachungen geschützt zu sein, die Kenntnis des individuellen Geschichtszusammenhangs mindestens in der Form des Orientierungswissens immer schon voraussetzt. Oder seine Paradigmen unterscheiden sich in nichts von denen der Poesie auf der einen, von theoretischen „Modellen" (etwa den „Konstruktiv-" und „Reduktivmodellen" der Soziologie und der Volkswirtschaftslehre; s. o., S. 65) auf der anderen Seite. Auch solche Urbilder, Gleichnisse und Modelle haben ihre bildende Funktion. Diese liegt jedoch mehr im Bereich einer allgemein-politischen oder sozialen Lebens- und Weltorientierung als in dem der Geschichte.

Hier stehen wir vor einer neuen Unterrichtsaufgabe, vor der „*Sozialkunde*", einem eigenen Aspekt, der den der Geschichte so viel oder so wenig umfaßt wie dieser ihn. Die Kategorien liegen wieder „quer" zueinander. Über Aufgaben, Methoden und Inhalte dieses jungen Unterrichtsgebiets hat sich noch kein einmütiger Konsens gebildet. Schon das Schwanken in der Namensgebung zeigt Unsicherheit an: Man spricht von Bürgerkunde, Staatsbürgerkunde, Sozialkunde, Gesellschaftskunde, Gemeinschaftskunde, Gegenwartskunde oder auch einfach von politischem Unterricht[1]. Jeder dieser Namen bleibt nach irgendeiner Seite hin unbefriedigend, schwebend und unbestimmt. Man kann einen Lehrplan für dieses Fach nicht ad hoc aus dem Nichts entwickeln. Wir müssen versuchen, uns über die Grundstruktur dieses in seinen Grenzen noch undefinierten Geistesbereichs Klarheit zu schaffen, um von daher entscheiden zu können, ob etwas und was daraus auch in einem eigenen Lehrgang der Volksschule schon repräsentiert werden könne.

Sogleich entsteht die Frage, ob es denn überhaupt auf einen eigenen Lehrgang ankommen wird, oder ob sich nicht – bei einem guten Geschichts-, Erdkunde- und Literaturunterricht, in denen allen das An-

[1] cf. das Gutachten des Deutschen Ausschusses für das Erziehungs- und Bildungswesen zur politischen Bildung und Erziehung, abgedruckt in: GWU, VI, 1955, 89.

liegen dieses Fachs als „Unterrichtsprinzip“ mit wirksam ist, – ein eigener sozialkundlicher oder politischer Kursus zumindest in der Volksschule erübrigen läßt. Vielleicht können seine spezifischen, je punktuellen Quintessenzen dann auch ohne weiteres bei Gelegenheit eines gut geleiteten gesamtunterrichtlichen Gesprächs ohne besonderes System und ohne geplante Stufenfolge herausgehoben werden. Gibt es doch bisher für diesen Unterricht in der Tat weder ein System noch eine klare sachlogische Stufenfolge. Man orientiert sich an der – in allen anderen Fächern erfahrenen und von ihnen mitbestimmten – durchschnittlichen Fassungskraft der Altersstufen, stellt immer wieder einmal Exempla vitae inselhaft hin und hofft, daß sie „ausstrahlen“ werden.

Eduard Spranger hat über diese Frage eine eigentümliche „Anamnesis“-Theorie entwickelt[1]: Die Ordnungen des Familienlebens, der Nachbarschaft, der Spielgemeinschaften und Jugendbünde, des Gemeindelebens, soweit dies noch im Erfahrungsbereich des Kindes anschaulich wird, vor allem aber auch des Schullebens selbst, stiften unmerklich im werdenden Bewußtsein ein elementares Kategoriengefüge. Grunddimensionen des Zusammenlebens – das „Du“, das „Wir“ und das „Sie“, „Herrschaft“ und „Genossenschaft“, „Freiheit“ und „Verantwortung“, „Gruppeninteresse“ und „Gemeinwohl“, „Miteinander“, „Gegeneinander“ und „Füreinander“, „Oben“ und „Unten“ – werden im Leben selbst anschaulich erfahren und sind die auch dem Kinde schon zugänglichen „Elemente“ der politischen Welt. Auf sie kann der Unterricht jederzeit zurückgreifen, um sie an „Idealtypen“, „Modellen“ und vereinfachten Konstruktionen klärend bewußt zu machen. Wenn sie auch noch nicht spezifisch politisch konkretisiert sind, so wird doch alle Einsicht auch in die Ordnungsstrukturen des staatlich-politischen Lebens, die ihnen analog sind, ein „Wiederfinden“ sein. Es käme im Unterricht also darauf an, solche einfachen Begriffe und ihre wechselseitigen, meist antinomischen Verhältnisse schlicht und recht in das Vokabular des kindlichen Denk- und Sprachschatzes zu bringen. Dies ist, wie alle klärende Sprachlehre (s. o., S. 110 ff.), nur vom Beispiel aus möglich. Ein popularisiertes System der Soziologie oder der Staatsrechtslehre wäre hier ein Mißverständnis. Spranger hat einen Ansatz konkretisiert und weitergeführt, der im Prinzip schon bei Kerschensteiner[2] und Oetinger[3] da ist: Es gibt durch-

[1] Eduard Spranger: Gedanken zur staatsbürgerlichen Erziehung. Schriftenreihe der Bundeszentrale für Heimatdienst, Heft 26, Bonn 1957.

[2] Georg Kerschensteiner: Der Begriff der staatsbürgerlichen Erziehung, 2. Aufl. Leipzig 1912.

[3] Friedrich Oetinger: Partnerschaft, 3. Aufl., Stuttgart 1953.

gehende Kategorien, die das familiäre und das in kleinsten Kreisen sich vollziehende Leben mit dem öffentlich-politischen verbinden.

Daneben entsteht die Frage, ob es nicht zusätzlich noch eines anderen „Einstiegs“ bedarf. Denn neben den durchgehenden Kategorien gibt es auch solche, die dem staatlich-institutionellen Bereich allein zugehören und nicht auf die im „Du-Bezug“ erfahrbaren Dimensionen reduzierbar sind, mit diesen vielmehr sogar in Spannung stehen. Man verzerrt das Wesentliche von „Gesellschaft“ und „Organisation“, die um ihrer Funktion willen versachlicht und entpersönlicht sind, wenn man es an den Maßstäben persönlicher „Gemeinschaften“ mißt[1]. Das Phänomen der „Macht“ etwa stellt sich im staatlichen Bereich anders dar als im persönlichen[2], und die „Feindlichkeit der Institutionen“, die wir in unserem modernen, verwalteten Leben allenthalben wie einen anonymen Druck empfinden, wird nicht überwunden, indem wir die Großorganisationen, von denen wir erfaßt sind, auf die Ebene unserer familiären und lokalen Verhältnisse projizieren. Es fragt sich, ob nicht auch der Jugendliche, den die Volksschule in die Berufslehre entläßt, zusätzlich zu allen charakterbildenden, emotional gereinigten und anschaulich geklärten Erfahrungen, die er aus Spiel und Sport, Arbeitsgemeinschaften, Schülervereinen und Nothilfeaktionen ins Leben hinausnimmt, eines Wissens bedarf, das den Staat und die Großorganisationen selber zum Gegenstand hat. Wie soll er sich in dem Dickicht der Institutionen, Interessenverbände, Parteien, Rechts- und Wirtschaftsordnungen auskennen, das ihn erwartet? Und vor allem: wie soll er es, ohne daß eine neue Stoffülle auf die Schule eindringt, die diejenige der „alten“ Fächer leicht in den Schatten stellen könnte?

Der denkbare Weg, eine Art „Institutionskunde“ in die Volksschule aufzunehmen, wäre sicher verfehlt. Denn einmal befinden sich diese Institutionen selber in dauerndem Wandel, und die Schule, die Distanz von den Tagesereignissen braucht, kann ihre Lehrgänge nicht von der Aktualität abhängig machen, indem sie gestern die „EVG“, heute den gemeinsamen europäischen Markt und die „NATO“, morgen etwas Drittes in seine Institutionsgeheimnisse hinein verfolgt. Sodann haben auch da, wo dauerhaftere institutionelle Einrichtungen bestehen, die abstrakten Zusammenhänge und Rechtsverhältnisse, die darin eine

---

[1] cf. Ferdinand Tönnies: Gemeinschaft und Gesellschaft (1887), 8. Aufl. 1935. – Josef Pieper: Grundformen sozialer Spielregeln, Frankfurt a. M. 1948.

[2] cf. Theodor Litt: Die politische Selbsterziehung des deutschen Volkes, Schriftenreihe d. Bundeszentrale f. Heimatdienst, Heft 1, Bonn o. J. – Romano Guardini: Die Macht, Würzburg 1951.

Rolle spielen, auf der Kindheits- und Jugendstufe überhaupt keine bildende Funktion[1]. Akten, Verträge, Gesetze sind als solche keine wertbeständigen Objektivationen, in die wie in Kunstwerke oder in Gegenstände der Wissenschaft einzudringen sich vom bildenden Interesse her lohnte. So etwas mag aus methodischen Gründen in der Gymnasialoberstufe gelegentlich einmal im Rahmen der „Zeitgeschichte" einen Sinn haben. In der Volksschule geht es sowohl über das Mögliche wie über das Notwendige weit hinaus. Selbst der erwachsene, politisch interessierte Laie durchschaut diese Zusammenhänge nicht mehr und muß sich mit journalistisch vereinfachten Orientierungen begnügen. Ein Bescheidwissen über alles und jedes aber, was gerade sowieso in der Zeitung steht, ist kein Unterrichtsziel. Man muß es und darf es dem freien Interesse der künftigen Mitbürger überlassen. Um dieses freie Interesse weltoffen zu machen und ihm Orientierungspunkte zu geben, bedarf es eines anderen Weges:

Es kommt nicht auf die Institutionen als solche an, sondern auf die Grundgedanken, die sich in ihnen zu verwirklichen suchen. Nicht auf eine Lehre vom „fertigen" Staat irgendwo da draußen, dessen Gesetze und Einrichtungen von irgendwem einmal gemacht worden sind, sondern auf das, was in ihm sinnvoll mitzuwollen oder zu ändern möglich und des Einsatzes wert ist. Die Schwierigkeit besteht darin, dies einfach und doch angemessen sehen zu lehren. Denn auch die Prinzipien und Grundgedanken stellen sich bei uns kaum noch unmittelbar anschaulich dar. Wo sich aber der Staat selber nicht mehr anschaulich im öffentlichen Leben repräsentiert, fällt es schwer, einleuchtende Repräsentationen für seine Ideen in der Schule zu finden. Andere Zeiten und andere Völker sind hier in mancher Hinsicht glücklicher daran: Die Krone und das Parlament in England, die Volksversammlungen in der Schweiz haben noch etwas von jener anschaulichen, auch emotional erwärmenden Repräsentationskraft, die überall in der Moderne zu schwinden beginnt.

Indessen verspricht es keinen Gewinn, Verlorenem nachzutrauern. Wir müssen suchen, ob nicht auch in unserer Tradition noch Urbilder lebendig wirken, in denen die Grundideen, die unser öffentliches Leben in seinen spannungsreichen Formen konstituieren, einfach und doch nicht verzerrt angeschaut, aufgenommen und in den eigenen Lebensentwurf unserer Jugendlichen integriert werden können: Die Ideen der

[1] Berufsschullehrer klagen darüber, daß ihre Schüler in der Volksschule „alles schon gehabt" hätten, selbst Wechselkunde und Sozialversicherungswesen (!); cf. B. Blomeyer: Notruf an die Volksschule! in: Die berufsbildende Schule, Wolfenbüttel, Heft 2, 1957, 119–120.

Volkssouveränität und der Selbstbestimmung, der Rechtsstaatlichkeit und Gewaltenteilung, die Grundgedanken der Sozialordnung im Spannungsraum zwischen selbstverantwortlicher Initiative und Wohlfahrtsstaat, Unternehmerrisiko und Sicherheitsanspruch der Mitarbeitenden. Ein Kanon des Vordringlichen hat sich noch nicht gebildet. Es wird sich nicht vermeiden lassen, neben den Paradigmen, die der familiäre und nachbarliche Erfahrungskreis anbietet, auch einfache Modelle von den gegebenen Institutionen und Realverhältnissen selbst skizzenhaft in bewußter Reduktion aufzubauen. Aber das steht nicht im Zentrum. Ausstrahlender im Sinne von Sprangers „Wiederfinden" und damit bildender werden die anschaulichen Urbilder sein, die die Geschichte anbietet, Episoden und Fabeln von beispielhafter Kraft: Die Parabel von den Gliedern, die dem Magen den Dienst verweigerten, welche Menenius Agrippa der Sage nach den Plebejern entgegenhielt; die Geschichte vom Zinsgroschen; die Anekdote vom Müller zu Sanssouci; Episoden aus „Onkel Toms Hütte", Gleichnisse aus Dichtung und Volksüberlieferung[1]. Dies alles hat – den „Inseln" im Geschichtsunterricht analog – den Konstruktionsmodellen wie auch den „Geschichtchen" aus dem Alltag gegenüber den Vorteil, daß es auch emotional stärker anspricht. Vieles davon ist von seinem Ursprung her schon auf Gleichnishaftigkeit hin konzipiert – die frühe Literatur ist seit der Bibel und der Antike bis ins Mittelalter voll von solchen Parabeln und Paradigmen für die Lebensorientierung –, anderes ist in langer Tradition unter diesem Gesichtspunkt aus anderen Zusammenhängen ausgewählt oder umgedeutet worden. Daneben behält auch das „Memorabile", das von Mund zu Munde geht oder in der Zeitung erscheint[2], seine lebenserhellende und -deutende Funktion. Es tut unserer Schule not, daß wir unseren Blick für solche Fundstellen elementarer Menschen- und Weltkenntnis wieder schärfen. Die „Sozialkunde" geht hier nahtlos in ein laientümliches Philosophieren über Grundfragen des menschlichen Lebens hinüber[3]. Ein Grund mehr, sie nur in Teilen und episodenhaft als eigenen Lehrgang zu behandeln, in der Hauptsache aber dem neben und über allen Fächern stehenden gesamtunterrichtlichen Gesprächskreise einzuordnen.

Da die Grundgedanken, die ihren Gegenstand bilden, keinem ein-

---

[1] Ich beziehe mich hier wiederum auf Anregungen aus Wilhelm Flitners Erziehungswissenschaftlichem Seminar an der Universität Hamburg.

[2] cf. André Jolles: Einfache Normen, Halle a. d. S. 1930, 200-217.

[3] cf. Wilhelm Flitner: Lebenslehre, in: Die Abendländischen Vorbilder und das Ziel der Erziehung, Godesberg 1947, 114–133.

heitlichen System angehören, sondern allen Lebensbereichen entstammen, die von gemeinschaftlicher und öffentlicher Relevanz sind, stehen wir hier in der Offenheit. Im Unterschied zu den Zielen und Wegen politischer *Erziehung*, über die in einer breiten und nicht mehr überschaubaren Literatur ein ungefährer Konsens herrscht[1], ist die Frage nach dem Kanon der *Unterrichtsinhalte* dieses Gebiets kaum gestellt. Möglich ist vieles. Experimentiert wird allenthalben. Für das Vordringliche und Unentbehrliche fehlen noch die Kategorien.

Ausblick

Die Analyse einiger grundlegender Geistesgebiete im Hinblick auf ihre exemplarische Erschließbarkeit, wie sie in den vorangegangenen Abschnitten durchgeführt wurde, will als Versuch verstanden sein, der für Korrekturen und Ergänzungen offen bleibt. Er wird von der Hoffnung begleitet, daß der Sachverstand der Fachvertreter wie die pädagogische Erfahrung der Lehrpraktiker an der Klärung der hier aufgeworfenen Fragen weiterarbeiten mögen. Meinungsverschiedenheiten werden da, wo es um Entscheidungsfragen geht, nicht vermeidlich sein. Wichtig ist nur, daß in aller denkbaren Polemik das Prinzip festgehalten bleibt, nach den Möglichkeiten und Grenzen exemplarischer Repräsentation stets zuerst vom Bildungsganzen her zu fragen.

In dieser Hinsicht gilt, was am Beispiel des Volksschulunterrichts zu entwickeln versucht wurde, auch für alle anderen Schultypen und Schulstufen. Auch in der Mittelschule, der Berufsschule, dem Gymnasium und sogar im Raum der akademischen Lehre wird man zu einem Konsens über das, wofür die Exempla zu suchen sind und was als exemplarisch zu gelten hat, nicht anders gelangen können als dadurch, daß man sich zunächst auf die historische Situation der entsprechenden Bildungsstätte, auf ihre Stellung und Gesamtaufgabe, auf den zyklischen Zusammenhang ihrer grundlegenden Inhalte besinnt, bevor man mit der Frage nach dem Exemplarischen an das einzelne Fach und das einzelne Thema herantritt. In den bisherigen Schuldebatten wurde meist der umgekehrte, vom Einzelfach ausgehende Weg eingeschlagen.

Es würde nun freilich den Rahmen dieser Untersuchung sprengen,

---

[1] Neuerdings zentriert sich diese ins Uferlose gehende Literatur in den beiden Zeitschriften: Freiheit und Verantwortung, Zeitschrift für Gemeinschaftskunde und politische Bildung, hg. von G. Frede, F. Messerschmid und O. Seitzer, Stuttgart (Klett) seit 1956. – Gesellschaft, Staat, Erziehung, Zeitschrift für politische Bildung und Erziehung, hg. von F. Ebner, Th. Ellwein, I. Fetscher, F. Minssen u. a., Frankfurt a. M. (Diesterweg) seit 1956.

wenn hier auch noch die anderen Formen und Stufen unseres Bildungswesens auf ihre exemplarischen Lehrmöglichkeiten hin durchdacht werden sollten. Diese Arbeit bleibt dringlich, müßte aber in besonderen Untersuchungen in Angriff genommen werden. Die Volksschule war nur der „einfache Fall", das „Modell", an dem sich didaktische Grundfragen klären ließen, die für alle Bildungswege von prinzipieller Bedeutung sind. Freilich wird man sich über die Gesamtkonzeption einer Schule, in deren Lehrgegenständen exemplarische Konzentration und Offenheit der Anregungen, Wesentlichkeit und Fülle ausgewogen sind und damit ein geistiges Leben ohne den vielbeklagten Stoffdruck ermöglichen, leichter einigen können bei einer Institution, die wie die Volksschule keine Abschlußprüfungen kennt, als bei Schulen, denen durch das Berechtigungswesen von „oben" her bestimmte Pensen abverlangt werden. Relativ einfach war dieser Konsens auch noch beim alten humanistischen Gymnasium erzielbar, das sich bis über die Mitte des vorigen Jahrhunderts hinaus in eindrucksvoller Geschlossenheit auf die „klassischen" Bildungsgegenstände beschränken und dem flutenden Strom des modernen Lebens den Rücken kehren konnte in dem stolzen Bewußtsein, sowieso bei den exemplarischen Urbildern zu Hause zu sein. Doch die Geschichte des Bildungswesens hat gezeigt, daß solche asketische Selbstgenügsamkeit den Aufgaben, die unserem öffentlichen Schulwesen gestellt sind, nicht mehr gerecht wird.

Das Gymnasium bildet nicht nur „Gelehrte" aus, wie sehr auch immer die Bildung zur „Hochschulreife" über das allen Schultypen Gemeinsame hinaus sein Spezifikum sein mag[1]. Auch die Hochschüler sind zum größten Teil künftige „Praktiker", und die Formen der „Gelehrsamkeit" selbst haben sich gewandelt. Die allgemeine Volksbildung anderseits kann sich auch in Volks-, Mittel- und Berufsschulen nicht abschließen gegenüber den Wandlungen, die die Verwissenschaftlichung unserer Kultur im geistigen Leben dieses Jahrhunderts hervorgebracht hat. So wird es bei der Besinnung auf den „Eigengeist" der Schultypen, die der Frage nach deren exemplarischen Gehalten vorausgehen muß, nicht nur darauf ankommen, das Spezifische der jeweiligen Schulart möglichst deutlich zu sehen, sondern auch darauf, die unserem gesamten Bildungswesen gemeinsame menschenbildende Aufgabe nicht aus dem Auge zu verlieren. Diese aber ist für die künftigen Glieder unseres demokratischen Staatswesens, unserer Gemeinden und unseres gesellschaftlichen Lebens zumindest auf der Jugendstufe im Fundamentalen überall gleich. Unterschiedlich sind nur die Akzente,

[1] cf. Max Zollinger: Hochschulreife, Zürich und Leipzig 1939.

die methodischen Ansatzpunkte und Wege. Bei aller notwendigen Differenzierung der Interessenrichtungen und Begabungen bleibt quer durch alle Schularten hindurch genügend Alterstypisches und Stufeneigentümliches für die Schüler aller Bildungswege erhalten:

Die Mittelstufe unserer *Gymnasien* etwa, die für annähernd zwei Drittel ihrer Besucher, die vor Erreichung des Abiturs ins Berufsleben hinaustreten, schon längst zu einer „geheimen Mittelschule" geworden ist, unterscheidet sich im Grundlegenden ihres menschenbildenden Gesamtauftrags nicht von dem, was auch den Volks- und den Mittelschulen aufgetragen ist. Die oben dargestellten fundamentalen Aufgaben der Volksbildung sind im Gymnasium mit enthalten. Sie sind eine conditio sine qua non aller „höheren" Bildung. Man wird sie im einzelnen methodisch gewiß oft von anderen Schlüsselpunkten her angehen können. Die durchschnittlich größere Sprachgewandtheit und Abstraktionsfähigkeit der Gymnasiasten wird einerseits Abkürzungen, anderseits auch Erweiterungen, Vertiefungen und Querverbindungen vor allem auf dem literarisch-historischen und formal-denkerischen Felde erlauben, die dem Volksschüler so nicht nachvollziehbar sind. Dies müßte im einzelnen noch durchdacht werden. Aber die Grunddimensionen des „volkstümlichen" geistigen Lebens, wie sie oben angedeutet wurden, müssen doch auch hier in ihrer zyklischen Vollständigkeit repräsentiert sein, so daß das meiste von dem, was über die Inhalte der Volksbildung gesagt war, auch für die Mittelstufe des Gymnasiums gelten wird. Auch der Gymnasiast bedarf einer elementaren „Kunde" von der Welt und grundlegender Erfahrungen des „Umgangs".

Neben diese allgemeine, das Lebens- und Selbstverständnis „grundlegend-aufschließende" und „erhellende" Funktion des Exemplarischen[1], die auf der Jugendstufe aller Geistesbildung gemeinsam ist, tritt dann als Spezifikum der Gymnasialbildung die wissenschaftliche Propädeutik. Doch auch diese kann nicht darin bestehen, daß die Arbeitsweisen der Wissenschaften in verkleinertem Maßstab vorweggenommen würden. Selbst auf der Oberstufe des Gymnasiums geht es noch um eine Einführung in die Gegenstands- und Wertbereiche des geistigen Lebens selbst und nicht primär um die Methoden und Systeme der über sie reflektierenden Wissenschaften. Es geht um die Dichtung, nicht um die Literaturwissenschaft; um die Sprache, nicht um die Philologie; es geht um das Verständnis der fundamentalen Naturphänomene, nicht um

[1] cf. Josef Derbolav: Das "Exemplarische" im Bildungsraum des Gymnasiums, Düsseldorf 1957, 64 ff.

die ausgeführten Systeme der ihnen sich widmenden Spezialwissenschaften; und so durch alle Fächer hindurch um die sachlichen Gehalte als solche, mit denen man vertraut sein, die man beherrschen muß, bevor die Wissenschaften von ihnen sinnvoll verstehbar werden. Freilich unterscheiden sich die verschiedenen Geistesgebiete in ihrem Verhältnis zur Wissenschaft. Es gibt auch solche, in denen schon das erste Vorverständnis vom wissenschaftlichen Denken geprägt ist, weil die Gegenstandskategorien selbst erst durch Wissenschaft konstituiert sind. Aber auch wo man im Vorgriff an ausgewählten Einzelproblemen die Kategorien und Methoden der Wissenschaften erprobt oder wo man die Schüler um einer geistigen Haltung willen zum Forschen und Selberfinden anregt, ist nicht der wissenschaftliche, sondern der didaktische Gesichtspunkt bestimmend[1]. Der Begriff der „Propädeutik" wäre in diesem Zusammenhang einmal einer umfassenden Dimensionsanalyse bedürftig.

Was die anderen Schultypen betrifft, so muß ich mich in diesem Ausblick kurz fassen: Für die Mittelschule und die Berufsschule ist alles noch offen. Die *Mittelschulen* leiden noch vielfach darunter, daß sie entweder als bloß verkleinerte Abbilder des Gymnasiums oder als bloß additiv gesteigerte Aufbauformen der Volksschule verstanden werden. Über ihren „Eigengeist" herrscht noch kein öffentlicher Konsens. Bedenkt man, daß sie auf jene breiten und wichtigen Berufsgruppen ausgerichtet sind, die in den weiten Gebieten unserer Arbeits- und Wirtschaftswelt, die von Wissenschaft und Technik beherrscht oder durchsetzt sind, mitdenkend tätige Verantwortung tragen sollen, ohne selber doch in den letzten Prinzipienfragen mitzuentscheiden, so zeigt sich, daß der Begriff der „Propädeutik" hier wiederum einen besonderen Sinn erhält. Einerseits setzt er den ganzen Zyklus der Volksbildung wieder voraus, anderseits kann er aber nicht im szientifischen Felde als solchem liegen. Worin sein Eigenes besteht, worin er den Zyklus der Volksbildung zu steigern, wohin er ihn zu erweitern hat, und in welcher Hinsicht sich diese Steigerung und Erweiterung von der wissenschaftlichen Propädeutik des Gymnasiums zu unterscheiden hat, das sind Fragen, die theoretisch noch durchaus offen sind[2]. Ihre

---

[1] cf. Wilhelm Flitner: Grund- und Zeitfragen der Erziehung und Bildung, Stuttgart 1954, 75 ff. – Josef Derbolav, l. c., 78 f.

[2] cf. Wilhelm Flitner: Das Problem des mittleren Schulwesens, in: Westermanns Pädagogische Beiträge, VII, 1956, Heft 11, 541–549. – Unabhängige Kommission für das Hamburger Schulwesen: Gutachten über die Mittelschule vom 8. Mai 1957.

Beantwortung wird grundlegend sein für die Theorie eines exemplarischen Mittelschulunterrichts.

Die Bildungsarbeit der *Berufsschulen* hat sich in ihrem allgemeinbildenden Teil demgegenüber seit jeher auf ein äußerstes Minimum aufschließender Paradigmata der Lebensauslegung beschränken müssen. Denn unter allen allgemeinbildenden Schulen sind die Berufsschulen wohl am meisten durch Stundenknappheit und Zeitdruck belastet. Zwar haben ihre Besucher eine Altersstufe erreicht, auf der vieles, was in der Volksschule angestrebt wurde, erst in tieferem Sinne verstehbar wird. Aber während die Gleichaltrigen in den anderen Schulen nun in eine Phase der fruchtbarsten geistigen Erweckungen eintreten, schränkt die Ernstsituation des Berufs hier die freien Interessen entschieden ein. So wird alles darauf ankommen, das Exemplarische der Berufserfahrungen selbst zum Ausstrahlen zu bringen, damit die Beschränkung keine bloße Enge sei, sondern in ihrem – verglichen mit den freischwebenden Interessen der anderen Schüler – viel größeren Ernst für das ganze Lebensverständnis fruchtbar gemacht werde. Eine Schwierigkeit für die Theorie der exemplarischen Gehalte der Berufsschule ergibt sich freilich daraus, daß die grundlegenden und aufschließenden Umgangserfahrungen, die zum Ausstrahlen gebracht werden sollen, in jedem Berufszweig andere sind. Allgemeingültige Lehrpläne werden hier kaum etwas ausrichten. Um so dringlicher wird die Besinnung auf das Fundamentale und Kategoriale sein, das von den Lehrerkollegien in größter geistiger Beweglichkeit den lokalen und beruflichen Vorgegebenheiten anzupassen ist.

Einer besonderen Durchdenkung bedürfte das Prinzip der exemplarischen Lehre schließlich auch im Raum der *akademischen Bildung*. Auch hier hat jeder Studiengang sein eigenes, besonderes Zentrum, und fixierbare Lehrpläne widersprechen im ganzen wie im einzelnen Fach dem akademischen Geist. Gleichwohl spürt jedermann, der sich auf dieses Feld begibt, daß es für die verschiedenen Studienrichtungen typische Zyklen von geistigen Inhalten gibt, die bei aller Spezialisierung nicht verlorengehen dürfen. Günstigenfalls werden ihre Fundamente bereits im Gymnasium gelegt sein. Aber auch dann geht das Studium nicht in seiner höchsten Form, der echten Teilnahme an der Forschung, auf. Propädeutik und Orientierung über den Gesamtbestand der Wissenschaft bleiben auch weiterhin Aufgaben jedes akademischen Lehrers. Beides kann gar nicht anders als „exemplarisch" geschehen. Ob dabei ein für alle Studierenden gemeinsames und gleiches „studium generale" der beste Weg sei, ist in den letzten Jahren fragwürdig geworden. Und ob eine zyklische Erweiterung des Horizonts vom Einzelfach aus in jeder Disziplin Erträge gleichen Niveaus und gleichen Umfangs verspricht, mag ebenso problematisch erscheinen. Deutlich ist jedenfalls, daß hier Aufgaben warten, die theoretisch und praktisch in Angriff genommen werden müssen, wenn die qualifizierten Spezialisten aller Richtungen sich auch auf höchstem Niveau nicht völlig auseinanderleben sollen, – was letztlich auch in der jeweiligen Spezialität nur einen Niveauverlust bedeuten könnte.

In einem „Ausblick" wie diesem lassen sich die Problemfelder nur zeigen. Ob und wie weit die Ergebnisse und Ansätze, die in dieser Untersuchung enthalten sind, zur Lösung der offenen Fragen etwas beizusteuern vermögen, mag dem Urteil derer überlassen bleiben, die möglicherweise einmal an jene Probleme herangehen werden. Soviel aber dürfte schon klargeworden sein:

Die geistigen Räume, die dem heranwachsenden Kinde und Jugendlichen ebenso wie dem studierenden Erwachsenen durch die verschiedenen Formen der Lehre erschlossen werden sollen, sind nicht nach einheitlichem Konstruktionsplan gebaut. Ihre Dimensionen entstammen – auf der Universität so gut wie auf der Volksschule – nicht einem einzigen logischen Verzweigungssystem, das einer einheitlichen Wurzel entspringt, sondern sind verschiedenartige „Aspekte" der geistigen Welt, die nicht ineinander auflösbar sind. Ihre Kategorien verlaufen quer zueinander, können sich zwar gelegentlich berühren, überschneiden oder decken, können aber auch wie durch ein Vakuum voneinander getrennt sein. Sie sind jedenfalls auf allen Bildungsstufen und -wegen weder angemessen erfaßbar mit dem Bilde der „Fächer" (etwa eines Regals) noch mit dem eines sich entfaltenden „Fächers" oder eines aus „Sektoren" zusammengesetzten Kreises, der auf eine einheitliche Ebene projizierbar wäre. Schon in der geistigen Welt des Kindes und des laientümlichen Weltverständnisses gibt es neben klaren Grenzen und fließenden Übergängen auch Diskontinuität und Sprünge zwischen den Aspekten.

Das in Exempeln zu repräsentierende Grundgefüge sieht von Geistesgebiet zu Geistesgebiet jedesmal anders aus und bedarf der Analyse, wenn man über Sinn, Funktion und Grenzen der exemplarischen Lehre etwas aussagen will. Da gibt es offene, in allen Richtungen nahezu unendlicher Vervollständigung fähige Gebiete, angesichts derer man in Lehrgängen nur gewisse Kernstrukturen aufbauen kann, hoffend, daß die Erfahrungen des Lebens selber sie reich und vielfältig ergänzen mögen (so in Sprachlehre, Sprachkunde, in der Lebensauslegung durch literarische Werke, aber auch bei der Einführung in das Verständnis der Arbeits- und Sozialwelt). Ihnen stehen andere Bereiche gegenüber, bei denen es mehr auf das Erarbeiten und beispielhafte Anwenden spezifischer Methoden und Sehweisen ankommt oder auf das Vertrautwerden mit fundamentalen Sachkategorien (so in der elementaren Naturbetrachtung und Technologie). In wieder anderen Geistesgebieten wird das Verfügen über einen Kategorien- und Methodenschatz als solches erst fruchtbar, wenn der Zusammenhang des Ganzen als einer individuellen Gegebenheit mindestens rahmenartig schon bekannt ist (der epische Zusammenhang der Geschichte, der topographische der Erdkunde); hier bleibt der Lehre zuerst die Aufgabe gestellt, das „idiographische" Wissen von diesem Ganzen aufzubauen, bevor sie sich exemplarisch auf die Klärung von Methoden und Kategorien konzentrieren kann. So ist das, was sich in Exempeln repräsentieren läßt und repräsentiert werden muß, von Fach zu Fach, von Schule zu Schule und von Stufe zu Stufe ein anderes. Ein Zyklus des Ganzen aber ist nur in der Art eines historisch ausgebildeten und ständiger Überprüfung bedürftigen Kanons darstellbar, der nach allen Seiten und in all seinen Zwischenräumen offenzuhalten ist. Auf jeder Geistesstufe ist das Ganze der Bildung nur in der Weise exemplarischer Repräsentationen vorhanden.

Die Einsicht in die dialektische Verschränkung von Leben und Lehre, von freiem Bildungsgang und planendem Lehrgang auf den verschiedenen Geistesgebieten und -stufen sollte uns sowohl vor Methodenmonismus wie vor Resignation bewahren. Was an der Muttersprache, der Literatur, der Betrachtung von Natur, Technik und Menschenwelt auf je eigene Weise zu zeigen versucht wurde, könnte und müßte entsprechend auch in so heterogenen Bereichen wie denen der Mathematik[1], der religiösen Unterweisung, der Fremdsprachen, der musischen Übungen und Werktätigkeiten, ja sogar der Leibeserziehung und der verschiedenartigsten Berufs- und Handwerkslehren genauer untersucht werden. Vermutlich würde sich auch dort immer wieder auf je besondere Weise die Verschränkung zwischen solchen Gegebenheiten zeigen, die „ein für allemal" epochal zu erfassen sind, und anderen, die – sei es in der Kontinuität eines fortgesetzten oder zyklisch wiederkehrenden Übungsgangs, sei es in der Kontinuität der Erfahrungen des freien persönlichen Lebens – nur durch beständige Mehrung der Fülle in Wachstum und Reifung und dauernder Pflege einen bleibenden Effekt für die Bildung erzielen können.

K o n r a d B a r t h e l hat in einem Aufsatz gesagt, daß durch die

---

[1] cf. M a r t i n W a g e n s c h e i n s Beispiele in: Weniger ist mehr. Hessische Beiträge zur Schulreform, II, Wiesbaden 1950, Heft 21.

gelungene Übertragung des exemplarischen Prinzips vom naturwissenschaftlichen auf den Geschichtsunterricht „der Nachweis für die anderen Fächer des sogenannten geisteswissenschaftlichen Bereiches eo ipso geführt" sei[1]. Ich möchte diesen Satz erweitern und über den Rahmen der „Wissenschaften" und „Fächer" hinausheben auf die Ebene der grundlegenden menschlichen Geistesbetätigungen schlechthin: Mit dem Sichtbarwerden der Möglichkeiten und Grenzen des exemplarischen Repräsentationsprinzips in so verschiedenartigen Geisteräumen, wie es die Muttersprache, die Naturbetrachtung, die technische Welt, die Geschichte und das politisch-soziale Leben sind, ist der Nachweis geführt, daß es sich beim „Exemplarischen" einerseits um eine durchgängige didaktische Kategorie handelt, andererseits aber doch nur um einen didaktischen Teilaspekt, der in jedem Bildungsgang ohne den Hintergrund der Fülle des Umgangs und der Erfahrung wesen- und wirkungslos bliebe.

Der grundsätzliche Einwand gegen die exemplarische Lehre, daß sie den Schüler mit fragmentarischem Wissen entlasse[2], verliert an Gewicht, wenn man zweierlei bedenkt: Einerseits gibt es je nach der Struktur des betreffenden Geistesgebietes auch Fragmente, die ein bildendes Ganzes enthalten (s. o., S. 72 f.), so daß Einwendungen nur gegenüber solchen Geistesbereichen stichhaltig bleiben, die sich eben nicht im Fragment spiegeln lassen. Anderseits sollte man niemals vergessen, daß alles, auch das perfektionierteste, gründlichste und stofflich vollständigste menschliche Wissen letztlich doch Stückwerk bleibt. Es kommt nur darauf an, zu sehen, in welcher Hinsicht wir als Lehrende allemal Hoffende bleiben, und in welcher wir etwas tun können und müssen.

---

[1] Konrad Barthel: Über Exemplarisches Lernen im Geschichtsunterricht, in: Die Sammlung, XI, 1956, 38 ff.

[2] Über weitere methodische Einwendungen und ihre Entkräftung cf. Josef Derbolav, l. c., 78 ff.

Namenregister

Kolibri 360 GmbH
Ferdinand-Jühlke-Straße 7
99095 Erfurt, Deutschland
produktsicherheit@kolibri360.de